Photoshop CS6 案例教程
（中文版）

严圣华　许　辉　周嫚嫚　主编

苏州大学出版社

图书在版编目(CIP)数据

Photoshop CS6 案例教程：中文版／严圣华，许辉，周嫚嫚主编. —苏州：苏州大学出版社，2017.8
ISBN 978-7-5672-2179-6

Ⅰ.①P… Ⅱ.①严… ②许… ③周… Ⅲ.①图象处理软件-教材 Ⅳ.①TP391.413

中国版本图书馆 CIP 数据核字(2017)第 170544 号

内容简介

本书全面系统地介绍了 Photoshop CS6 的基本操作方法和图形图像处理技巧，包括图像处理基础知识、Photoshop CS6 界面、绘制和编辑选区、绘制图像、修饰图像、编辑图像、绘制图形及路径、调整图像的色彩和色调、图层、文字与蒙版、使用通道与滤镜、案例实训等内容。本书以项目为载体，以任务为主线，将 Photoshop 的相关知识点和应用实例分别进行了详细的讲解。通过对各案例的实际操作，学生可以快速上手，熟悉软件功能和设计思路。复习与思考题，可以拓展学生的实际应用能力，提高学生的软件使用技巧。案例实训，可以帮助学生快速地掌握图形图像的设计理念和设计元素，顺利达到实战水平。

本书适合广大 Photoshop 初学者，以及有志于从事平面设计、插画设计、包装设计、网页制作、三维动画设计、影视广告设计等工作的人员使用，同时也适合高职院校相关专业的学生和各类培训班的学员参考阅读。

Photoshop CS6 案例教程(中文版)
严圣华　许　辉　周嫚嫚　主编
责任编辑　周建兰

苏州大学出版社出版发行
(地址：苏州市十梓街 1 号　邮编：215006)
宜兴市盛世文化印刷有限公司印装
(地址：宜兴市万石镇南漕河滨路 58 号　邮编：214217)

开本 787 mm×1 092 mm　1/16　印张 19　字数 475 千
2017 年 8 月第 1 版　2017 年 8 月第 1 次印刷
ISBN 978-7-5672-2179-6　定价：42.00 元

苏州大学版图书若有印装错误，本社负责调换
苏州大学出版社营销部　电话：0512-65225020
苏州大学出版社网址　http://www.sudapress.com

《Photoshop CS6 案例教程(中文版)》

编 委 会

前　言

Adobe Photoshop，简称“PS”，是由美国 Adobe 公司开发和发行的图像处理软件。

作为一款专业的图像处理软件，Photoshop 一经推出，便以其友好的交互界面、强大的功能、简单易用的特点迅速赢得了广大摄影爱好者、平面设计师、插画师以及图像处理爱好者的欢迎，应用在图像、图形、文字、视频、出版等各个方面。

2012 年 4 月 24 日发布的 Photoshop CS6 正式版，是目前使用较多的一个版本。Adobe Photoshop CS6 是 Adobe Photoshop 的第 13 代，是一个较为重大的版本更新。Adobe Photoshop CS6 在此前版本具有的 GPU OpenGL 加速、内容填充等特性的基础上，加强了 3D 图像编辑，采用新的暗色调用户界面，整合 Adobe 云服务，改进文件搜索等功能。

本书以实战为目标，在项目设定和实例选择上，考虑学生群体的专业特点，既不能写成说明书式的教程，又要考虑涵盖实际应用中的各个类型。因此，本书以项目为载体，以任务为主线，对 Photoshop 的相关知识点和应用实例分别进行了详细的讲解。这种结构安排，看似将知识点与实例分开了，实际上是知识点中穿插实例、实例中体现知识点，既便于学习命令，也便于迅速学习实战。

本书具有如下特点：

1. 体系性强，知识全而新。

本书系统、全面地介绍了 Photoshop CS6 的选区、色彩、路径、文字、图层、通道、蒙版、滤镜等知识，使读者能全面掌握和理解 Photoshop CS6。

2. 实例丰富，精于技巧。

本书注重实战，在讲解相关概念及知识点时都辅以相应的实例，通过实例向读者演示实际的操作方法，以加深读者对相关技术的理解，从而能够熟练、灵活地运用这些技术。

3. 一线教师，经验丰富。

本书得到了多所学校教师的高度重视，计算机应用技术、软件技术、动漫设计等多个专业的一线教师亲自上阵，他们多年从事 Photoshop 教学，经验丰富，编写的教材针对性强。

4. 资源丰富，学习方便。

本书配有教案、学案、素材、PS 源文件、教学 PPT、习题答案。

本书相关配套资源请登录苏州大学出版社官网（www. sudapress. com）下载中心下载。

编　者

2017.6

目 录

项目一 基础操作

通过本项目的学习，应掌握 Photoshop 中的常用术语、概念及其主要功能，常用的图像模式及使用范围；能够区分“存储”“存储为”和“存储为 Web 所用格式”三个关于存储的命令；能够区分并正确使用不同的图像格式。Photoshop 的预置文件也是学习的重点和难点。

任务一 了解图像的常识

【任务引入】

计算机中的图像是以数字方式记录、处理和存储的，这些由数字信息表述的图像称为数字化图像。数字化图像主要分为两类：位图和矢量图。Photoshop 是典型的位图软件，但它也包含矢量功能。了解一些图像的常识是必需的，这对深入理解和学习 Photoshop 软件是有帮助的。

【任务分析】

通过本任务的学习，能认识、区分位图和矢量图；知道像素是组成位图的基本单位；能够区分并正确使用不同的图像格式。

【任务实施】

利用互联网分别搜索并下载位图及矢量图各两张，并说出它们的区别。

【相关知识】

知识点 1：位图和矢量图

1. 位图

位图图像在技术上称为栅格图像，它使用像素来表现图像。选择【缩放工具】，在视图中多次单击，将图像放大，可以看到图像是由一个个的像素点组成的，每个像素都具有特定的位置和颜色值，如图 1-1-1 所示。位图图像最显著的特征就是它们可以表现颜色的细腻层次。基于这一特征，位图图像被广泛用于照片处理、数字绘画等领域。

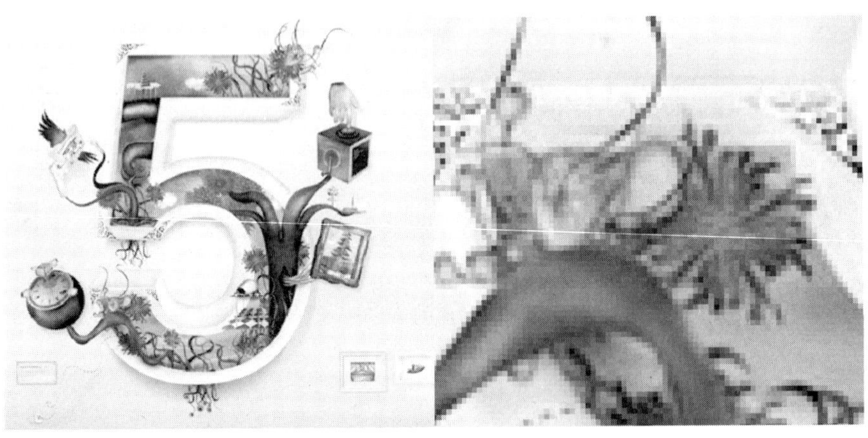

图 1-1-1 位图放大前后对比

2. 矢量图

矢量图也称为向量图形，是根据其几何特性来描绘图像的。矢量文件中的图形元素称为对象，每个对象都是一个自成一体的实体。使用【缩放工具】将图像不断放大，此时可看到矢量图形仍保持为精确、光滑的图形，如图 1-1-2 所示。

图 1-1-2 矢量图形放大前后对比

知识点 2：像素

在 Photoshop 中，像素是组成图像的最基本单元，它是一个小的矩形颜色块。一个图像通常由许多像素组成，这些像素被排成横行或纵列。当用【缩放工具】将图像放到足够大时，就可以看到类似马赛克的效果，每一个小矩形块就是一个像素，也可称为栅格，如图 1-1-3 所示。

图 1-1-3 像素放大前后对比

知识点 3：分辨率

分辨率就是单位面积内的像素数量。如果图像面积相同，那么像素越多，图像就越清晰，图像质量就越高，分辨率的数值也就越高。

1. 图像分辨率

图像分辨率的单位是 ppi（像素/英寸），即每英寸所包含的像素数量。如果图像分辨率是 72ppi，即指在每英寸长度内包含 72 个像素。图像分辨率越高，意味着每英寸所包含的像素越多，图像就有越多的细节，颜色过渡就越平滑。

图像分辨率和图像大小之间有着密切的关系。图像分辨率越高，所包含的像素越多，也就是图像的信息量越大，因而文件也就越大。通常文件的大小是以兆字节（MB）为单位的。

2. 显示器的分辨率

显示器的分辨率是通过像素大小来描述的。若显示器的分辨率与照片的像素大小相同，则按照 100% 的比例查看照片时，照片将填满整个屏幕。图像在屏幕上显示的大小取决于下列因素：图像的像素大小、显示器的大小和显示器的分辨率设置。

在 Photoshop 中，可以更改屏幕上的图像放大率，从而轻松地处理任何像素大小的图像。

3. 打印机的分辨率

打印机的分辨率的测量单位是油墨点/英寸（也称作 dpi）。一般来说，每英寸的油墨点越多，得到的打印输出效果就越好。大多数喷墨打印机的分辨率在 720 ~ 2880 dpi 之间（从技术上说，喷墨打印机将产生细微的油墨喷射痕迹，而不是像照排机或激光打印机一样产生实际的点）。

打印机的分辨率不同于图像分辨率，但与图像分辨率相关。要在喷墨打印机上打印出高质量的照片，图像分辨率应至少为 220ppi，才能获得较好的效果。

知识点4：文件格式

由于记录内容和压缩方式的不同，图形图像的文件格式也不同。不同的文件格式具有不同的文件扩展名。每种格式的图形图像文件都有不同的特点、产生的背景和应用范围。下面介绍几种常用的图像文件格式。

1. Photoshop 格式（简称为 PSD 格式）

对于新建的图像文件，Adobe 提供的 Photoshop 格式是默认的格式，也是唯一可支持所有图像模式的格式，包括位图模式、灰度图像、双色调、索引颜色、RGB、CMYK、Lab 和多通道模式等。

Photoshop 格式的缩写是 PSD，它可以支持所有 Photoshop 的特性，包括 Alpha 通道、专色通道、多种图层、剪贴路径、任何一种色彩深度或任何一种色彩模式。它是一种常用工作状态的格式，可以包含所有的图层和通道的信息，可随时进行修改和编辑。

2. Photoshop EPS 格式

EPS 是 Encapsulated PostScript 的首字母缩写。EPS 格式可以说是一种通用的行业标准格式，可同时包含像素信息和矢量信息。除了多通道模式的图像之外，其他模式都可存储为 EPS 格式，但是它不支持 Alpha 通道。EPS 格式可以制作“剪贴路径”，在排版软件中可以产生镂空或蒙版效果。EPS 格式衍生的另外一个格式是 DCS，DCS 2.0 可以支持专色通道，但只支持 CMYK 和多通道模式，和 EPS 格式一样，它也支持剪贴路径。如果图像需要印刷输出，切记输出前在【图像】→【模式】菜单中要将图像的 RGB 模式转换为 CMYK 模式，否则图像就不能正常地被分色输出。

3. Photoshop DCS 格式

DCS 是 DeskTop Color Separation 的首字母缩写，只有在图像是 CMYK 模式和多通道模式时，才可存储为 DCS 格式。

DCS 格式分为 DCS 1.0 和 DCS 2.0 两种。

当储存为 DCS 1.0 格式时，在桌面上会有 5 个文件图标，缺一不可，它们分别相当于【通道】面板中的 4 个颜色通道和 1 个合成通道。当将其置入排版软件中时，只需要置入合成通道对应的预览图像即可。

当储存为 DCS 2.0 格式时，可生成 5 个文件，也可生成 1 个单独的文件，并且可选择不同的预览图像。DCS 2.0 格式可保留专色通道。

4. JPEG 格式

JPEG 是一种图像压缩格式，支持 CMYK、RGB 和灰度颜色模式，但不支持透明度。与 GIF 格式不同，JPEG 保留 RGB 图像中的所有颜色信息，但通过有选择地扔掉数据来压缩文件大小。JPEG 图像在打开时自动解压缩，压缩级别越高，得到的图像品质越低；压缩级别越低，得到的图像品质越高。在大多数情况下，“最佳”品质选项产生的结果与原图像几乎无分别。

5. BMP 格式

BMP 是 DOS 和 Windows 兼容计算机上的标准 Windows 图像格式。BMP 格式支持 RGB、索引颜色、灰度图像和位图颜色模式。可以指定 Windows 或 OS/2®格式和 8 位/通道的位深度。对于使用 Windows 格式的 4 位和 8 位图像，还可以指定 RLE 压缩。

6. TIFF 格式

TIFF 是一种灵活的位图图像格式，支持几乎所有的绘画、图像编辑和页面排版应用程序。而且几乎所有的桌面扫描仪都可以产生 TIFF 图像。TIFF 文档的最大文件大小可达 4 GB。Photoshop CS5 及其更高版本支持以 TIFF 格式存储的大型文档。

TIFF 格式支持具有 Alpha 通道的 CMYK、RGB、Lab、索引颜色和灰度图像，以及没有 Alpha通道的位图模式图像。

Photoshop 可以在 TIFF 文件中存储图层；但是，如果在另一个应用程序中打开该文件，则只有拼合图像是可见的。

Photoshop 也能够以 TIFF 格式存储注释、透明度和多分辨率金字塔数据。

在 Photoshop 中，TIFF 图像文件的位深度为 8、16 或 32 位/通道。可以将高动态范围图像存储为 32 位/通道 TIFF 文件。

7. IFF 格式

IFF（交换文件格式）是一种通用的数据存储格式，可以关联和存储多种类型的数据。IFF 是一种便携格式，它支持静止图片、声音、音乐、视频和文本数据的多种扩展名的文件。IFF 格式包括 Maya IFF 和 IFF（以前为 Amiga IFF）。

8. GIF 格式

GIF（图形交换格式）是在 World Wide Web 及其他联机服务上常用的一种文件格式，用于显示超文本标记语言（HTML）文档中的索引颜色图形和图像。GIF 是一种用 LZW 压缩的格式，目的在于最小化文件大小和电子传输时间。GIF 格式保留索引颜色图像中的透明度，但不支持 Alpha 通道。

任务二 认识界面

【任务引入】

Photoshop CS6 虽然不是最新的版本，但却是一个比较成熟的版本。Photoshop CS6 界面较 Photoshop CS5 有了新的变化，用银灰色菜单栏替换了原来的蓝条，在菜单栏右侧添加了一些常规的操作功能，比如移动、缩放、显示网格标尺、旋转视图工具等。通过本任务的学习，熟悉 Photoshop CS6 软件的工作界面。

【任务分析】

通过认识 Photoshop CS6 的工作界面，了解 Photoshop CS6 中各面板的作用，快速掌握 Photoshop CS6 的工作环境。

【相关知识】

知识点1：界面概述

双击 Windows 桌面上的 Photoshop CS6 启动图标，即可启动 Photoshop CS6。中文 Photoshop CS6 工作界面如图 1-2-1 所示。

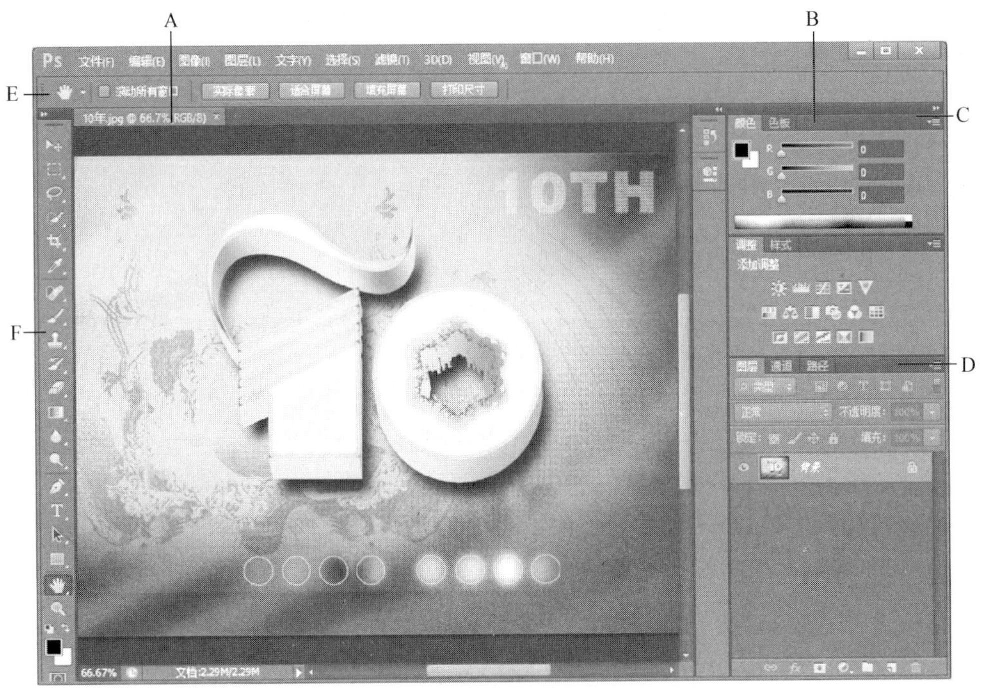

A. 选项卡式“文档”窗口　B. 面板标题栏　C. “折叠为图标”按钮
D. 垂直停放的四个面板组　E. “控制”面板　F. “工具”面板

图 1-2-1　Photoshop CS6 工作界面

可以看出它是一个标准的 Windows 窗口，可以对它进行移动、调整大小、最大化、最小化和关闭等操作。Photoshop CS6 工作界面由标题栏、菜单栏、工具箱、选项栏、画布窗口和各种面板等组成。

知识点2：工具箱和工具属性栏

启动 Photoshop CS6 时，【工具】面板将显示在屏幕左侧。【工具】面板中的某些工具会在上下文相关属性栏中提供一些选项。通过这些工具，用户可以输入文字，选择、绘画、绘制、编辑、移动、注释和查看图像，或对图像进行取样。还可更改前景色/背景色，转到 Adobe Online，以及在不同的模式中工作。此外，可以展开某些工具以查看它们后面的隐藏工具，工具图标右下角的小三角形表示存在隐藏工具，如图 1-2-2 所示。

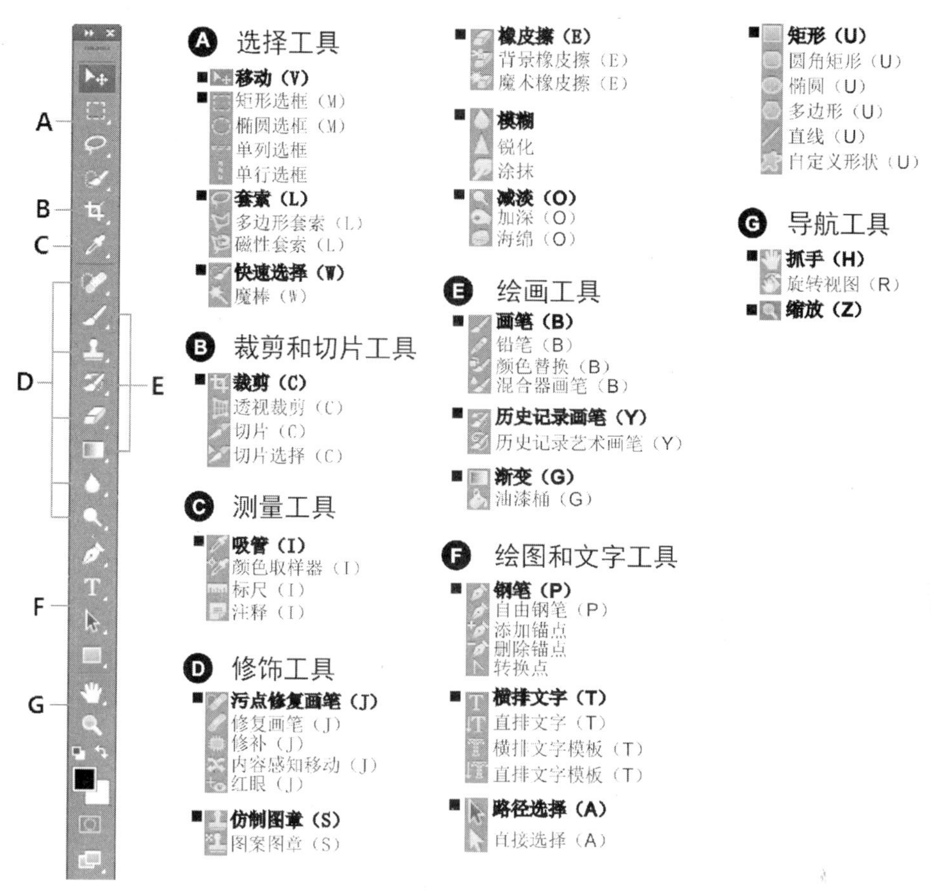

图 1-2-2 Photoshop CS6 工具箱

知识点 3：程序窗口和图像窗口

1. 程序窗口

可以使用各种元素(如面板、窗口等)来创建和处理文档和文件。这些元素的任何排列方式称为工作区,也就是程序窗口。不同应用程序的工作区具有相同的外观,因此用户可以在应用程序之间轻松切换。用户也可以通过从多个预设工作区中进行选择或创建自己的工作区来调整各个应用程序,以适合自己的工作方式,如图 1-2-3 所示。

虽然不同版本中的默认程序窗口布局不同,但是对其中元素的处理方式基本相同。

2. 图像窗口

图像窗口是用来显示图像、绘制图像和编辑图像的窗口,是一个标准的 Windows 窗口,如图 1-2-4 所示。可以对它进行移动、调整大小、最大化、最小化和关闭等操作。图像窗口标题栏内的图标 Ps 右边显示出当前图像文件的名称、显示的比例、当前图层的名称和彩色模式等信息。将鼠标指针移到图像窗口的标题栏时,会显示打开图像的路径和文件名称等信息。

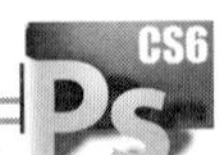

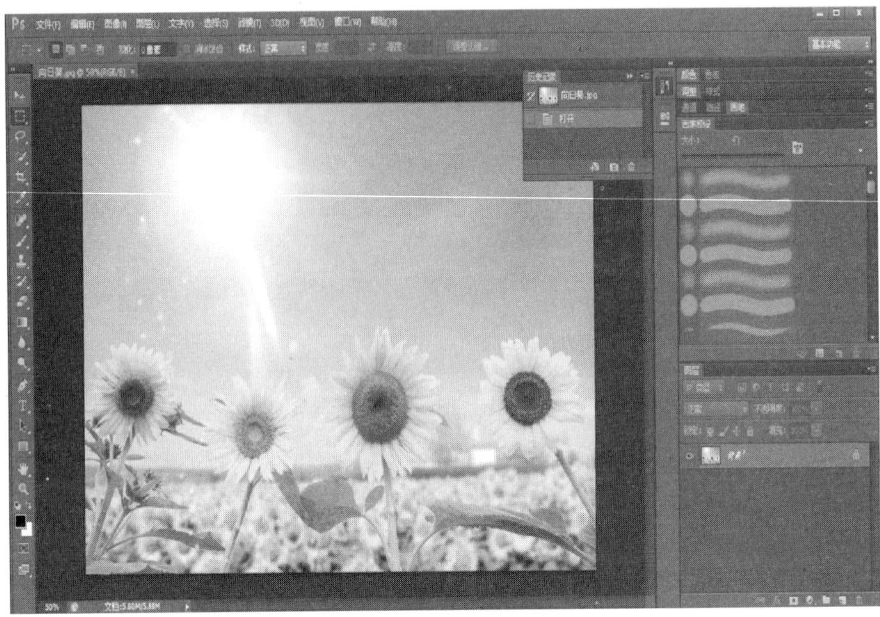

图 1-2-3　Photoshop CS6 程序窗口

10年.jpg @ 66.7%(RGB/8)
10TH
66.67%
文档:2.29M/2.29M

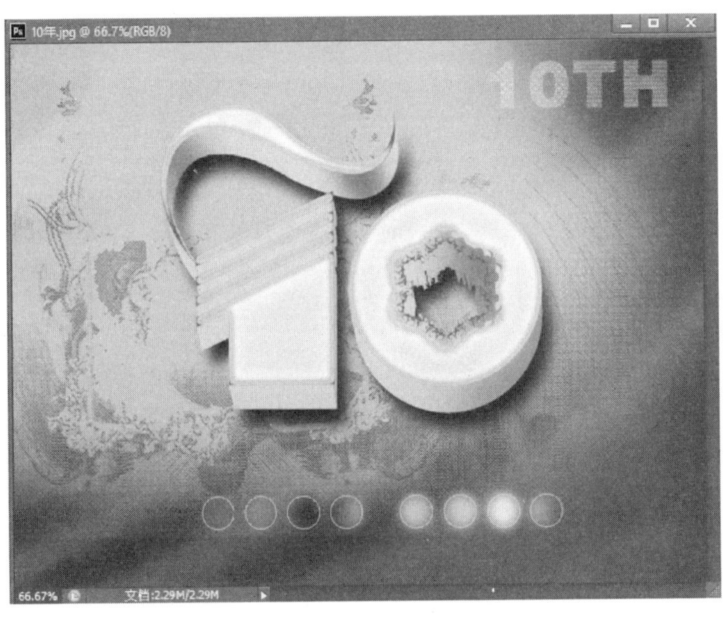

图 1-2-4　Photoshop CS6 图像窗口

知识点 4：菜单

菜单栏在标题栏的下边。菜单栏有 11 个主菜单选项，如图 1-2-5 所示。

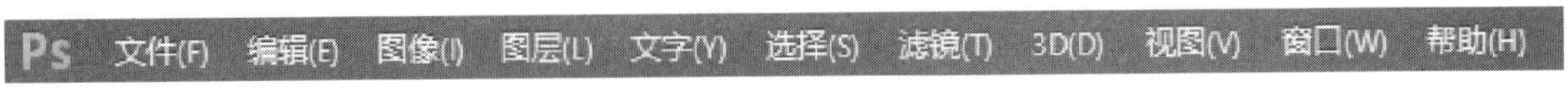

Ps 文件(F) 编辑(E) 图像(I) 图层(L) 文字(Y) 选择(S) 滤镜(T) 3D(D) 视图(V) 窗口(W) 帮助(H)

图 1-2-5　Photoshop CS6 菜单栏

将鼠标放在主菜单栏上，会出现它的子菜单。单击菜单之外的任何地方或按【Esc】键、

【Alt】键、【F10】键，就可以关闭已打开的菜单。菜单的形式与其他 Windows 软件的菜单形式相同，都遵循相同的约定。例如，菜单选项名右边是组合按键名称；菜单名右边有省略号“...”的，则表示单击该菜单命令后会调出一个对话框等。

知识点 5：面板

面板是非常重要的图像处理辅助工具，在 Photoshop CS6 中有很多浮动的面板，以方便进行图像的各种编辑和操作。这些面板均列在【窗口】菜单下。在后面的章节中将会详细介绍。

浮动面板指的是打开 Photoshop CS6 软件后在此桌面上可以移动、关闭的各种控制面板。除了前面讲过的工具箱以及和工具配合使用的选项栏以外，Photoshop CS6 还有其他的浮动面板，如【历史记录】面板、【字符】面板、【画笔】面板、【图层】面板等。当按【Tab】键时，可将包括工具箱在内的所有面板关闭；再按【Tab】键，可恢复为关闭前的状态。如果在按住【Shift】键的同时按【Tab】键，就会关闭除了工具箱以外的其他面板。

Photoshop 软件本身将不同面板进行了分组，用户也可以根据自己的工作习惯进行重新编排。根据默认情况，Photoshop CS6 重新启动后会记得上次退出时所有面板的位置。

在【窗口】菜单下可看到面板被分为几组，在默认状态下，每组面板都是组合在一个面板组中出现的，如图 1-2-6 所示的就是【导航器】、【直方图】及【信息】的组合面板。在组合面板中，名称标签的颜色呈白色，表示是当前显示的面板。图 1-2-6 中，【信息】面板是当前显示的面板，单击【导航器】标签，就可使【导航器】成为当前面板。

【窗口】菜单下包含很多命令，如图 1-2-7 所示，前面有对钩的表示已选中的命令，面板已在桌面上显示；再次选择，前面的对钩消失，表示面板关闭。

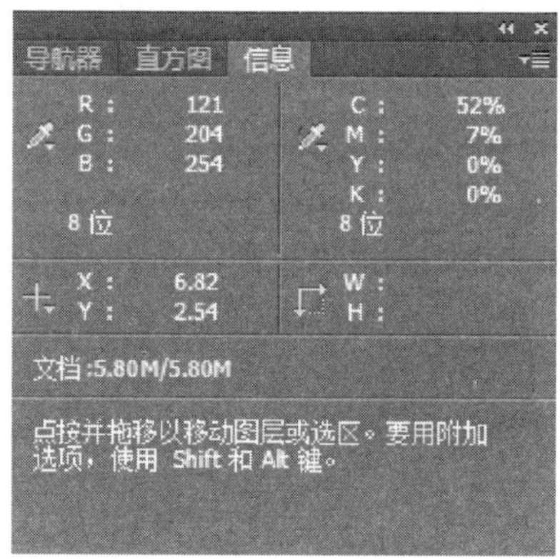

图 1-2-6 【信息】面板

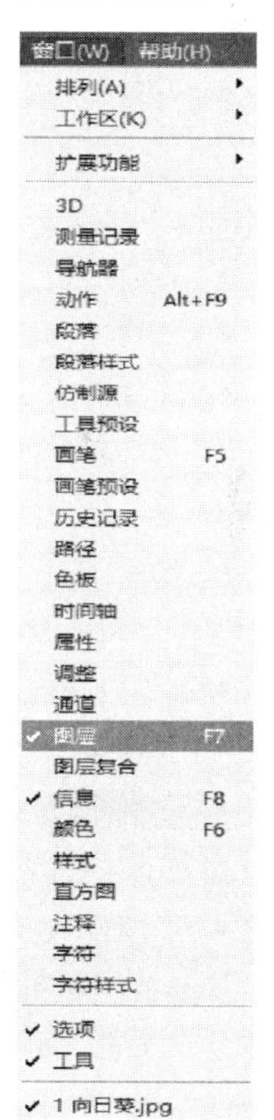

图 1-2-7 【窗口】菜单

知识点 6：状态栏

状态栏位于每个文档窗口的底部，显示诸如现用图像的当前放大率和文件大小等信息，以及有关使用现用工具的简要说明。

单击文档窗口底部边框中的三角形。

从弹出式菜单中选取一个查看选项(图 1-2-8)：

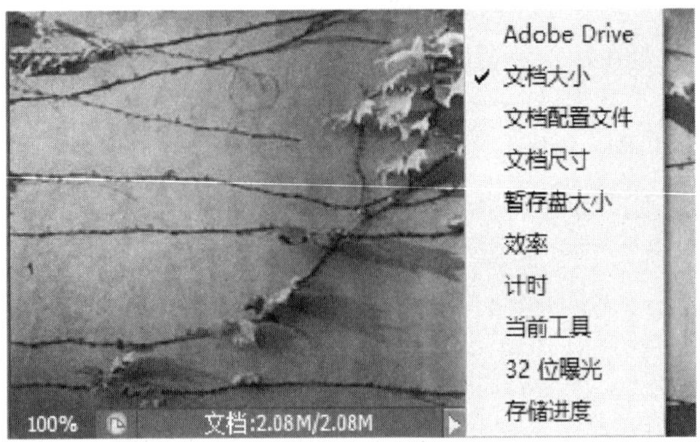

图 1-2-8 查看选项

- Adobe Drive：显示 Adobe Drive 工作组状态。Adobe Drive 可以集中管理共享的项目文件、使用直观的版本控制系统与他人齐头并进、使用注释跟踪文件状态、使用 Adobe Bridge 可视查找文件、搜索 XMP 元数据和托管 Adobe PDF 审阅。
- 文档大小：有关图像中的数据量的信息。左边的数字表示图像的打印大小，它近似于以 Adobe Photoshop 格式拼合并存储的文件大小。右边的数字指明文件的近似大小，其中包括图层和通道。
- 文档配置文件：图像所使用颜色配置文件的名称。
- 文档尺寸：图像的尺寸。
- 暂存盘大小：有关用于处理图像的 RAM 量和暂存盘的信息。左边的数字表示当前正由程序用来显示所有打开的图像的内存量；右边的数字表示可用于处理图像的总 RAM 量。
- 效率：执行操作实际所花时间的百分比，而非读写暂存盘所花时间的百分比。如果此值低于 100%，则 Photoshop 正在使用暂存盘，因此操作速度会较慢。
- 计时：完成上一次操作所花的时间。
- 当前工具：现用工具的名称。
- 32 位曝光：用于调整预览图像，以便在计算机显示器上查看 32 位/通道高动态范围(HDR)图像的选项。只有当文档窗口显示 HDR 图像时，该滑块才可用。
- 存储进度：自动存储的进度。可阅读“文件处理”设置。

单击状态栏的文件信息区域，可以显示文档的宽度、高度、通道和分辨率。按住【Ctrl】键(Windows)或【Command】键(Mac OS)单击，可以显示宽度和高度。

知识点 7：预设管理器

执行【编辑】菜单中的【预设管理器】命令，弹出【预设管理器】对话框，如图 1-2-9 所示。使用【预设管理器】可以管理画笔、色板、渐变、样式、图案、等高线、自定形状和工具的预设库。这使用户可以很容易重复使用或共享预设库文件。每种类型的库均有自己的文件扩展名和默认文件夹。默认预设是可以恢复的。

注意：不能使用【预设管理器】创建新的预设，因为每个预设都是在各自类型的编辑器内创建的。【预设管理器】可以创建由多个单个类型的预设组成的库。

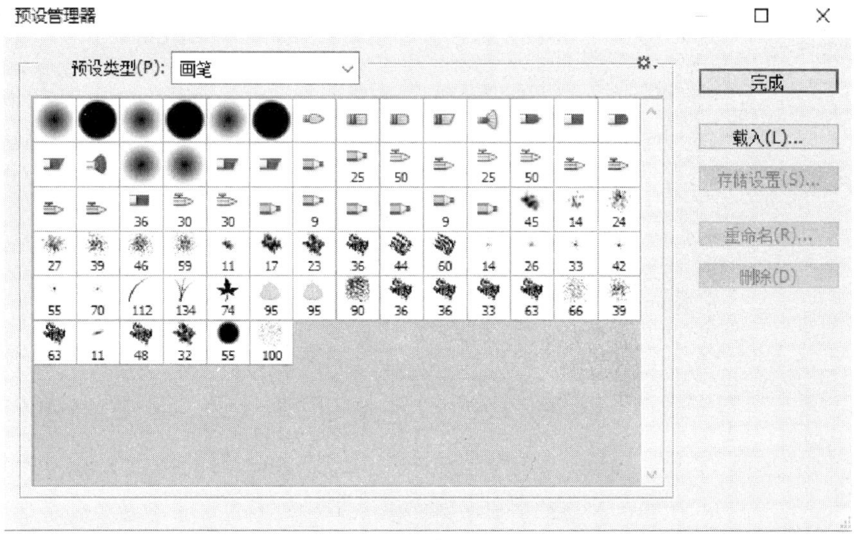

图 1-2-9 【预设管理器】对话框

任何新的预设画笔以及色板等都自动显示在【预设管理器】对话框中。在将其存储到预设库之前,应先将新画笔和色板等存储在预置文件中,以便在编辑过程中继续使用。若要将新项目永久存储为预设,则需要将其存储在创建它的编辑器中。否则,如果创建了新库,或替换了(而不是追加)一个同类型的新库,该项目将会丢失。

知识点 8: 首选项

许多程序设置都存储在 Photoshop CS6 Prefs 文件中,其中包括常规显示选项、文件存储选项、性能选项、光标选项、透明度选项、文字选项以及增效工具和暂存盘选项。其中大多数选项都是在【首选项】对话框中设置的。每次退出应用程序时都会存储首选项设置。

1. 使用【首选项】子菜单

① 选择【编辑】→【首选项】命令,然后从子菜单中选择所需的首选项组,如图 1-2-10 所示。

② 如果要在不同的首选项组之间切换,有以下两种方法:

方法一: 从打开的【首选项】对话框左侧的菜单中选择相应的首选项组(图 1-2-11)。

方法二: 单击【下一个】按钮,显示列表中的下一个首选项组; 单击【上一个】按钮,显示上一个组。

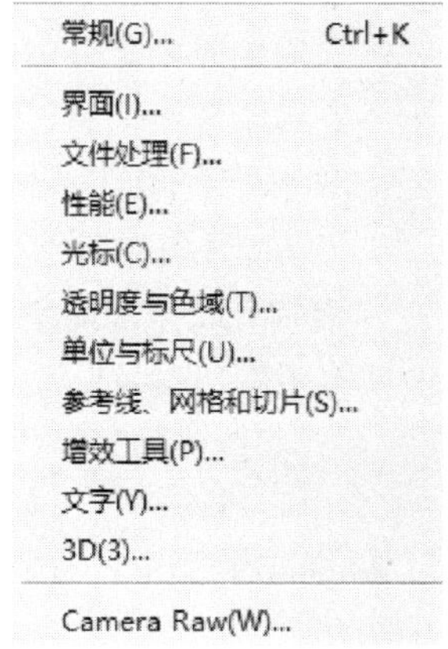

图 1-2-10 【首选项】子菜单

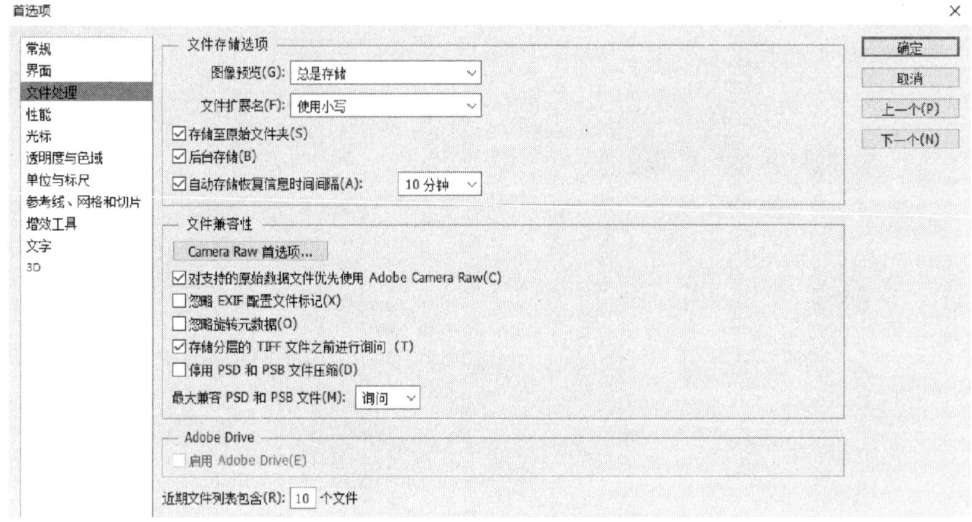

图 1-2-11 【首选项】对话框

2. 将所有首选项都恢复为默认设置

执行下列操作之一：

① 启动 Photoshop CS6 时按住【Alt】+【Ctrl】+【Shift】组合键，将提示用户删除当前的设置。

②（仅 Mac OS）打开“Library”文件夹中的“Preferences”文件夹，并将“Adobe Photoshop CS Settings”文件夹拖动到“废纸篓”中。

③ 下次启动 Photoshop CS6 时，将会创建新的首选项文件。

3. 禁用和启用警告消息

有时用户会看到一些包含警告或提示的信息。通过选择信息中的【不再显示】选项，用户可以禁止显示这些信息。也可以在全局范围内重新显示所有已被禁止显示的信息。

要启用警告消息，操作步骤如下：

① 执行【编辑】→【首选项】→【常规】命令。

② 单击【复位所有警告对话框】按钮，再单击【确定】按钮。

如果出现异常现象，可能是因为首选项已损坏。如果用户怀疑首选项已损坏，可将首选项恢复为默认设置。

任务三 文件的基本操作

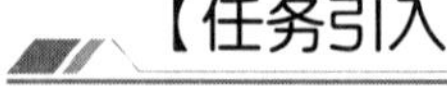

【任务引入】

文件的基本操作是 Photoshop CS6 学习的起步阶段，要实现对图像的管理操作就必须掌握 Photoshop CS6 中文件的基本操作。

【任务分析】

通过【文件】菜单下的各项子菜单，可以完成新建文档、打开文档、关闭文档的操作；通过【编辑】菜单及【历史记录】面板，可实现对操作的撤销与恢复；通过【存储】、【存储为】、【存储为 Web 和设备所用格式】命令，可以实现对不同格式文件的保存。

【相关知识】

知识点 1：新建文档

执行【文件】菜单中的【新建】命令，弹出【新建】对话框，如图 1-3-1 所示。

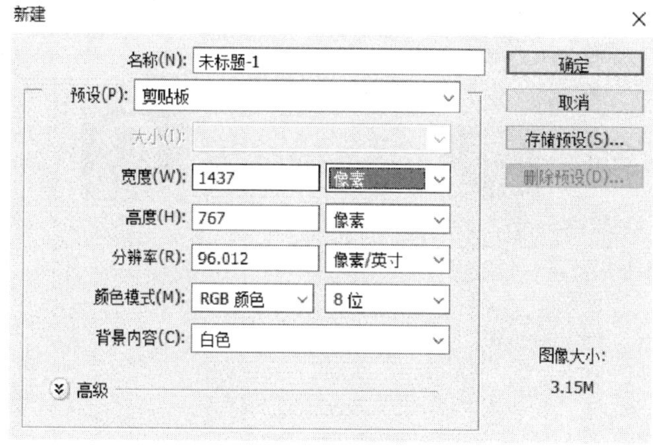

图 1-3-1 【新建】对话框

在【新建】对话框中可对所建文件进行各种设定：

① 在【名称】文本框中输入图像名称。

② 在【预设】后面的下拉列表中可选择一些内定的图像尺寸。

③ 通过从【大小】下拉列表中选择一个预设或在【宽度】和【高度】文本框中输入值，设置宽度和高度。要使新图像的宽度、高度、分辨率、颜色模式和位深度与打开的任何图像完全匹配，从【预设】下拉列表的底部选择一个文件名。

④【分辨率】的单位习惯上采用“像素/英寸”(Pixels/in)，如果制作的图像用于印刷，需设定 300 像素/英寸的分辨率。

⑤ 在【颜色模式】后面的下拉列表中可设定图像的色彩模式。

⑥【背景内容】中的三个选项可用来设定图像的色彩模式：

- 白色：用白色(默认的背景色)填充背景图层。
- 背景色：用当前背景色填充背景图层。
- 透明：使第一个图层透明，没有颜色值。最终的文档内容将包含单个透明的图层。

⑦ 必要时，可单击【高级】按钮以显示更多选项。

在【高级】下，选取一个颜色配置文件，或选取【不要对此文档进行色彩管理】。对于【像素长宽比】，除非使用用于视频的图像，否则选取【方形像素】；对于视频图像，请选择其他选

项以使用非方形像素。

⑧ 设置完成后,单击【存储预设】按钮,将这些设置存储为预设,或单击【确定】按钮以打开新文件。

知识点2:打开文档

执行【文件】菜单中的【打开】命令,弹出【打开】对话框,如图1-3-2所示,选中要打开的文件,单击【打开】按钮就可将此文件打开。

图1-3-2 【打开】对话框

在【文件类型】后面的下拉列表中选中【所有格式】,在对话框中会出现当前文件夹中的所有文件,当选择具体格式时,在对话框中会列出当前文件格式的所有文件。

除了【打开】命令之外,还有另外两种打开图像的方法。如果是Photoshop CS6产生的图像,直接用鼠标双击文件图标就可将其打开。将图像的图标拖到Photoshop CS6软件图标上,图像也可被打开。

执行【文件】→【最近打开文件】命令,从子菜单中选择一个文件并将其打开。若要指定在【最近打开文件】子菜单中可能用到的文件数,执行【编辑】→【首选项】→【文件处理】命令,并在弹出对话框的最下端的【近期文件列表包含】文件框中输入可能用到的文件数。

知识点3:保存文档

Photoshop CS6支持很多的文件格式。可将文件存储为它们中的任何一种格式,或按照不同的软件要求将其存储为相应的文件格式后置入排版或图形软件中。

在【文件】菜单下有【存储】、【存储为】和【存储为Web和设备所用格式】三个关于存储的命令。

1. 存储

【存储】命令是将文件存储为原来的文件格式,并将原文件替换掉。在图像编辑有了图层等内容后,执行【存储】命令默认以 PSD 格式存储文件。

2. 存储为

【存储为】命令以不同的位置或文件名存储图像。在 Photoshop CS6 中,【存储为】命令可以用不同的格式和不同的选项存储图像。执行【存储为】命令后,会弹出【存储为】对话框,如图 1-3-3 所示。

图 1-3-3 【存储为】对话框

其中各项设置介绍如下:

- 作为副本:此选项可存储原文件的一个副本,并保持原文件的打开状态,原文件不受任何影响。选择此选项后,名称后面会自动加上“副本”字样,这样原文件就不会被替换掉。
- Alpha 通道:用于将 Alpha 通道信息与图像一起存储。不选择该选项,可将 Alpha 通道从存储的图像中删除。
- 图层:用于保留图像中的所有图层。如果该选项被禁用或不可用,则所有的可视图层将合并为背景层(取决于所选的格式)。
- 注释:可将注释与图像一起存储。
- 专色:可将专色通道信息与图像一起存储。不选中该选项,可将专色从已存储的图像中删除。
- 使用校样设置(只适用于 PDF、EPS、DCS1.0 和 DCS2.0 文件格式):可将文件的颜色转换为校样色彩描述文件空间,对于创建用于打印的输出文件很有用。
- ICC 配置文件:只适用于 Photoshop 的格式(PSD)以及 PDF、JPEG、TIFF、EPS、DCS 和 PICT 文件格式。

3. 存储为 Web 和设备所用格式

Photoshop 提供了最佳处理网页图像文件的工具与方法。执行【文件】菜单中的【存储为 Web 和设备所用格式】命令，如图 1-3-4 所示，弹出【存储为 Web 和设备所用格式】对话框，可利用这个对话框完成 JPEG、GIF、PNG-8、PNG-24 和 WBMP 文件格式的最佳存储。

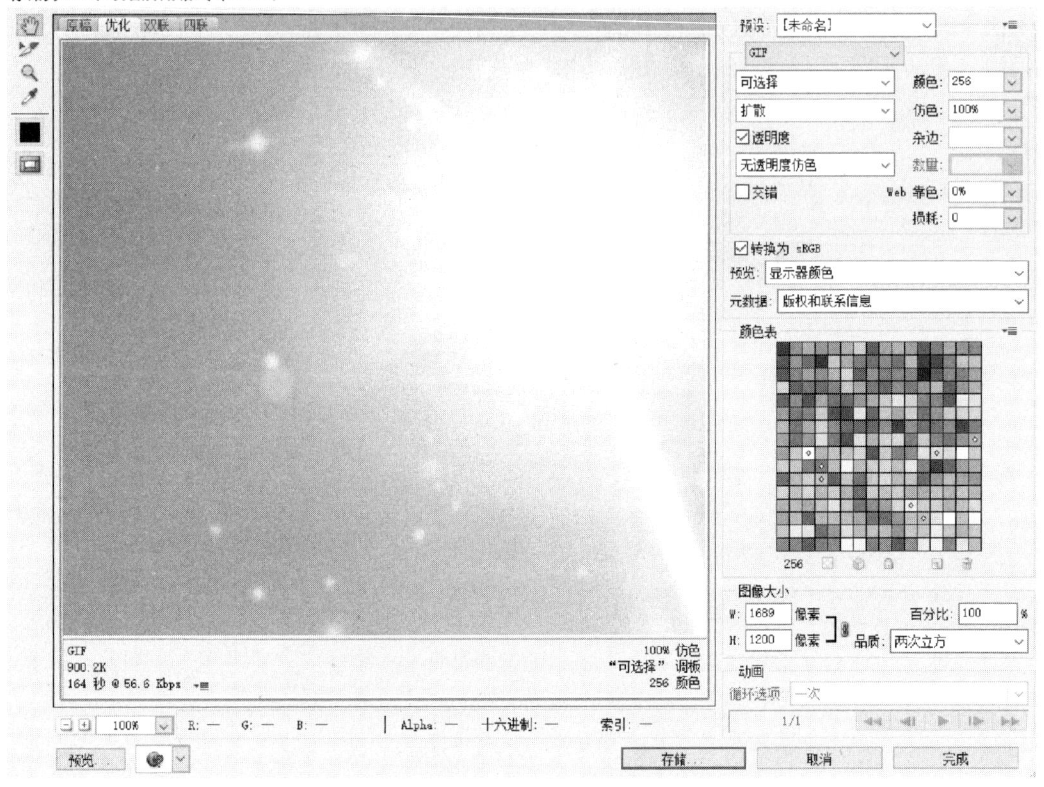

图 1-3-4 【存储为 Web 和设备所用格式】对话框

4. 文件存储的设定

选取【编辑】→【首选项】命令，打开【首选项】对话框，选择【文件处理】，如图 1-2-11 所示。

在其中设置以下选项：

- 图像预览：为存储图像预览选取选项，【总不存储】表示存储文件时不带预览；【总是存储】表示与指定的预览一起存储文件；【存储时提问】表示基于每个文件指定预览。
- 文件扩展名（Windows）：针对指明文件格式的三个字符的文件扩展名选取选项，【使用大写】或【使用小写】，前者使用大写字符追加文件扩展名，后者使用小写字符追加文件扩展名。
- 追加文件扩展名（Mac OS）：对于要在 Windows 系统上使用或传递到 Windows 系统的文件，必须有文件扩展名。选取向文件名追加扩展名的选项。【总不】表示在不带文件扩展名的情况下存储文件；【总是】表示将文件扩展名追加到文件名；【存储时提问】表示基于每个文件追加文件扩展名。选择【使用小写】，使用小写字符追加文件扩展名。
- 存储至原始文件夹：选中该复选框，表示图像存储到的默认文件夹为图像的源文件夹。取消选择此复选框，可将默认文件夹改为用户上次存储文件时所用的文件夹。

5. 存储大型文档

Photoshop CS6 支持宽度或高度最大为 300000 像素的文档,并提供三种文件格式用于存储其图像的宽度或高度超过 300000 像素的文档。请记住,大多数其他应用程序(包括比 Photoshop CS6 更早的 Photoshop 的版本)都无法处理大于 2 GB 的文件或者其宽度或高度超过 300000 像素的图像。

执行【文件】→【存储为】命令,并选取下列文件格式之一,即可存储文档:

- 大型文档格式(*.PSB):支持任何文件大小的文档。所有 Photoshop 功能都保留在 PSB 文件中(不过,当文档的宽度或高度超过 30000 像素时,某些增效滤镜不可用)。目前,只有 Photoshop CS6 和更高版本才支持 PSB 文件。
- Photoshop Raw(*.Raw):支持任何像素大小或文件大小的文档,但不支持图层。以 Photoshop Raw 格式存储的大型文档是拼合的。
- TIFF:支持最大为 4 GB 的文件。超过 4 GB 的文档不能以 TIFF 格式存储。

知识点 4:关闭文档

关闭当前的图像窗口可以采用如下方法中的一种。

方法一:单击【文件】菜单中的【关闭】命令或按【Ctrl】+【W】键,即可将当前的图像窗口关闭。如果在修改图像后没有存储图像,则会调出一个提示框,提示用户是否保存图像。单击该提示框中的【是】按钮,即可将图像保存,然后关闭当前的画布窗口。

方法二:单击当前图像窗口内右上角的按钮 ✕ ,也可以将当前的画布窗口关闭。

方法三:单击【文件】菜单中的【关闭全部】命令,可以将所有画布窗口关闭。

知识点 5:撤销与恢复

在实际工作中,对某些操作会经常修改,还可能有很多误操作,Photoshop CS6 提供了还原操作的菜单命令,并有【历史记录】面板提供更强大的修复功能。

1. 恢复命令

大多数误操作都可以还原。也就是说,可将图像的全部或部分内容恢复到上次存储的版本。

- 使用还原命令:选择【编辑】菜单中的【还原】命令,如果操作不能还原,则将显示灰色的【还原】。
- 恢复到上次存储的版本:选择【文件】菜单中的【恢复】命令,【恢复】操作将作为【历史记录】状态添加到【历史记录】面板中,并且可以还原。

2. 恢复到前一个图像状态

① 单击状态的名称。

② 从【历史记录】面板或【编辑】菜单中选择【前进一步】或者【后退一步】,以便移动到下一个或前一个状态。

3. 使用【历史记录】面板

可以使用【历史记录】面板在当前工作会话期间跳转到所创建图像的任一最近状态。每次对图像应用更改时,图像的新状态都会添加到该面板中。

例如,用户对图像局部执行选择、绘画和旋转等操作,则每一种状态都会单独在面板中列出。当用户选择其中某个状态时,图像将恢复为第一次应用该更改时的外观,然后用户可

以从该状态开始工作。也可以使用【历史记录】面板来删除图像状态，并且还可以依据某个状态或快照创建文档。要显示【历史记录】面板，选择【窗口】菜单中的【历史记录】命令，或单击【历史记录】面板选项卡即可，如图1-3-5所示。

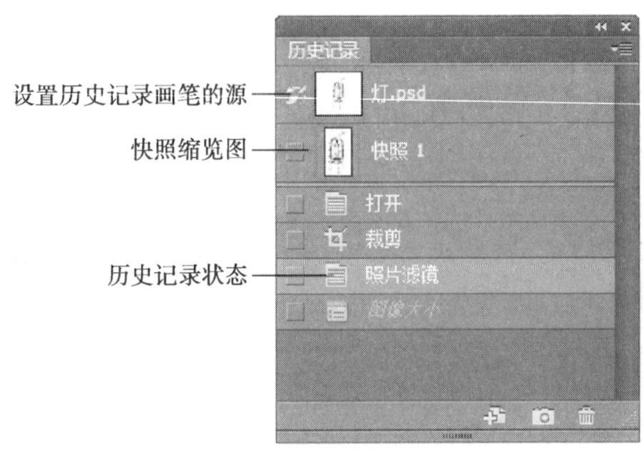

图1-3-5 【历史记录】面板

在使用【历史记录】面板时，请记住以下几点：

① 程序范围内的更改（如对面板、颜色设置、动作和首选项的更改）不是对某个特定图像的更改，因此不会反映在【历史记录】面板中。

② 默认情况下，【历史记录】面板将列出以前的20个状态。可以通过设置首选项来更改记录的状态数。较早的状态会被自动删除，以便为Photoshop释放出更多的内存。如果要在整个工作会话过程中保留某个特定的状态，可为该状态创建快照。

③ 关闭并重新打开文档后，将从面板中清除上一个工作会话中的所有状态和快照。

④ 默认情况下，面板顶部会显示文档初始状态的快照。

⑤ 状态将被添加到列表的底部。也就是说，最早的状态在列表的顶部，最新的状态在列表的底部。

⑥ 每个状态都会与更改图像所使用的工具或命令的名称一起列出。

⑦ 默认情况下，当选择某个状态时，它下面的各个状态将呈灰色。这样，很容易就能看出从选定的状态继续工作，将放弃哪些更改。

⑧ 默认情况下，选择一个状态，然后更改图像，将会消除后面的所有状态。

⑨ 如果选择一个状态，然后更改图像，致使以后的状态被消除，可使用【还原】命令来还原上一步更改并恢复消除的状态。

⑩ 默认情况下，删除一个状态，将删除该状态及其后面的状态。如果选中【允许非线性历史记录】复选框，那么，删除一个状态的操作将只会删除该状态。

4. 设置历史记录选项

用户可以指定要包括在【历史记录】面板中的最大项目数，并设置其他选项来自定面板。

从【历史记录】面板菜单中选取【历史记录选项】，弹出如图1-3-6所示的对话框，可从中选择某一复选框。

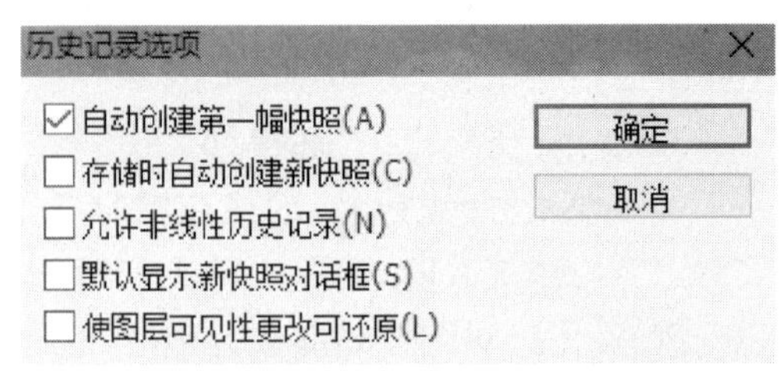

图1-3-6 【历史记录选项】对话框

- 自动创建第一幅快照:在打开文档时自动创建图像初始状态的快照。
- 存储时自动创建新快照:每次存储时都生成一个快照。
- 允许非线性历史记录:对选定状态进行更改,而不会删除它后面的状态。通常情况下,选择一个状态并更改图像时,所选状态后面的所有状态都将被删除。【历史记录】面板将按照所做编辑步骤的顺序来显示这些步骤的列表。通过以非线性方式记录状态,可以选择某个状态、更改图像并且只删除该状态。更改将附加到列表的结尾。
- 默认显示新快照对话框:强制 Photoshop 提示用户输入快照名称,即使在用户使用面板上的按钮时也是如此。
- 使图层可见性更改可还原:默认情况下,不会将显示或隐藏图层记录为历史步骤,因而无法将其还原。选择此选项可在历史步骤中包括图层可见性更改。

5. 设置编辑历史记录选项

有时出于客户或法律方面的考虑,需要将对文件所做的操作详细记录在 Photoshop CS6 中。“编辑历史记录日志”可帮助用户保留一份对图像所做更改的文本历史记录。可以使用 Adobe Bridge 或【文件简介】对话框来查看“编辑历史记录日志”元数据。

既可以选择将文本导出为外部日志文件,也可以将信息存储在所编辑的文件的元数据中。将许多编辑操作存储为文件元数据会使文件变大,此类文件可能要花比平常更长的时间来打开和存储。

默认情况下,每个会话的历史记录数据都将存储为嵌入在图像文件中的元数据。用户可以指定将历史记录数据存储在何处,以及历史记录中所包含信息的详细程度。

① 选择【编辑】→【首选项】命令,选择【常规】,如图 1-3-7 所示。

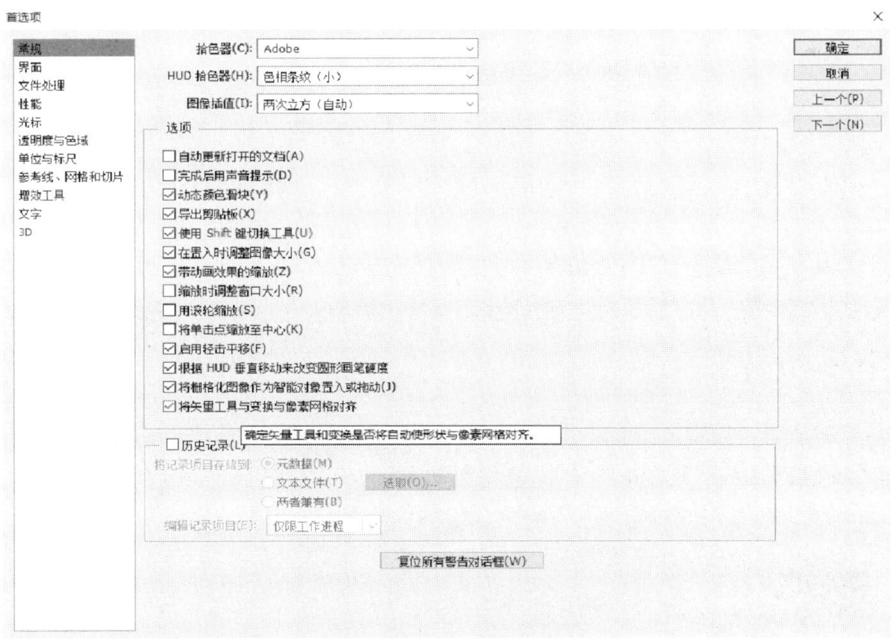

图 1-3-7 【常规】选项面板

② 选中【历史记录】复选框,可从启用状态切换到禁用状态,反之亦然。

③ 对于【将记录项目存储到】选项,请选择下列之一:

• 元数据:将历史记录存储为嵌入在每个文件中的元数据。

• 文本文件:将历史记录导出为文本文件。将提示用户为文本文件命名,并选择文件的存储位置。

• 两者兼有:将元数据存储在文件中,并创建一个文本文件。

注: 如果要将文本文件存储在其他位置或另存为其他文件,单击【选取】按钮,指定要在何处存储文本文件,为文件命名(如有必要),然后单击【保存】按钮。

④ 从【编辑记录项目】下拉列表中,选择以下选项之一,如图 1-3-8 所示。

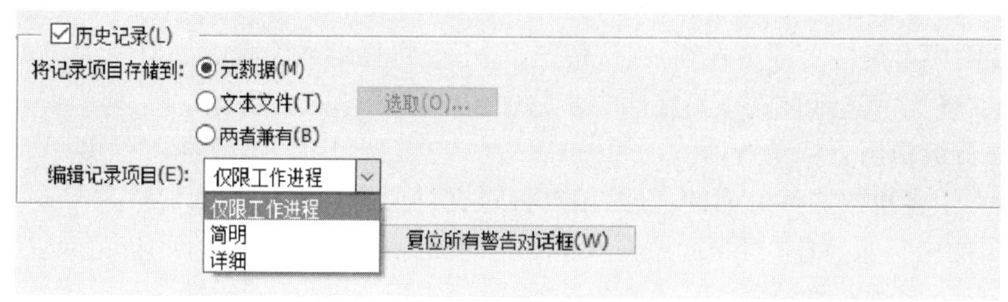

图 1-3-8 【编辑记录项目】下拉列表

• 仅限工作进程:保留每次启动或退出 Photoshop 以及每次打开和关闭文件的记录(包括每个图像的文件名)。不包括任何有关对文件所做编辑的信息。

• 简明:除【会话】信息外,还包括出现在【历史记录】面板中的文本。

• 详细:除【简明】信息外,还包括出现在【动作】面板中的文本。如果需要对文件做出的所有更改的完整历史记录,选择【详细】。

任务四 使用辅助工具

【任务引入】

在 Photoshop 中,参考线可以帮助用户更好地完成选择、定位和编辑图像等;标尺可以确定图像或元素的位置,起到辅助定位的作用。

【任务分析】

利用【视图】相关子菜单及相应快捷键实现对标尺、网格、辅助线的创建与删除;利用【编辑】→【首选项】菜单实现对标尺、网格、辅助线的属性设置。

【相关知识】

知识点 1:标尺

标尺可帮助用户精确定位图像或元素。如果显示标尺,标尺会出现在现用窗口的顶部和左侧(图 1-4-1)。当用户移动指针时,标尺内的标记会显示指针的位置。要显示或隐藏标尺，选择【视图】→【标尺】命令。

图 1-4-1　标尺

若要更改标尺原点，即左上角标尺上的(0, 0)标志，使用户可以从图像上的特定点开始度量，更改步骤如下：

① 选择【视图】→【对齐到】命令，然后从子菜单中选择任意选项组合。此操作会将标尺原点与参考线、切片或文档边界对齐，也可以与网格对齐。

② 将指针放在窗口左上角标尺的交叉点上，然后沿对角线向下拖移到图像上，可看到一组十字线，它们标出了标尺上的新原点，如图 1-4-2 所示。

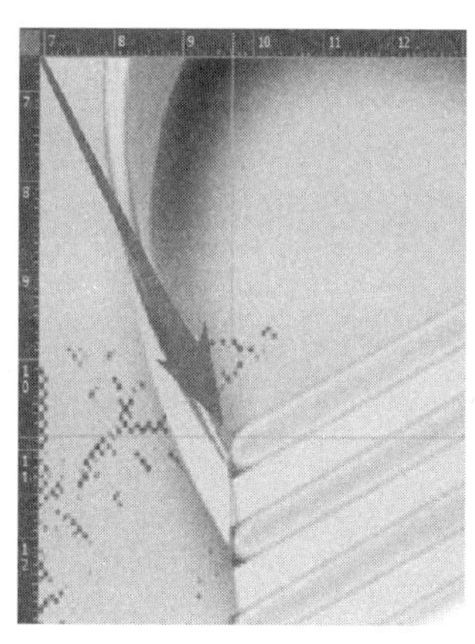

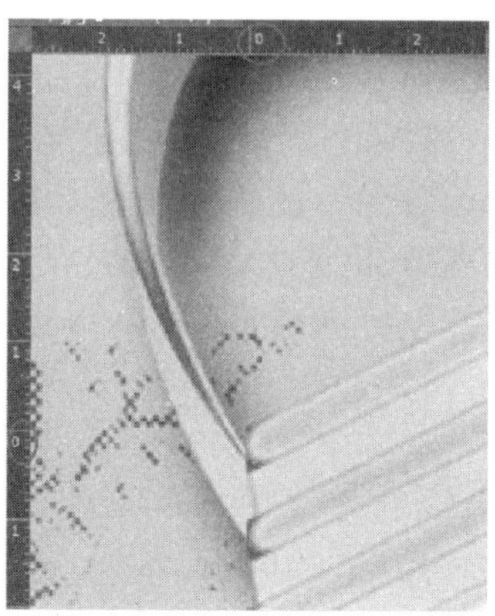

图 1-4-2　标尺新原点

③ 要将标尺的原点复位到其默认值，双击标尺的左上角即可。

知识点 2：参考线

参考线可帮助用户精确地定位图像或元素。参考线显示为浮动在图像上方的一些不会打印出来的线条。参考线可以被移动或移去，还可以锁定参考线，以防意外移动。

若要显示或隐藏参考线，执行【视图】→【显示】→【参考线】命令即可。

1. 置入参考线

① 如果看不到标尺，执行【视图】→【标尺】命令。

注： 为了得到最准确的读数，请按100%的放大率查看图像或使用【信息】面板。

② 执行以下操作之一来创建参考线：

方法一：执行【视图】→【新建参考线】命令，在打开的对话框中，选择【水平】或【垂直】方向，并输入位置，然后单击【确定】按钮。

方法二：拖移水平标尺以创建水平参考线（图1-4-3）。

方法三：按住【Alt】键，然后通过拖移垂直标尺以创建水平参考线。

方法四：从垂直标尺拖移以创建垂直参考线。

方法五：按住【Alt】键，然后通过拖移水平标尺以创建垂直参考线。

方法六：按住【Shift】键并通过拖移水平或垂直标尺以创建与标尺刻度对齐的参考线。

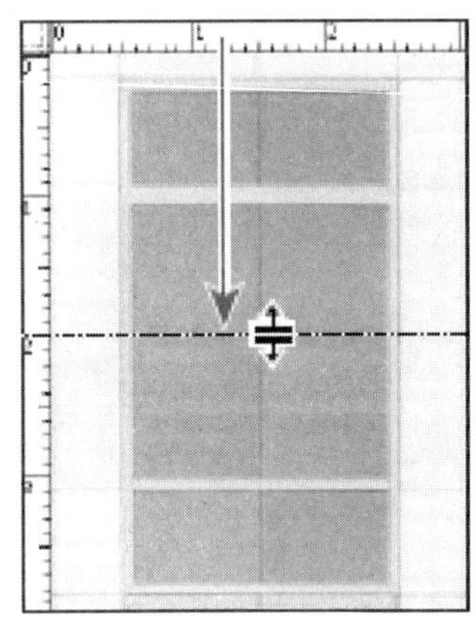

图1-4-3　拖移以创建水平参考线

拖动参考线时，指针变为双向箭头。

③ 如果要锁定所有参考线，执行【视图】→【锁定参考线】命令即可。

2. 移动参考线

① 选择【移动工具】，或按住【Ctrl】键以启动【移动工具】。

② 将鼠标指针放置在参考线上（鼠标指针会变为双向箭头）。

③ 可按照下列任意方式移动参考线：

方法一：拖移参考线以移动它。

方法二：单击或拖动参考线时按住【Alt】键，可将参考线从水平改为垂直，或从垂直改为水平。

方法三：拖动参考线时按住【Shift】键，可使参考线与标尺上的刻度对齐。如果网格可见，选择【视图】→【对齐到】→【网格】命令，则参考线将与网格对齐。

3. 从图像中移去参考线

若要移去一条参考线，可将该参考线拖移到图像窗口之外；若要移去全部参考线，可选择【视图】菜单中的【清除参考线】命令。

知识点3：智能参考线

智能参考线可以帮助用户对齐形状、切片和选区。当用户绘制形状或创建选区或切片时，智能参考线会自动出现。如果需要可以隐藏智能参考线。

若要显示或隐藏智能参考线，执行【视图】→【显示】→【智能参考线】命令即可。

知识点4：网格

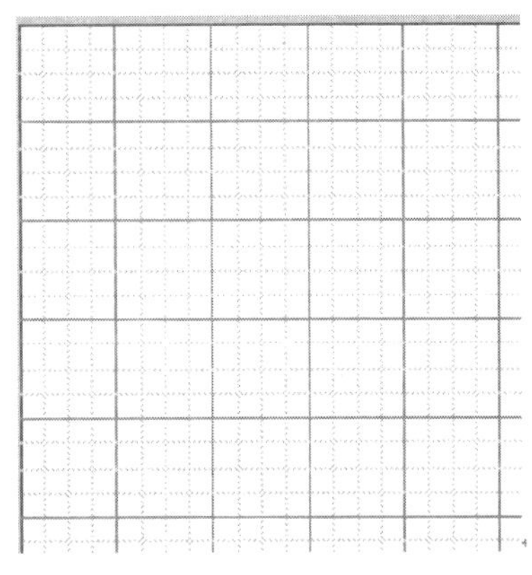

图1-4-4　网格

利用网格（图1-4-4）可精确地定位图像或元素，对于对称排列图像很有用。网格在默认情况下显示为不打印出来的线条,但也可以显示为点。

若要显示或隐藏网格,执行【视图】→【显示】→【网格】命令即可。

知识点5:注释工具

在 Photoshop CS6 中可以将文字注释或语音注释附加到图像上,对于在图像中加入评论、制作说明或其他信息非常有用。

文字注释或语音注释在图像上都显示为不可打印的小图标。它们与图像上的位置相关联,而不是与图层相关联。可以显示或隐藏注释,打开文字注释并查看或编辑其内容以及播放语音注释。也可以将语音注释添加到操作中,并将其设置为在操作执行或暂停期间播放,如图 1-4-5 所示【测量工具】组中第五个即为【注释工具】。

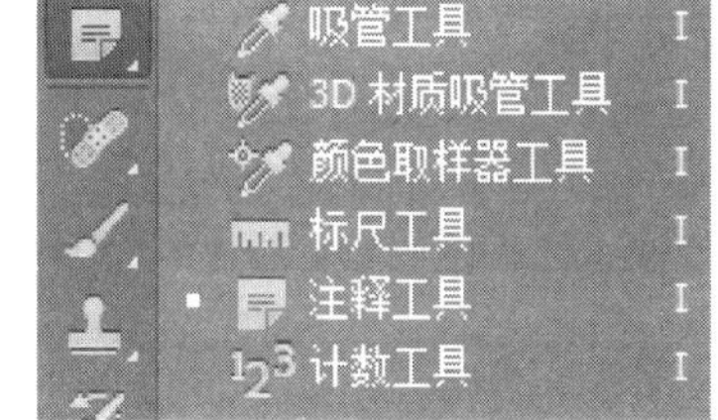

图 1-4-5 【测量工具】组

任务五 视图工具

【任务引入】

在编辑图像时,会频繁地在图像的整体和局部间来回切换,此时可以通过【视图工具】,便于整体把握图像和局部修改图像,从而达到最完美的效果。

【任务分析】

使用 Photoshop CS6 软件,打开一幅图片后,按【Ctrl】+【+】或【Ctrl】+【-】组合键,可以放大或缩小视图,按住空格键移动鼠标,可实现对视图的平移。

【相关知识】

知识点1:【缩放工具】和【抓手工具】

1. 缩放工具

【缩放工具】可以起到放大或缩小图像的作用。在工具箱中选择【缩放工具】时,光标在画面内显示为一个带加号的放大镜,使用这个放大镜单击图像,即可实现图像的成倍放大。而按住【Alt】键使用【缩放工具】时,光标为一带减号的缩小镜,单击可实现图像的成倍缩小。

2. 抓手工具

当图像较大或显示比例较大时,图像窗口不能完全显示整幅画面,这时可以使用【抓手工具】来拖动画面,以卷动窗口来显示图像的不同部位。当然,也可以通过窗口右侧及下方的滑轨和滑块来移动画面的显示内容。

按住空格键可实现【抓手工具】的临时切换。

知识点 2：导航器

图 1-5-1 【导航器】面板

导航器是用来观察图像的，可方便地进行图像的缩放（此处的缩放是指将图像放大或缩小以方便对图像全部及局部的观察，图像本身并没有发生大小的变化或像素的增减）。

选择【窗口】→【导航器】命令，可打开【导航器】面板，如图 1-5-1 所示，在其左下角显示百分比数字，可直接输入百分比，按回车键后，图像就会按输入的百分比显示，在【导航器】面板中会有相应的预览图。也可用鼠标拖动【导航器】面板下方的三角滑块来改变缩放的比例，滑动栏的两边有两个形状像山的小图标，左侧的图标较小，单击此图标可使图像缩小显示，单击右侧的图标可使图像放大显示。

单击【导航器】面板右上角的三角按钮，在弹出菜单中执行【面板选项】命令，弹出【面板选项】对话框，在其中可定义【显示框】的颜色。在【导航器】面板的预览图中可看到用色框表示图像的观察范围，默认色框的颜色是浅红色。在【面板选项】对话框中，用鼠标单击色块就会弹出【选择显示框颜色】对话框，选择颜色后将其关闭，在色块中会显示所选的颜色。另外，也可从【颜色】选项弹出的菜单中，选择软件已经设置的其他颜色。

知识点 3：旋转视图工具

图 1-5-2 旋转视图工具

使用【旋转视图工具】可以在不破坏图像的情况下旋转画布，使用该工具不会使图像变形。【旋转视图工具】很实用，能使绘画或绘制更加省事，如图 1-5-2 所示。也可以在具有 Multi-Touch 触控板的 MacBook 计算机上使用【旋转视图工具】。

可执行下列任一操作：

方法一：选择【旋转视图工具】，然后在图像中单击并拖动，以进行旋转。无论当前画布是什么角度，图像中的罗盘均指向北方。

方法二：选择【旋转视图工具】，在【旋转角度】字段中输入数值（以指示变换的度数）。

方法三：选择【旋转视图工具】，单击或按住鼠标并来回拖动以设置【视图】控件的【设置旋转角度】。

要将画布恢复到原始角度，单击【复位视图】即可。

知识点 4：屏幕模式

屏幕模式是指将图像在整个屏幕上查看，将隐藏菜单栏、标题栏和滚动条。

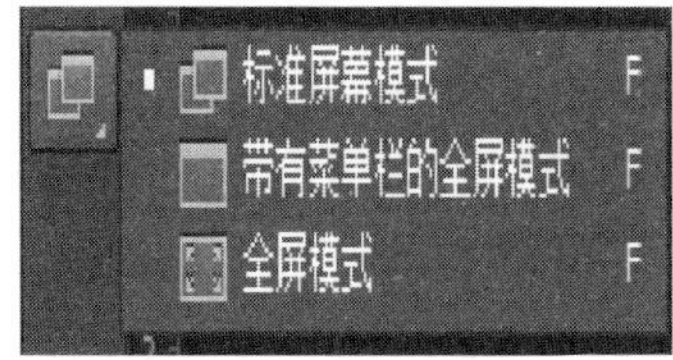

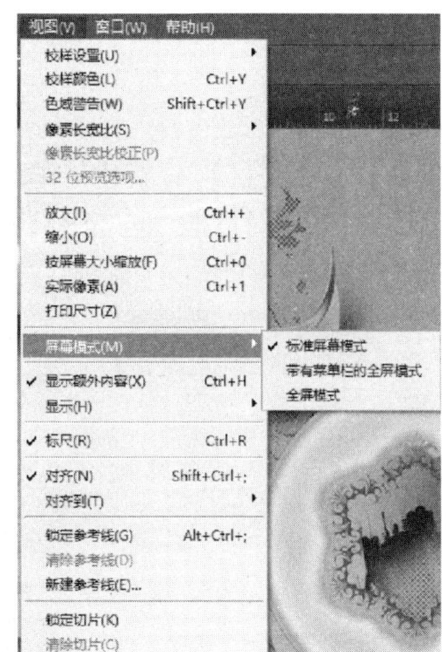

图 1-5-3　选择【屏幕模式】

可执行下列任一操作：

A. 要显示默认模式(菜单栏位于顶部,滚动条位于侧面),选取【视图】→【屏幕模式】→【标准屏幕模式】命令(图 1-5-3)；或单击应用程序栏上的【屏幕模式】按钮,从弹出式菜单中选择【标准屏幕模式】命令。

B. 要显示带有菜单栏和 50% 灰色背景但没有标题栏和滚动条的全屏窗口,选择【视图】→【屏幕模式】→【带有菜单栏的全屏模式】命令；或单击应用程序栏上的【屏幕模式】按钮,并从弹出式菜单中选择【带有菜单栏的全屏模式】命令。

C. 要显示只有黑色背景的全屏窗口(无标题栏、菜单栏或滚动条),选择【视图】→【屏幕模式】→【全屏模式】命令；或单击应用程序栏上的【屏幕模式】按钮,并从弹出式菜单中选择【全屏模式】命令。

任务六　创建自定义的工作区

【任务引入】

不同行业对 Photoshop 中各项功能的使用频率有所不同,针对这一点,Photoshop 为用户提供了几个常用的预设工作区以供用户选择,同时可根据个人的操作习惯新建工作区。

【任务分析】

通过【窗口】→【工作区】命令,可以实现工作区的新建、复位和删除操作,创建符合个人习惯的工作区。

【任务实施】

具体操作步骤如下：

① 执行【窗口】→【工作区】→【新建工作区】命令，如图1-6-1所示。

② 打开【新建工作区】对话框，键入工作区的名称，如图1-6-2所示。

③ 在【捕捉】下，选择一个或多个选项。

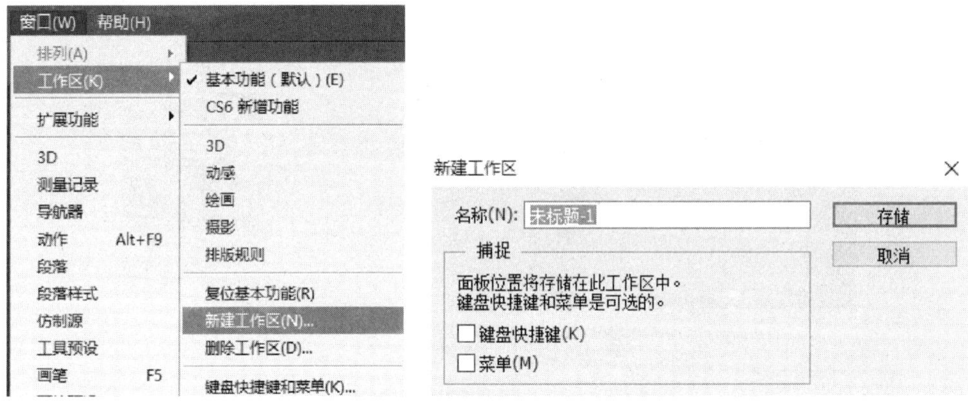

图1-6-1 【窗口】菜单　　图1-6-2 【新建工作区】对话框

注意：面板位置保存当前面板位置（仅限InDesign）；键盘快捷键保存当前的键盘快捷键组（仅限Photoshop）；菜单或菜单自定义存储当前的菜单组。

任务七 使用Adobe Bridge CS6管理图像

【任务引入】

Adobe Bridge是Adobe Creative Suite的控制中心。可以使用Adobe Bridge查看、搜索、排列、筛选、管理和处理如图像、页面版面、PDF和动态媒体文件；也可以使用Adobe Bridge来重命名、移动和删除文件，编辑元数据，旋转图像以及运行批处理命令；还可以查看从数码相机或摄像机中导入的文件和数据。

【任务分析】

通过【文件】、【编辑】菜单可实现对图像的浏览和编辑；通过对Adobe Bridge属性进行设置，可实现一些个性化操作。

图1-7-1 执行【文件】→【在Bridge中浏览】命令

【任务实施】

具体操作步骤如下：

① 执行【文件】→【在Bridge中浏览】命令，如图1-7-1所示。

② 打开如图 1-7-2 所示的窗口。

图 1-7-2　Photoshop CS6 窗口

③ 在【文件夹】面板中选择一个文件夹。在【文件夹】面板中按向下箭头键和向上箭头键导航到该目录,按向右箭头键展开文件夹,按向左箭头键折叠文件夹。

④ 在【内容】面板中浏览所选文件夹中的图像。

【相关知识】

知识点 1：调整 Adobe Bridge 窗口中的面板

可以通过移动面板和调整面板的大小来调整 Adobe Bridge 窗口。但不能将面板移动到 Adobe Bridge 窗口之外。

1. 移动面板或调整面板的大小

有如下三种方法:

方法一:可通过拖动面板的标签将其拖动到另一个面板。

方法二:拖动面板之间的水平分隔栏,使面板更大或更小。

方法三:拖动各面板和【内容】面板之间的垂直分隔栏,可调整各面板或【内容】面板的大小。

2. 显示或隐藏面板

有如下三种方法:

方法一:按【Tab】键可显示或隐藏除中心面板以外的所有面板(中心面板因所选工作区而异)。

方法二:选择【窗口】,然后选择用户想要显示或隐藏的面板的名称。

方法三:右键单击(Windows)或按下【Ctrl】键单击(Mac OS)某个面板标签,然后选择要显示的面板的名称。

知识点 2：调整 Adobe Bridge 窗口的显示状态

打开【视图】菜单，如图 1-7-3 所示，可选择以下命令：

- 缩览图：可将文件和文件夹显示为带有文件或文件夹名称以及评级和标签的缩览图。
- 详细信息：显示的缩览图带有其他文本信息。
- 列表形式：以文件名列表的形式显示文件和文件夹，同时用列来显示相关的元数据。
- 仅显示缩览图：显示不带有任何文本信息、标签或评级的缩览图。

视图 堆栈 标签 工具 窗口 帮助

全屏预览	空格键
幻灯片放映	Ctrl+L
幻灯片放映选项...	Ctrl+Shift+L
审阅模式	Ctrl+B
紧凑模式	Ctrl+Enter 键
✓ 缩览图	
详细信息	
列表形式	
仅显示缩览图	Ctrl+T
网格锁	
✓ 显示拒绝文件	
显示隐藏文件	
✓ 显示文件夹	
显示子文件夹中的项目	
显示链接的文件	
排序	>
刷新	F5

图 1-7-3 【视图】菜单

知识点 3：调整图片在 Adobe Bridge 窗口中的预览模式

在图 1-7-3【视图】菜单中包含如下命令：

- 全屏预览：以全屏方式显示图像。
- 幻灯片放映：以全屏幕幻灯片放映的形式查看缩览图。在处理大型项目时，这种方法非常方便。放映幻灯片时用户可以全屏显示和缩放图像，可以设置控制幻灯片放映显示的选项，包括过渡效果和标题。
- 审阅模式：用于浏览选择的照片、优化选择和执行基本编辑的专用全屏视图。审阅模式以可以交互导航的旋转“转盘”来显示图像，如图 1-7-4 所示。

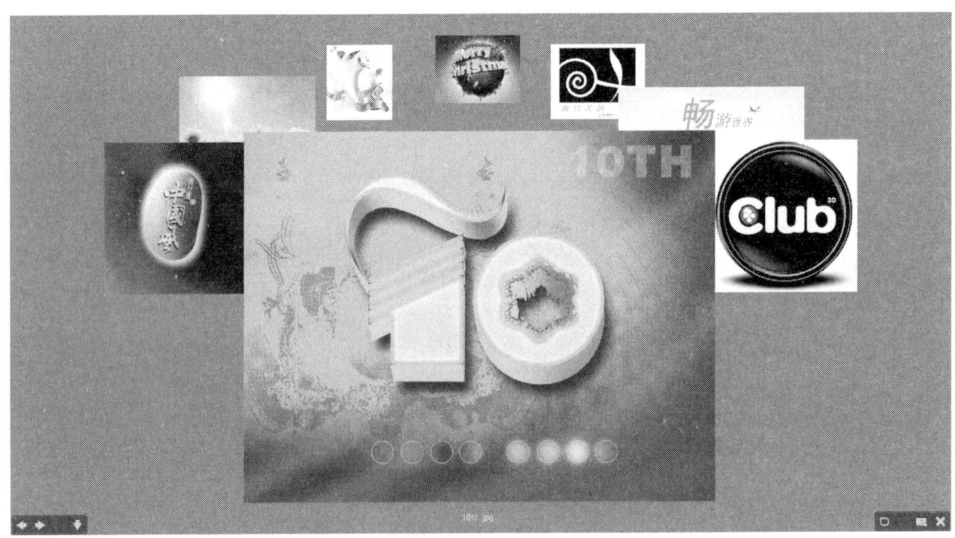

图 1-7-4 【审阅模式】下的视图

知识点 4：为文件设置标签

具体操作步骤如下：

① 选择一个或多个文件。

② 从【标签】菜单中选择一个标签。

③ 若要删除文件的标签，选择【标签】菜单中的【无标签】命令。

知识点 5：为文件标定星级

具体操作步骤如下：

① 选择一个或多个文件。

② 在【内容】面板中，单击表示要赋予文件的星级的点。

③ 从【标签】菜单中选择【评级】。

- 若要增加或减少一个星级，选择【标签】菜单中的【提升评级】或【降低评级】命令。
- 若要删除所有星级，选择【标签】菜单中的【无评级】命令。
- 若要添加【拒绝】评级，选择【标签】菜单中的【拒绝】命令或按【Alt】+【Del】组合键。

注：若要在 Adobe Bridge 中隐藏被拒绝的文件，选择【视图】菜单中的【显示拒绝文件】命令。

知识点 6：批量为文件重命名

可以成组或成批地重命名文件。对文件进行批重命名时，可以为选中的所有文件选取相同的设置。对于其他批处理任务，可以使用脚本来运行自动任务。

具体操作步骤如下：

① 选择用户要重命名的文件。

② 执行【工具】→【批重命名】命令，弹出【批重命名】对话框，如图 1-7-5 所示。

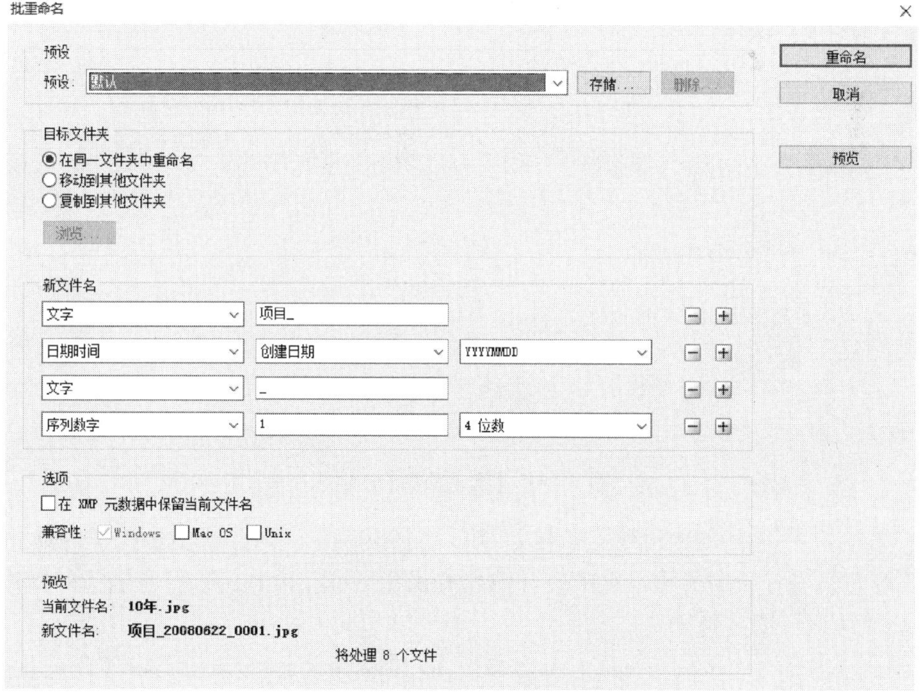

图 1-7-5 【批重命名】对话框

③ 在对话框中可设置以下选项：

• 目标文件夹：将重命名的文件放置于同一个文件夹，将其移到其他文件夹，或将副本放置于其他文件夹。如果用户选择将重命名的文件放入其他文件夹，单击【浏览】按钮，选择文件夹。

• 新文件名：从菜单中选择元素，然后根据需要输入文本以创建新文件名。单击加号按钮（+）或减号按钮（-）可添加或删除元素。

• 字符串替换：可让用户将全部或部分文件名更改为自定文本。首先，选择要替换的内容，选择【原始文件名】，可替换原始文件名中的字符串（图 1-7-6）。选择【中间文件名】，可替换由【新文件名】弹出菜单中前面的选项定义的字符串。选择【使用正则表达式】，可使用正则表达式根据文件名的模式查找字符串。选择【全部替换】，可替换与源字符串的模式相匹配的所有子字符串。

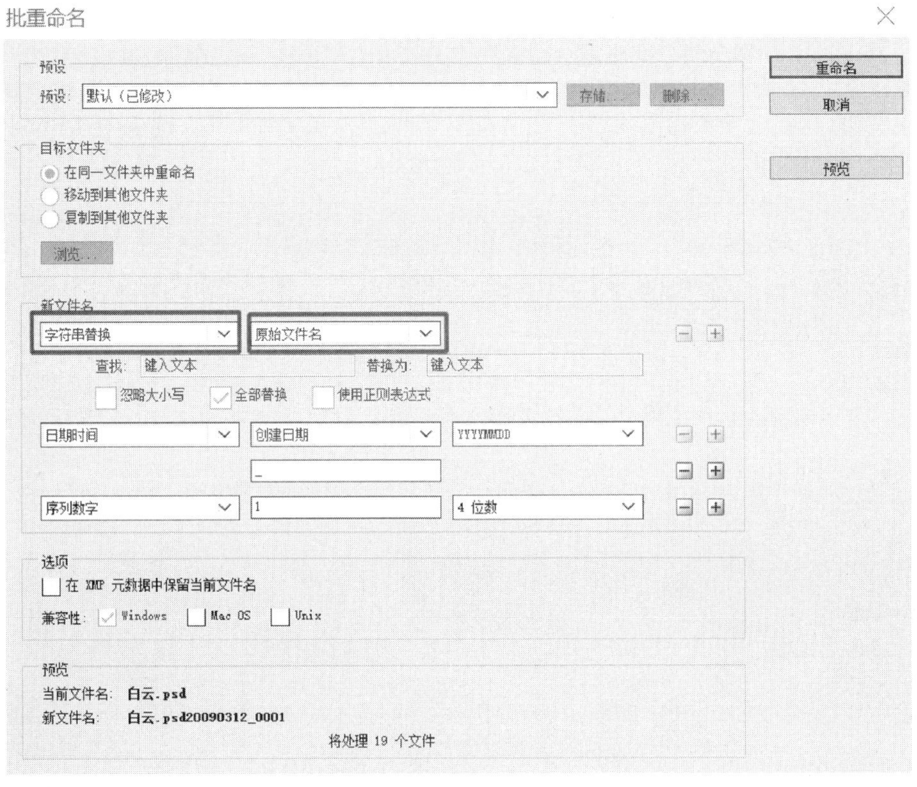

图 1-7-6 【批重命名】对话框

• 选项：选择【在 XMP 元数据中保留当前文件名】可以在元数据中保留原始文件名。对于【兼容性】，选择希望与重命名的文件兼容的操作系统。默认的选择是当前的操作系统，而且用户无法取消这一选择。

• 预览：当前文件名和新文件名都会显示在【批重命名】对话框底部的【预览】区域中。要了解如何重命名所有选定文件，单击【预览】按钮。

④ 从【预设】下拉列表中选择预设来对经常使用的命名方案进行重命名。要存储批重命名设置以备重用，单击【存储】按钮。

任务八 了解 Photoshop CS6 的应用领域

【任务引入】

Photoshop 软件是 Adobe 公司旗下著名的图像处理软件之一。作为平面设计中最常用的工具之一，它的应用领域很广泛，包括平面设计、网页制作、绘画、界面设计、动画与 3G 等。

【任务分析】

不同应用领域，对 Photoshop 中所需要掌握的知识点有所不同，应根据具体需要进行重点学习。

【相关知识】

1. 平面广告设计

Photoshop 软件运用于商业广告平面设计，能够发挥出最佳设计效果。利用 Photoshop 可以把广告设计成各种不同的形式，既能满足各类设计要求，也可用于招贴、海报等图像的平面处理，从多个方面保证设计效果。

除了常规的图像处理功能外，Photoshop 软件还具备一些特殊的操作功能，以满足各类平面广告设计的需要。根据当前的使用情况看，我们可以把 Photoshop 的不同领域确定为图像编辑、图像合成、校色调色、特效制作等几个方面。

2. 包装设计

在当今高速发展的时代，人们的文化水平越来越高，人们的审美观念也随之提高。作为一件商品，它的包装设计很重要，就像观察一个人，人们首先往往注意对方的衣着，然后才会观察其他。如果对方的衣着得体，那就会给人一个初始的好印象。一件商品要想有个好的销售额，产品的包装至关重要。通常人们按照从大到小的顺序观察物品，人们首先注意的便是一件商品的外包装。包装的美丑直接关系到人们的购买欲望，商品的包装应能够完美体现商品的内在。

包装设计中常需要制作产品效果图，Photoshop 是制作这类效果图的主要软件。

Photoshop 在包装设计中有非常大的作用，通过 Photoshop 各类图像处理功能的应用，让外来图像与商品包装的创意完美地融合，从而合成完整的、传达明确意义的商品包装，这是商品成功的必需。

3. UI 设计

UI 的本意是用户界面，是英文 User 和 Interface 的缩写。在飞速发展的电子产品中，界面设计工作逐渐被人们所重视。做界面设计的“美工”也随之被称为“UI 设计师”或“UI 工程师”。其实软件界面设计就像工业产品中的工业造型设计一样，是产品的重要卖点。一个电子产品拥有美观的界面会给人带来舒适的视觉享受，拉近人与商品的距离，为商家创造卖点。界面设计不是单纯的美术绘画，它需要定位使用者、使用环境、使用方式并且为最终用

户而设计，是建立在科学性之上的艺术设计。检验一个界面的标准既不是某个项目开发组领导的意见，也不是项目成员投票的结果，而是终端用户的感受。所以，界面设计要和用户研究紧密结合，是一个不断为最终用户设计满意视觉效果的过程。

由于 Photoshop 强大的图像处理功能，使其成为多数 UI 设计师的软件首选。

4. 插画设计

插画，是运用图案表现的形象，本着审美与实用相统一的原则，尽量使线条、形态清晰明快，制作方便。插画是世界上都能通用的语言，其设计通常分为人物、动物、商品形象。

通过插画形式，强调商品特征，使其与商品直接联系起来，宣传效果较为明显。

Photoshop 软件的使用，使插画的创作变得丰富多彩，无论是简洁还是繁复，无论是传统媒介效果，如油画、水彩、版画风格，还是数字图形无穷无尽的新变化、新趣味，都可以更方便更快捷地完成。

5. 网页制作

通常，制作网站基本都是先用 Photoshop 设计出版式。

设计一个首页，有的人喜欢用铅笔画提供给客户他设计的这个首页的样式，让客户对首页将会做成什么样有一个大体的了解，而用 Photoshop 软件直接做出这个首页的雏形则更有表达能力，我们可在 Photoshop 中，通过文字资料和图片资料的堆砌，表达出网页制作的直接效果。这样客户也会根据他们的需求提出一些比较明了的建议。

网页设计中，与网页相关的图像的处理、图标的设计，都与 Photoshop 密不可分。因此，Photoshop 也是设计网站首选的软件。

6. 绘画

使用数字技术创作时，对自然媒质的模拟一直是不太好把握的内容。Photoshop 包含很多滤镜和专门的应用，利用它们可产生令人信服的结果。

Photoshop 在绘画工具方面提供的功能包含了绘画需要的所有元素。这些供我们支配的工具和特性包含很多选项，具有极大的灵活性。有些内容适用于所有用户，甚至能模拟几乎所有的艺术风格。

用 Photoshop 作为数字式绘画工具，用户会有用不完的颜料和画布，也不用担心把心爱的工具放错位置。每天工作结束后，用户不需要担心画笔的清洗工作。Photoshop 可以很好地解决将传统工具从现实领域转换到相应数字领域的问题。

7. 数码影像创意

数码影像创意是 Photoshop 的特长，通过 Photoshop 的处理可以将原本风马牛不相及的对象组合在一起，也可以使用“狸猫换太子”的手段使图像发生巨大变化。

8. 数码摄影后期处理

对数码摄影的后期处理，Photoshop 具有强大的图像修饰功能。利用这些功能，可以快速修复一张破损的老照片，也可以修复人脸上的斑点等缺陷。对原始照片进行处理需要在 Photoshop 中调整以下几个参数：色阶、水平调整、颜色调整、锐化，以带给人全新的视觉效果，满足各种设计方案的需要。

Photoshop 在数码照片后期处理中的作用是巨大的，特别对一些曝光有问题的照片，甚至可以起到化腐朽为神奇的作用。

9. 建筑效果图后期处理

在制作建筑效果图,包括许多三维场景时,人物与配景包括场景的颜色常常需要在 Photoshop 中调整。

10. 三维模型材质制作与处理

在三维软件中,如果只能够制作出精良的模型,而无法为模型应用逼真的贴图,就无法得到较好的渲染效果。实际上在制作材质时,除了要依靠软件本身具有的材质外,利用 Photoshop 制作三维模型材质也是不错的选择。

复习与思考

一、选择题

1. 调整图片在 Adobe Bridge 窗口中的预览模式有(　　)。

A. 全屏预览模式　B. 审阅模式　C. 窗口模式　D. 幻灯片放映模式

2. 在 Photoshop 中,将彩色模式转换为双色模式或位图模式时,必须先将其转换为(　　)。

A. Lab 模式　B. RGB 模式　C. CMYK 模式　D. 灰度模式

3. CMYK 颜色模式是一种(　　)。

A. 屏幕显示模式　B. 光色显示模式

C. 印刷模式　D. 油墨模式

4. 在 Photoshop 中,(　　)是由许多不同颜色的小方块组成的,每一个小方块称为一个像素。

A. 位图　B. 矢量图　C. 向量图　D. 平面图

二、填空题

1. 分辨率就是____________的像素数量。

2. Photoshop 常用的图像文件格式有________、________、________、________等。

3. 状态栏位于每个文档窗口的____________。

4. 图像的显示模式有__________、__________和__________三种。

三、操作题

1. 打开一幅 PSD 图像格式化图像,再将它以名为“Test1”保存,格式为 JPG。

2. 打开十幅图像,将这十幅图像的大小调整得一样,宽均为 400 像素、高均为 300 像素。

3. 新建一个图像文件,设置该文件的名称为“图像作品 1”,画布宽度为 300 毫米,高度为 200 毫米,背景为浅绿色,分辨率为 100 像素/英寸,颜色模式为 RGB 颜色和 8 位。在该图像窗口内显示标尺和网格,标尺的单位设定为像素。

4. 将【图层】、【通道】和【动作】面板分离,再将它们合并成面板组。

5. 设置前景色为白色、背景色为黑色。

6. 在图像窗口中添加三条水平参考线和两条垂直参考线。

项目二　选区

通过本项目的学习，能够了解选区的原理与作用，掌握各种选区工具的使用方法。会利用选区工具创建选区，并对选区进行抠图、复制、粘贴、色彩调整等操作，其中创建选区的各种方法是学习 Photoshop 过程中的重难点。

任务一　为相框添加照片

【任务引入】

小明的亲戚给宝宝拍了些照片，想请小明帮忙把照片放在相框里，制作出带有相框的照片效果。

【任务分析】

本任务可通过【矩形选框工具】创建选区，将相框内部的空白区域删除，通过【移动工具】将打开的照片移动到相框内，最后进行图层及大小的调整。

【任务实施】

具体操作步骤如下：

① 打开一张"相框"素材，这时在【图层】面板上显示的是"背景"，上面有一把锁，表明背景图层是不能进行处理的，我们在背景上用鼠标左键双击，把背景层改名为【图层 0】，如图 2-1-1 所示。

② 一般轮廓规则的选区可以使用【选框工具】，针对这种相框，我们可以选择【矩形选框工具】；选择相框内部白色区域，这时出现一个闪动的虚线，如图 2-1-2 所示。

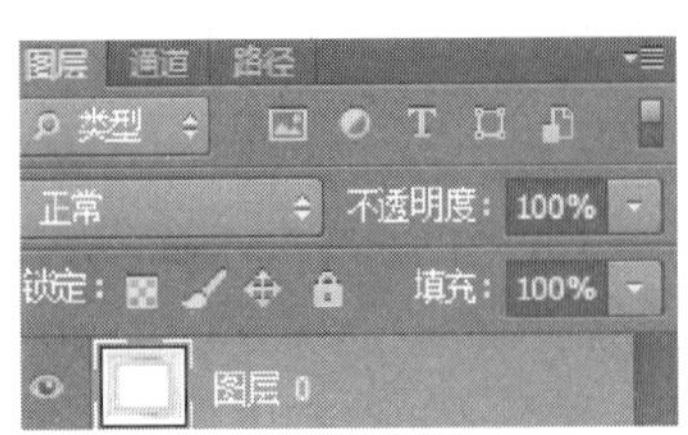

图 2-1-1　背景层改名

图 2-1-2　矩形选框

③ 我们来看一下这个虚线围成的形状是否是我们想要的，是否和周围的相框重叠，如果有重叠，调整工具栏上的容差，容差的值要根据实际情况，我们也可以经过多次调整来达到预期效果。

④ 按【Del】键清除，这时虚线内部成为透明的（Photoshop 的透明部分用白色和灰色的格子来表示），然后执行【选择】→【取消选择】命令（或按【Ctrl】+【D】组合键），如图 2-1-3 所示。

图 2-1-3　清除背景

图 2-1-4　照片合成

⑤ 打开一张照片，用【移动工具】把照片移动到相框内（图 2-1-4）。这时在图层中自动显示为【图层 1】。把【图层 1】拖到【图层 0】的下面，如图 2-1-5 所示。

⑥ 通常我们用数码相机拍摄的相片都比模板要大，需对宝宝的照片调整大小，执行【编辑】→【自由变换】命令即可（按住【Shift】键调整大小和旋转不会改变原照片），如图 2-1-6 所示。

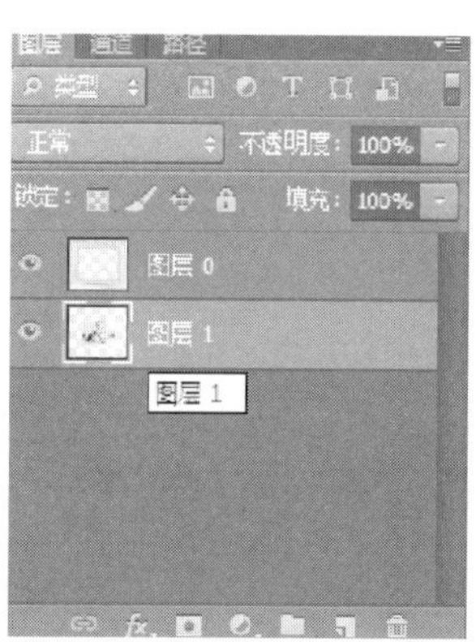

图 2-1-5　更改图层顺序

图 2-1-6　最终效果图

【相关知识】

知识点 1：选区的原理

使用选区能限制绘制或编辑图像的区域，从而得到精确的效果。Photoshop 的选区呈现为黑白交替的浮动线——“蚂蚁线”，如图 2-1-7 所示。

图 2-1-7　蚂蚁线

图像的基本组成单位是像素，因而制作选区时不存在选择半个像素。

选区有 256 个灰度级别，即选区是有透明度的，像素中的灰度表示被选中的程度。

制作选区时，只有那些选择程度在 50% 以上的像素，才会显示在蚂蚁线的区域内；若选择程度小于 50%，选区边界将不可见，但并不等于没有选区，选区依然存在。

知识点 2：选区的作用

选区是指在图像中绘制出的可进行编辑操作的区域，用户可以在这些区域内进行复制、粘贴、色彩调整等操作。如果不设定选区，用户进行的操作将会对整个图像执行。

在 Photoshop 图像处理中经常要建立复杂或简单的选区，甚至半透明的选区，以便于对图像的局部进行编辑。选区用于确定操作的有效区域，从而使每一项操作都有的放矢。如在图像中作一选区，再对图像进行操作，就会发现仅选区内的图像被编辑，而选区外部并没有发生任何变化。这充分证明：选区约束了操作发生的有效范围，因而获得一个精确的选区是至关重要的一项工作。

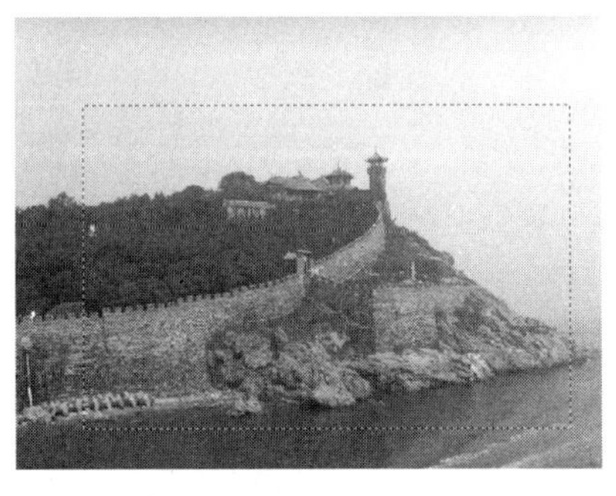

图 2-1-8　矩形选区

知识点 3：选框工具

矩形选框工具用于创建矩形选区，单击工具箱中的【矩形选框工具】按钮，然后在图中直接拖动鼠标，即可以绘制出矩形选择区域，如图 2-1-8 所示。

如图 2-1-9 所示为【矩形选框工具】属性栏，该属性栏中各选项的含义如下：

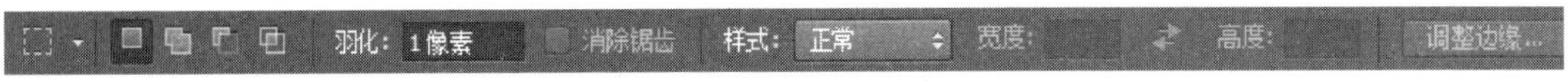

羽化: 1像素
消除锯齿
样式: 正常
宽度:
高度:
调整边缘...

图 2-1-9　【矩形选框工具】属性栏

- 【新选区】按钮：单击此按钮，可以创建一个新的选区。如果绘制之前还有其他选区，则绘制后的选区将会取代之前的选区。
- 【添加到选区】按钮：单击此按钮，可以在图像原有选区的基础上，增加绘制之后的选区，从而得到一个新选区，或增加一个新选区，效果如图 2-1-10 所示。用户可以将它理解为数学中的“并集”概念。

增加了一个与原选区重叠的选区
增加了一个与原选区不重叠的选区

图 2-1-10　添加选区

- 【从选区减去】按钮：单击此按钮，可以在图像原有选区的基础上，减去绘制之后的选区，得到一个新选区，效果如图 2-1-11 所示。用户可以将它理解为数学中的“补集”概念。

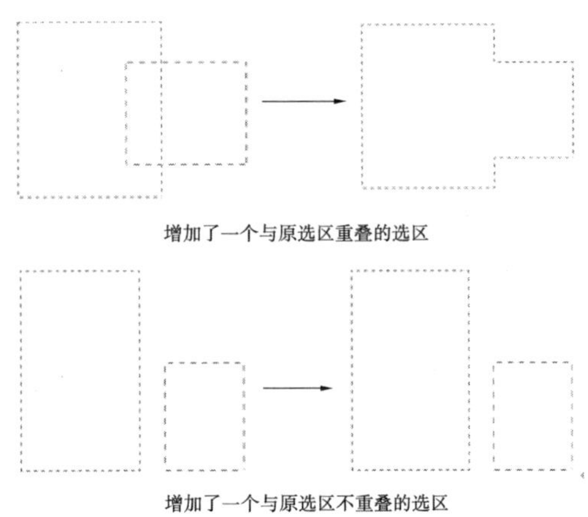

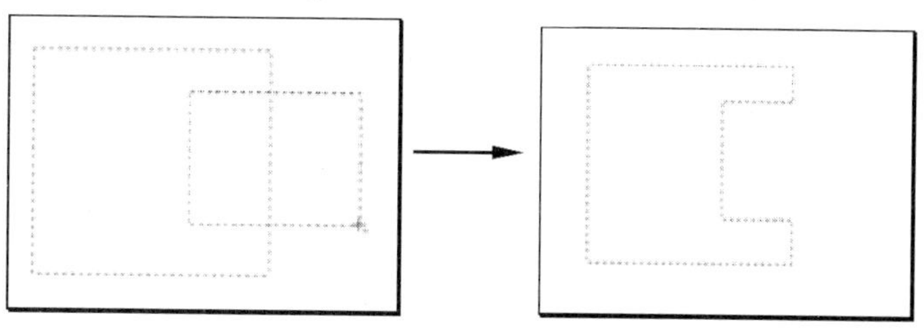

图 2-1-11　从选区减去

- 【与选区交叉】按钮 ：单击此按钮，可得到原有图像选区和后来绘制选区相交部分的选区，效果如图 2-1-12 所示。用户可以将它理解为数学中的“交集”概念。

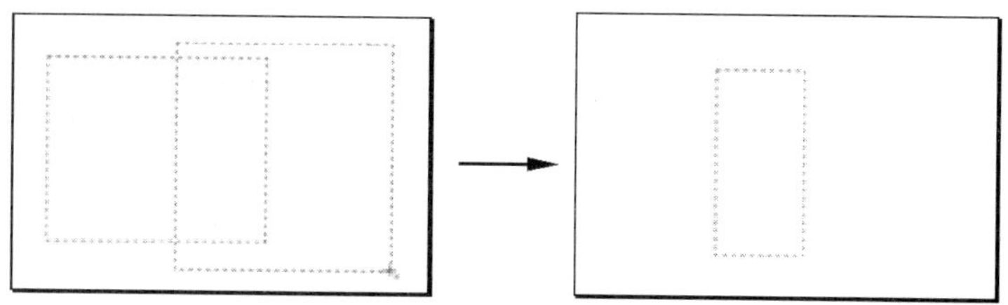

图 2-1-12　与选区交叉

如果新绘制的选区与原来的选区没有相交，则会弹出如图 2-1-13 所示的提示框，提示因为没有相交，所以未选择任何像素。

图 2-1-13　提示警告

技巧：在创建新选区的同时按住【Shift】键，可进行【添加到选区】操作；按住【Alt】键，可进行【从选区减去】操作；按住【Alt】+【Shift】键，可进行【与选区交叉】操作。

- 羽化：0像素 ：羽化是指通过建立选区并且在其边缘建立一个模糊的边界，从而达到柔和边缘的效果。羽化分别从选区两侧开始模糊边缘，其对比效果如图 2-1-14 所示。用户可以在 羽化：0像素 数值框中输入具体的羽化值，从而确定羽化程度的大小。输入的羽化值范围是 0 ~ 255，单位是像素，数值越大，产生的羽化效果越明显。

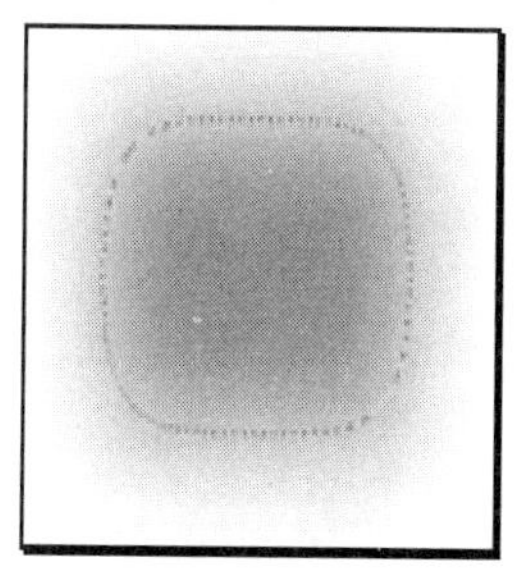

图 2-1-14　无羽化与羽化的效果对比

图 2-1-15　提示框

提示：如果用户所要羽化的选区半径小于输入的羽化值半径，将弹出一个如图 2-1-15 所示的提示框，提示为任何像素都不大于 50% 选择，选区边将不可见。我们在绘制有羽化的选区的时候，一定要先输入羽化值再绘制选区，才会出现羽化效果。

- ：【样式】下拉列表由 3 个选项构成，如图 2-1-16 所示，分别是【正常】、【固定比例】和【固定大小】。【固定比例】用于固定矩形选区的长宽比例，而【固定大小】用来绘制固定长和宽的选区。

图 2-1-16　样式下拉列表

知识点 4：椭圆选框工具

椭圆选框工具用来绘制椭圆形选区，单击工具箱中的【椭圆选框工具】按钮，然后在图中直接拖动鼠标就可以绘制出椭圆选区，如图 2-1-17 所示。

图 2-1-17　椭圆选区

技巧：在使用【矩形选框工具】或【椭圆选框工具】时，按住【Shift】键可得到正方形选区或正圆选区；按住【Alt】键拖动鼠标可以绘制以起点为圆心的圆形选区；按住【Alt】+【Shift】键可以绘制以起点为圆心的正圆形选区。

【椭圆选框工具】属性栏如图 2-1-18 所示，它和【矩形选框工具】属性栏的用法一致，在这里不再赘述。

图 2-1-18　【椭圆选框工具】属性栏

消除锯齿 ：选中该复选框，可柔化选区边缘的锯齿，从而在一定程度上使边缘平滑，其对比效果如图 2-1-19 和图 2-1-20 所示，使用【矩形选框工具】时该复选框无效。

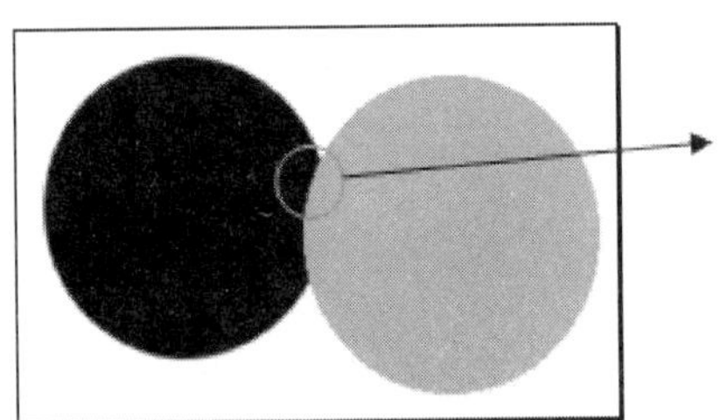

图 2-1-19　消除锯齿效果

图 2-1-20　放大效果

知识点 5：行列选框工具

行列选框工具有【单行选框工具】或【单列选框工具】。选中其中一种工具，在图像中单击鼠标，可在单击处创建一个宽或高为一个像素的矩形选框。效果如图 2-1-21 所示，用【缩放工具】放大以后如图 2-1-22 所示，可观察到它占一个像素的宽度。

图 2-1-21 单列选区

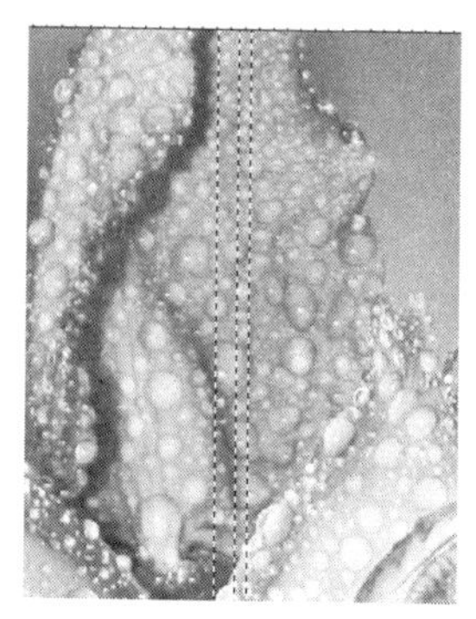

图 2-1-22 放大效果

任务二 制作草原上的帽子效果图

【任务引入】

小王一直想去草原游玩,但没有机会,正好这学期在学图形图像处理这门课程,小王想制作出一张将自己的帽子放在草原上的效果图。

【任务分析】

本任务可通过【磁性套索工具】创建选区,将帽子选中,通过复制选区再粘贴至打开的草原图片上,最后通过调整选区大小至合适位置。

【任务实施】

具体操作步骤如下:

① 分别打开素材文件夹中的图片"草原""帽子",如图 2-2-1 所示。

图 2-2-1 效果图

② 用【磁性套索工具】沿着帽子的轮廓建立选区，效果如图 2-2-2 所示。

图 2-2-2　建立选区

③ 复制刚建立好的选区，并粘贴至打开的草原图片上，效果如图 2-2-3 所示。

图 2-2-3　选区粘入效果

④ 通过【编辑】→【自由变换】命令，调整图片大小，如图 2-2-4 所示。

图 2-2-4　调整图片大小

⑤ 最后将文件保存为“草原上的帽子. psd”。

【相关知识】

知识点 1：套索工具

套索工具用于创建任意形状的选区，该工具的属性栏和【选框工具】属性栏用法相同，如图 2-2-5 所示。

羽化：0 像素 消除锯齿 调整边缘...

图 2-2-5 【套索工具】属性栏

单击【套索工具】按钮，在图像中按住鼠标左键不放并拖动鼠标，即可创建出用户需要选取的范围，松开鼠标，则系统自动连接起点和终点，形成完整的选区，如图 2-2-6 所示。

图 2-2-6 用【套索工具】创建选区

知识点 2：多边形套索工具

套索工具虽然可以选择任意形状的选区，但是手动调节可控性较差。【多边形套索工具】弥补了【套索工具】的不足。单击【多边形套索工具】按钮，当鼠标变为形状后，在图像中合适的位置单击鼠标，然后再移动鼠标到下一个位置并单击，系统会自动将两点连成一条直线。重复这样的操作，可创建不规则的多边形选区。当选取结束时，将鼠标指针移动到起点，鼠标指针旁边出现一个符号，单击鼠标左键，则可完成选取，如图 2-2-7 所示。

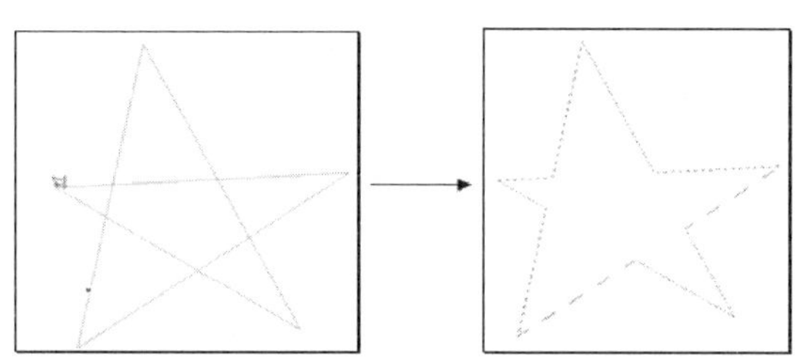

图 2-2-7 用【多边形套索工具】创建选区

知识点 3：磁性套索工具

磁性套索工具既具备套索工具的方便性，又具备钢笔工具的精确性。它根据图像中颜色的反差来创建选区，适用于图像和背景反差大、边缘清晰、形状比较复杂的图像。在对图像创建选区时，只需拖动鼠标，选区便可自动吸附到图像边缘，如图 2-2-8 所示。

图 2-2-8 磁性套索工具实例

技巧：在使用【多边形套索工具】和【磁性套索工具】时经常发生这样的情况，用户无法找到选取的起点，选区无法封闭，在这种

情况下可以按回车键，系统会自动在起点和终点之间取最短的直线闭合选区。

单击【磁性套索工具】按钮后，其相应的属性栏如图 2-2-9 所示。

图 2-2-9 【磁性套索工具】属性栏

该属性栏中各选项的含义如下：

- 宽度: 10 像素：用来定义套索的宽度，将宽度指定好以后，在套索过程中将自动检测鼠标指针两侧指定宽度内与背景反差最大的边缘。宽度越大，检测范围越大，但是选取的精度越低。
- 对比度: 10%：用来设置选取图像时的边缘反差，范围为 1% ~100%。百分比越高，灵敏度越高；反之，百分比越低，灵敏度越低。
- 频率: 57：用来设置创建节点的数量，范围为 0 ~100。频率越高，标记的节点越多。
- 钢笔压力：该选项只有安装了绘图板和其启动程序时才有效。在有效的条件下，选中此复选框，套索的“蚂蚁”线宽度随着钢笔压力的增大而变细。

【磁性套索工具】属性栏可根据不同的图像进行相应的设置。如果能合理地设置它的属性，将最大限度地发挥磁性套索工具的功能。例如，在边缘对比度比较高的图像上，可以将宽度和边缘对比度的数值设置大一些；反之，可以通过设置较小的宽度值和较大的边缘对比度来得到较精确的选区。

知识点 4：快速选择工具

Adobe Photoshop CS6 的快速选择工具功能非常强大，给用户提供了难以置信的优质选区创建解决方案。这一工具被添加在工具箱的上方区域，与魔棒工具归为一组。

下面通过一具体实例，介绍其使用方法。

在 Photoshop CS6 中打开一幅花的图像，如图 2-2-10 所示。

【快速选择工具】可以在工具箱的上方找到，如图 2-2-11 所示，有点类似于【魔棒工具】。

图 2-2-10 打开图像

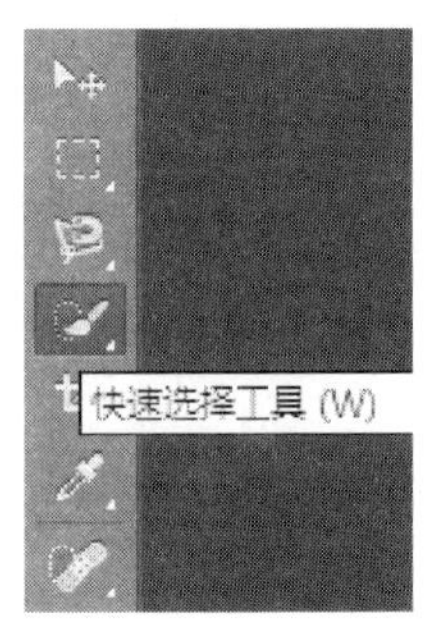

图 2-2-11 快速选择工具

如同许多其他工具，快速选择工具的使用方法是基于画笔模式的。也就是说，你可以画出所需的选区。如果是选取离边缘比较远的较大区域，就要使用大一些的画笔；如果要选取边缘，则换成小尺寸的画笔，这样才能尽量避免选取背景像素。

提示：

要更改画笔大小，可以使用属性栏中画笔一侧的下拉列表，如图 2-2-12 所示，也可以直接使用快捷键【[】或【]】来增大或减小画笔。

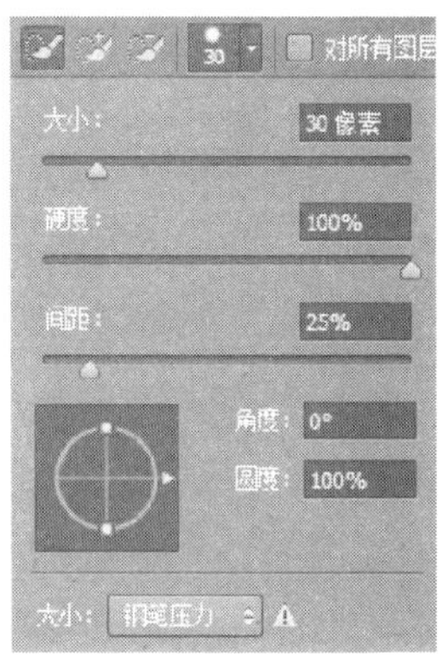

图 2-2-12　面板

快速选择工具是智能的，它比魔棒工具更加直观和准确。你不需要在要选取的整个区域中涂画，快速选择工具会自动调整你所涂画的选区大小，并寻找到边缘使其与选区分离。

如果有些区域不想选中，却仍包含到了选区里面，这时只需要将画笔调小一些，然后按住【Alt】键再用【快速选择工具】选中多余区域即可，如图 2-2-13 所示。图 2-2-14 所示为去除背景后的花朵图像。

图 2-2-13　花朵图像

图 2-2-14　去除背景后的花朵图像

知识点 5：魔棒工具

魔棒工具根据颜色范围来创建选区，主要用来选择颜色相同或类似的区域，有魔术般奇妙的效果。单击【魔棒工具】按钮后，在图像上单击需要选取的区域，则与单击处颜色相同和相似部分将被选中，如图 2-2-15 所示。

图 2-2-15　魔棒选择

单击【魔棒工具】按钮，其属性栏如图 2-2-16 所示。

图 2-2-16　【魔棒工具】属性栏

各选项含义分别如下：

- 容差：32：用来设置颜色范围的误差值，范围在 0 ~ 255 之间，默认容差是 32。一般来说，容差越大，选择颜色范围越大；容差越小，选择颜色范围越小，选取的颜色也就越接近。当容差为 0 时，只选择单个像素以及图像中颜色值和它完全相等的若干个像素；当容差为 255 时，将选取整幅图像。 
- 连续：选中此复选框，则与单击区域相连的颜色范围才会被选中；不选中此复选框，

则在整幅图像中所有与单击区域颜色相同的范围都被选中。例如,选中【连续】复选框,选择【魔棒工具】,单击圆环中的白色区域,得到选区如图 2-2-17(a)所示;不选中【连续】复选框,得到的选区如图 2-2-17(b)所示。

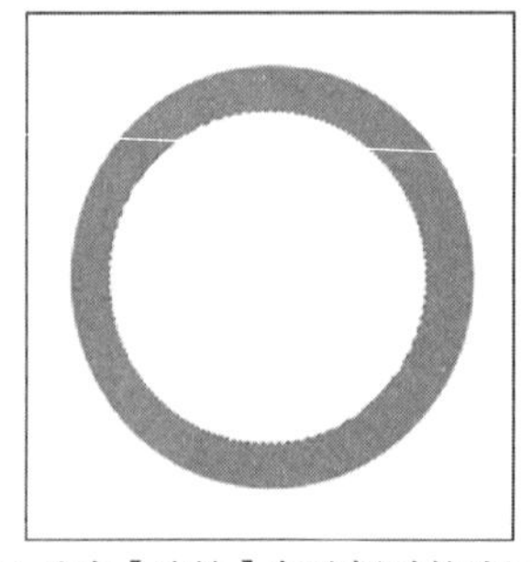
(a) 选中【连续】复选框时的选区

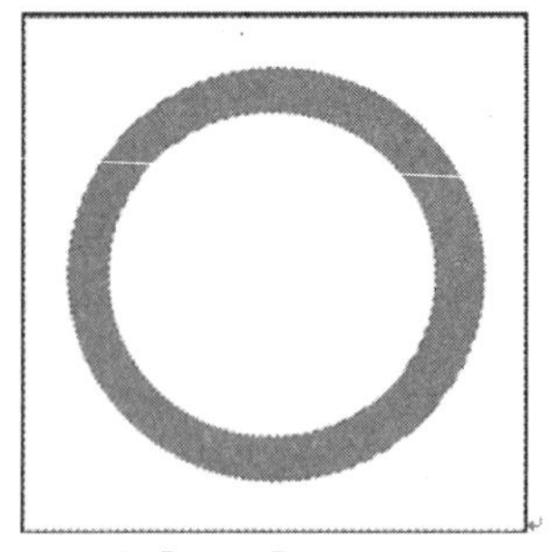
(b) 未选中【连续】复选框时的选区

图 2-2-17　魔棒工具

知识点 6:色彩范围

除了前面讲述的选框工具和套索工具可以创建选区之外,用户还可以使用【色彩范围】命令和快速蒙版来创建选区。

【色彩范围】命令是按颜色的范围来选取图像中某一部分的区域,它和【魔棒工具】类似,但比【魔棒工具】具有更强的可调性。

选择【选择】→【色彩范围】命令,弹出【色彩范围】对话框,如图 2-2-18 所示。

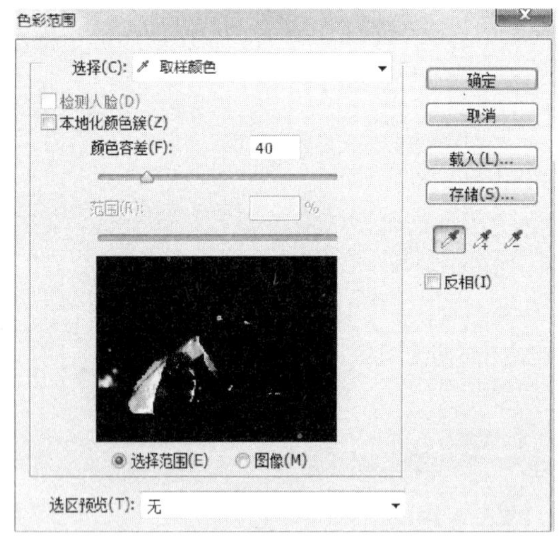

图 2-2-18　【色彩范围】对话框

图 2-2-19　【选择】下拉列表

● 选择(C): 取样颜色 用来定义选取颜色范围的方式。单击 选择(C): 取样颜色 下拉列表框右侧的黑色三角按钮,弹出如图 2-2-19 所示的下拉列表。

◆ 红色、黄色、绿色、青色、蓝色和洋红:这些选项用于在选取的图像中指定选取的某一区域的颜色范围。在选择了某一种颜色后,便不可再使用颜色容差和颜色吸管工具。

◆ 高光、中间调和阴影：这些选项用于选取图像中不同亮度的区域。

◆ 肤色：该选项可快速选取肤色相近的颜色。

◆ 溢色：该选项用来选择在印刷中无法表现的颜色。

● 颜色容差：拖动其下的滑块或在数值框中输入数值调整颜色的选取范围。数值越大，包含的相似颜色越多，选取范围也就越大。

● 吸管工具：用来吸取所要选择的颜色。

● 加色吸管工具：用来增加颜色的选取范围。

● 减色吸管工具：用来减少颜色的选取范围。

● 选区预览(T): 无：用于控制原图像在所创建的选区下的显示情况。单击选区预览(T): 无 下拉列表框右侧的黑色三角按钮，弹出如图 2-2-20 所示的下拉列表。

◆ 无：表示不在图像窗口中显示任何预览。

◆ 灰度：表示以灰色调显示原图像选区以外的部分。

◆ 黑色杂边：表示在图像窗口中以黑色显示选区以外的部分。

◆ 白色杂边：表示在图像窗口中以白色显示选区以外的部分。

◆ 快速蒙版：表示在图像窗口中以快速蒙版的颜色显示选区以外的部分。

● 【载入】和【存储】按钮：用于保存和载入【色彩范围】对话框中的设置。

● 反相：选中此复选框，可将选区范围反转。

对图像执行【色彩范围】命令的效果如图 2-2-21 所示。

图 2-2-20 【选区预览】下拉列表

图 2-2-21 按色彩范围选择红色效果

任务三 给照片添加草地背景

【任务引入】

小明拍了张照片，照片中是一个女孩在喂小鸡，后发现女孩和小鸡所在的地面光秃秃，没有一丝绿色，于是小明就想给照片加上草地的背景。

【任务分析】

可用【存储选区】命令将制作好的选区存储到通道中，以方便以后调用。同样，我们也可以执行【载入选区】命令，将存储好的选区载入重新使用。

【任务实施】

具体操作步骤如下：

① 选择"女孩与小鸡"文件，执行【恢复】命令，将该文件恢复为上次存储的版本。接着使用【磁性套索工具】创建选区，如图 2-3-1 所示。

图 2-3-1　创建选区

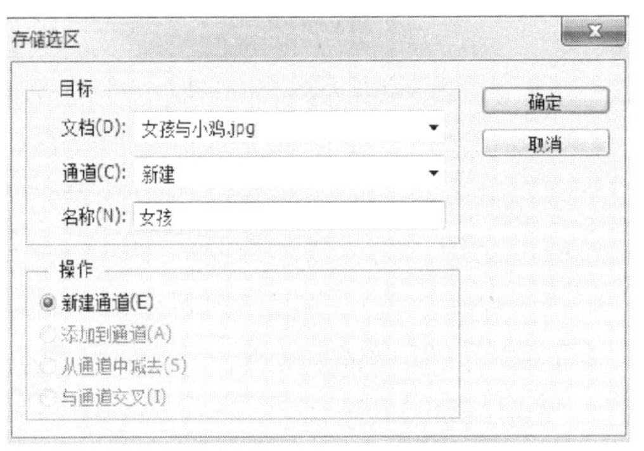

图 2-3-2　【存储选区】对话框

② 保持选区的浮动状态，执行【选择】→【存储选区】命令，打开【存储选区】对话框，参照图 2-3-2 所示设置对话框，单击【确定】按钮，即可将选区存储在【通道】调板中。

提示： 关于【通道】调板，我们将在后面的章节中详细讲解。

③ 按下【Ctrl】+【D】键取消选区。接着使用【魔棒工具】在图像中单击，创建选区，如图 2-3-3 所示。

④ 执行【选择】→【载入选区】命令，打开【载入选区】对话框，参照图 2-3-4 所示设置对话框，完成后单击【确定】按钮，即可将载入的选区添加到已有选区中，如图 2-3-5 所示。

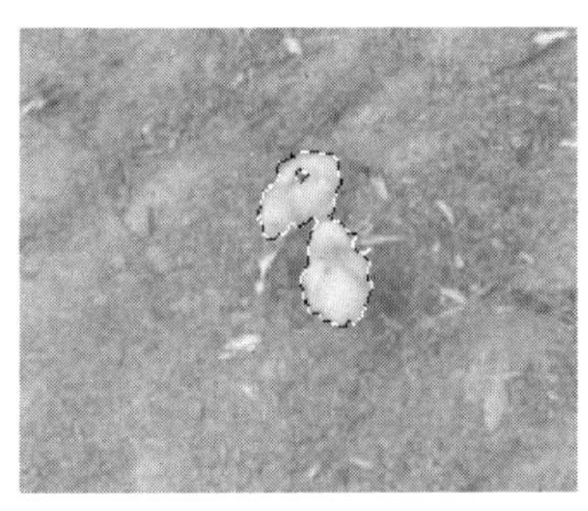

图 2-3-3　创建选区

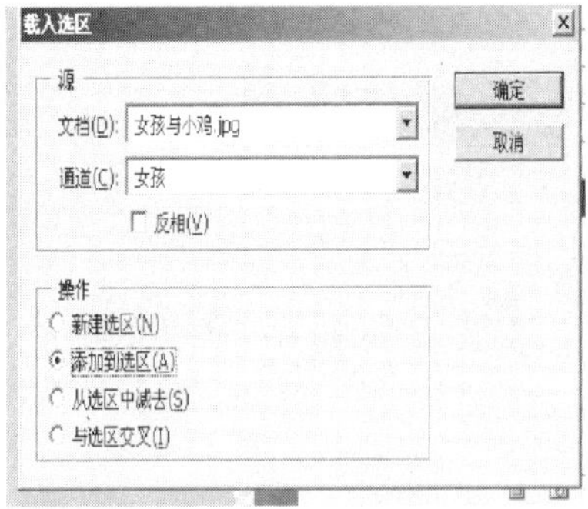

图 2-3-4　【载入选区】对话框

图 2-3-5　新的选区

⑤ 执行【选择】→【反向】命令，再按【Del】将背景清除掉，如图 2-3-6 所示。

⑥ 打开素材“草地”，将“女孩与小鸡”的选区拖入“草地”中，选择【编辑】→【自由变换】命令，将女孩与小鸡图像变换至合适的位置，如图 2-3-7 所示。

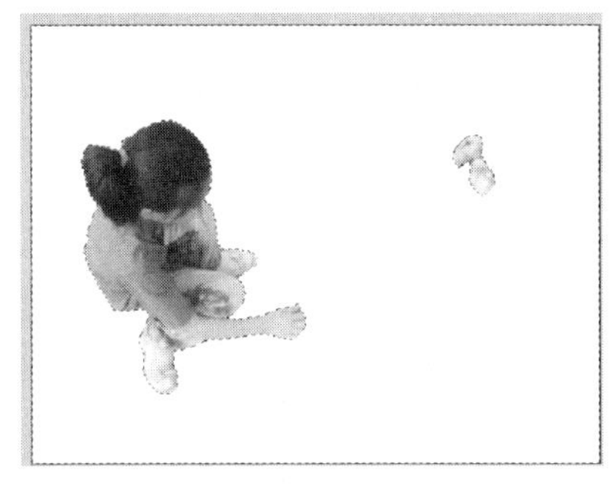

图 2-3-6 清除背景效果

图 2-3-7 最终效果图

【相关知识】

知识点 1：全选和反选

选择【选择】→【全选】命令，得到整个图像的选区，效果如图 2-3-8 所示，其快捷键为【Ctrl】+【A】。

图 2-3-8 全选

图 2-3-9 反选

选择【选择】→【取消选择】命令，可取消已选择的范围，其快捷键为【Ctrl】+【D】。

选择【选择】→【重新选择】命令，则恢复上一次选择的范围，其快捷键为【Ctrl】+【Shift】+【D】。

选择【选择】→【反选】命令，则选取已有选区以外的范围，可以利用这个命令选取形状不规则的选区，如图 2-3-9 所示，其快捷键为【Ctrl】+【Shift】+【I】。

知识点 2：移动选区

移动选区的方法为：单击【新选区】按钮，把鼠标放在选区内，可自由移动选区。

技巧： 在移动选区的时候，用户不但可以使用鼠标来进行移动，还可以用键盘上的 4 个方向键来进行移动，每按一次方向键，选区将以 1 个像素为单位进行移动；如果在使用方向键移动的同时按住【Shift】键，则选区以10个像素为单位进行移动。

知识点3：调整选区

Photoshop CS6中可以通过【选择】菜单下的【修改】子菜单中的命令进行选区的编辑，【修改】子菜单中有【边界】、【平滑】、【扩展】、【收缩】4个命令，如图2-3-10所示。

边界(B)...
平滑(S)...
扩展(E)...
收缩(C)...

图2-3-10 【修改】子菜单

1. 边界选区

选择【选择】→【修改】→【边界】命令，弹出【边界选区】对话框，在该对话框的【宽度】数值框中输入宽度的数值，以确定选区边界宽度的大小，效果如图2-3-11所示。

图2-3-11 扩张边界效果

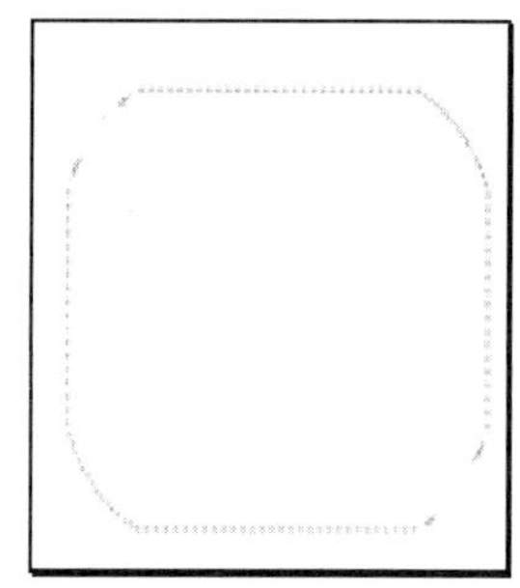

图2-3-12 平滑选区效果

2. 平滑选区

这个命令用来平滑选区的尖角和消除锯齿。选择【选择】→【修改】→【平滑】命令，弹出【平滑选区】对话框，在该对话框中通过设置取样半径的大小，来设置平滑选区尖角和锯齿的程度，如图2-3-12所示。

注意：【平滑选区】命令和【羽化选区】命令都可使选区尖角趋于平滑，但是效果并不相同。【平滑选区】命令虽然可以使选区尖角趋于平滑，但不能产生羽化选区的模糊边缘效果。对进行过平滑操作的选区和羽化操作的选区分别进行填充，效果对比如图2-3-13所示。

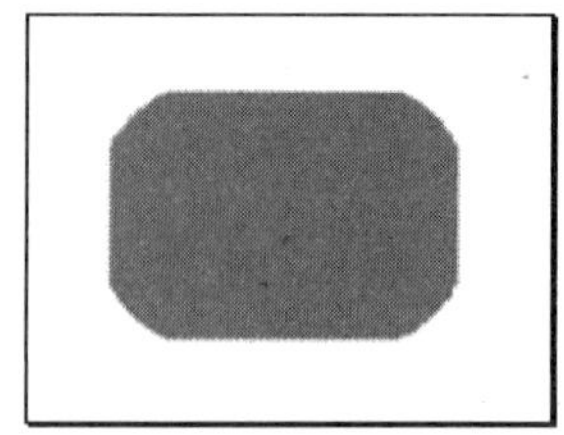

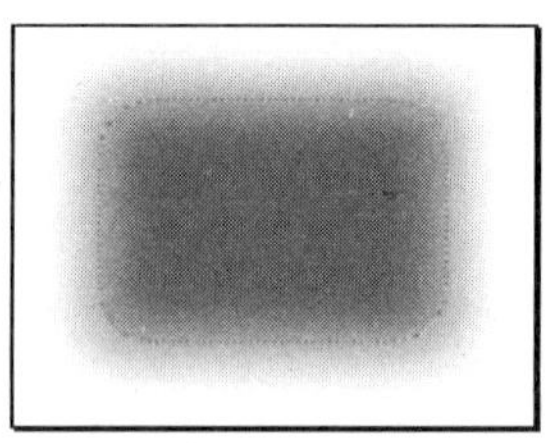

图2-3-13 平滑选区（左）与羽化选区（右）填充后的效果对比

3. 扩展选区与收缩选区

【扩展】与【收缩】命令分别用于扩大选区范围和缩小选区范围。选择【选择】→【修改】→【扩展】命令（或【收缩】命令），在弹出的【扩展选区】（或【收缩选区】）对话框中，设置扩展量的值（或收缩量的值），效果对比如图2-3-14所示。

图 2-3-14　扩展选区与收缩选区的效果对比

知识点 4：将路径转化为选区

由于路径的建立和编辑较为灵活、方便，在一定程度上也可以比较准确地把握图像轮廓。如果所选取的图像形状不规则、颜色差异大，采用其他方法创建选区会比较困难，借助于图形及路径工具描出路径，再将路径转换为选区。

1. 路径转换为选区

在【路径】面板中选中指定路径，单击【路径】面板下边的【将路径作为选区载入】图标即将当前路径转化为选区；或在【路径】面板的功能菜单中选择【建立选区】命令，弹出【建立选区】对话框，如图 2-3-15 所示。

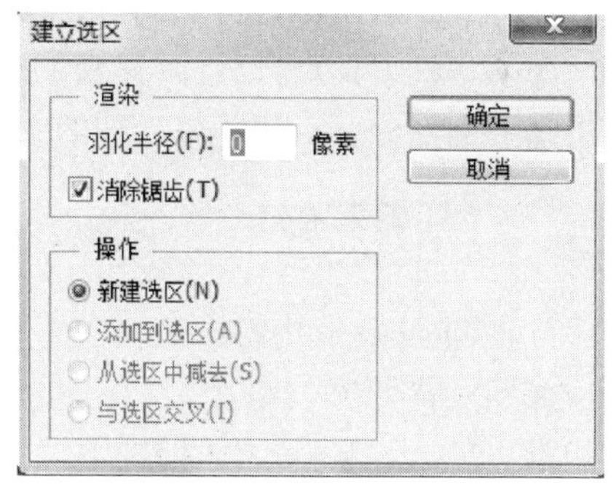

图 2-3-15　【建立选区】对话框

如果当前图像中已有其他选区，则需选择该选区与已有选区的关系：

- 新建选区：取代现有选区。
- 添加到选区：扩充现有选区。
- 从选区中减去：裁剪现有选区。
- 与选区交叉：将与现有选区重叠的部分作为新选区。

2. 选区转换为路径

只要单击【路径】面板下边的【从选区生成工作路径】图标，即可将当前选区转换为工作路径；也可在【路径】面板的功能菜单中选择【建立工作路径】命令，弹出【建立工作路径】对话框，设置“容差”值（像素值），其范围在 0.5～10 像素之间，容差值越大，转换后路径的锚点越少，路径越粗糙，反之路径越精细，如图 2-3-16 所示。

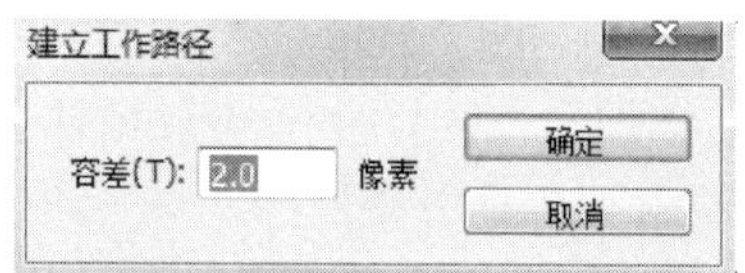

图 2-3-16　【建立工作路径】对话框

注意：容差值过小，路径上的锚点可能会非常密集，因而路径过于复杂，输出时可能会提示错误而不能打印；容差值很大，锚点少，会不能很好地符合选择的图像区域的形状。

知识点 5：【存储选区】与【载入选区】命令

当需要反复调用所创建的选区时，可通过系统主菜单【选择】→【存储选区】命令保存当前选区，这时会弹出【存储选区】对话框，在其中设置选区的名字后确认即可。

当需要打开或调入某选区时，在系统主菜单中执行【选择】→【载入选区】命令，弹出【载入选区】对话框，在【通道】栏中可以选择已保存的选区，以便打开指定选区。

使用【存储选区】命令可以将制作好的选区存储到通道中，以方便以后调用。同样，我们也可以执行【载入选区】命令，将存储好的选区载入重新使用。

任务四 更换照片背景

【任务引入】

请帮助小明把他的照片背景更换为国家大剧院。

【任务分析】

我们在对图像进行抠图时，常常会难以分清已选择的区域和未被选择的区域。在这种情况下，我们可以将已经选择好的选区保存到新的图层中，然后再重新进行选择，逐步删除不需要的部分。对于不好处理的细节部分，可以使用【橡皮擦工具】进行修整。

【任务实施】

在 Photoshop 中打开素材“孩子与竹林”，如图 2-4-1 所示。这张照片背景比较暗淡，且背景的颜色与主体人物颜色也比较相近，可以运用将背景去除的方法来实现人物的抠图。

图 2-4-1　原图片

具体操作步骤如下：

① 打开照片后，单击工具箱中的【魔棒工具】，然后在出现的属性栏中设置容差参数值为 50。接着在人物背景上单击鼠标左键，这时就可以得到大部分的背景选区了。对于不连续的选区，我们可以在选中【魔棒工具】的情况下再在其属性栏中单击【添加到选区】图标，或者按住键盘上的【Shift】键再单击其他想要选取的地方来选择。

② 选择背景。先单击工具箱中的【快速选择工具】，放大照片的部分。在属性栏中的【添加到选区】图标被选中的情况下适当地改变其画笔值，再使用【快速选择工具】单击未被选中的背景区域，这样就进一步增加了背景区域的选择，如图 2-4-2 所示。

小提示：如果用【魔棒工具】选择时，对人物的部分区域也进行选择，这时可以使用【磁性套索工具】，接着在出现的属性栏中单击【从选区中减去】图标，然后对选区进行选择即可。而对于背景中那些未被选择好的一个个小区域，可以使用【套索工具】，并选中【添加到选区】图标进一步选择。

③ 提取人物。选择【选择】→【反选】命令，或者按快捷键【Ctrl】+【Shift】+【I】反选，就可以将人物选中了。接着按【Ctrl】+【C】键将人物复制，按【Ctrl】+【V】键将人物粘贴到一

图 2-4-2 选择背景

个新建的【图层 1】中。

④ 细节修饰。选中存放人物的【图层 1】,利用【缩放工具】将人物放大,对其边缘突出锯齿部分可以使用工具箱中的【橡皮擦工具】来擦除。接着,按【Ctrl】键并用鼠标左键单击人物图层选择提取出来的人物,然后选择【选择】→【修改】→【羽化】命令,或者按快捷键【Alt】+【Ctrl】+【D】,打开【羽化选区】对话框,输入羽化参数值 2,单击【好】按钮。这样整个人物的边缘就会显得柔和而不过于生硬。

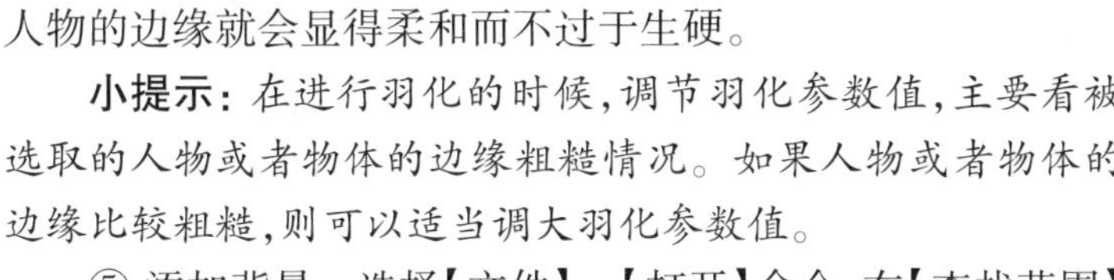

小提示: 在进行羽化的时候,调节羽化参数值,主要看被选取的人物或者物体的边缘粗糙情况。如果人物或者物体的边缘比较粗糙,则可以适当调大羽化参数值。

⑤ 添加背景。选择【文件】→【打开】命令,在【查找范围】内找到"国家大剧院"素材,将前面提取出来的人物添加到背景文件中,调整好位置和大小。然后选择【图像】→【调整】→【曲线】命令,打开【曲线】对话框,调整好人物的亮度以适应背景明暗,如图 2-4-3 所示。最终的效果图如图 2-4-4 所示。

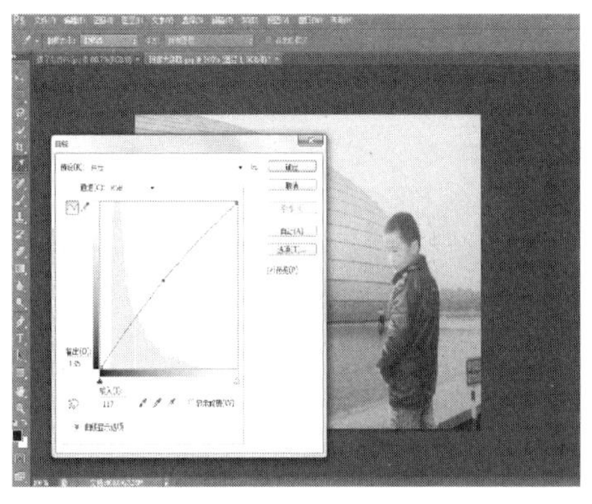

图 2-4-3 调整明暗

图 2-4-4 最终效果图

【相关知识】

知识点 1:【羽化】命令

选择【选择】→【修改】→【羽化】命令,弹出【羽化选区】对话框,在【羽化半径】数值框中输入数值来确定选区的羽化值大小,如图 2-4-5 所示。

图 2-4-5 羽化选区效果图

提示: 制作羽化选区的方法有两种:一种可以通过选取工具的属性栏来实现;另外一种

可以通过选择【选择】→【羽化】命令来实现。使用属性栏羽化选区时一定要在绘制选区前设置好羽化值。而【羽化】命令则是在绘制选区后再进行羽化值的设置。

知识点2：【扩大选取】命令

扩大选取是指根据相近的颜色来扩展选区范围，将选区扩大到临近的颜色相似的像素点上。选择【选择】→【扩大选取】命令，Photoshop CS6 会自动按照设定的颜色范围扩大到临近颜色相似的范围，效果如图 2-4-6 所示。

图 2-4-6 扩大选取效果图

知识点3：【选取相似】命令

选取相似是指根据颜色来扩展选区范围，它将选区扩大到整幅图像中颜色相似的像素点上。选择【选择】→【选取相似】命令，Photoshop CS6 会自动按照设定的颜色范围来扩大到整幅图像颜色相似的范围，如图 2-4-7 所示。

图 2-4-7 选取相似效果图

图 2-4-8 执行变换选区操作

知识点4：【变换选区】命令

【变换选区】命令可以对选区实施自由变形，从而实现对选区的进一步调整。选择【选择】→【变换选区】命令，则会在选区周围出现一个变形调节框，如图 2-4-8 所示，该变形调节框的周围有 8 个控制点和 1 个旋转轴，用户可以通过这 8 个控制点和 1 个旋转轴来实现对选区的缩放、变形和旋转等操作。

执行【变换选区】命令以后，按【Esc】键撤销【变换选区】操作，按回车键应用【变换选区】操作。

知识点5：描边选区

利用【描边】命令，可对选区的范围进行描边。选择【编辑】→【描边】命令，弹出【描边】对话框，如图2-4-9所示。

- 【宽度】数值框：可设置描边的边框宽度，宽度范围为1～16个像素。
- 颜色：单击【颜色】框，可弹出【拾色器】对话框，从中选择合适的颜色。
- 位置：该选项区有三个单选按钮：【居内】、【居中】、【居外】，它们分别指描边的边框位于选框的内边界、边界上和外边界。
- 模式：设置混合模式（具体内容详见“项目七　图层”的混合模式）。
- 不透明度：设置描边的不透明度，其效果图如图2-4-10所示。

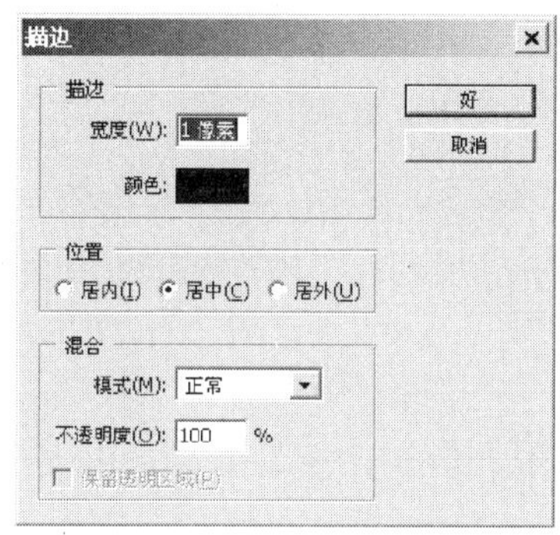

图2-4-9　【描边】对话框

图2-4-10　描边效果图

一、填空题

1. ________是在图像上绘制出的可进行编辑操作的区域。
2. 创建规则选区的工具有________、________、________和________。
3. 执行菜单栏上的________，我们可以选择整个图形中相近的颜色。
4. 在使用【多边形套索工具】和【磁性套索工具】时经常发生这样的情况，用户无法找到选取的起点，选区无法封闭，在这种情况下可以按________，系统会自动在起点和终点之间取最短的直线闭合选区。
5. 在创建新选区的同时按住________键，可进行【添加到选区】操作；按住________键，可进行【从选区减去】的操作；按住________键，可进行【与选区交叉】操作。

二、问答题

1. 创建不规则选区的方法有哪几种？
2. 如何创建正圆或正方形的选区？
3. 魔棒工具与快速选择工具有什么异同点？
4. 选区修改命令组中，【扩大选取】命令和【扩展】选区命令有什么区别？

三、操作题

1. 打开素材“花”，分别使用【魔棒工具】和【颜色范围】命令来选取花和绿叶，体会两者之间的相似与不同之处。

2. 用【选框工具】绘制如图1所示的选区。

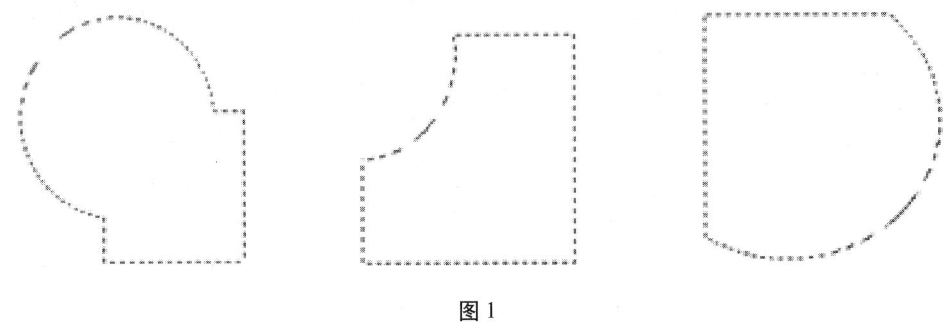

图1

3. 打开素材库中的“油菜花1”，将油菜花的颜色修改成“油菜花2”。

项目三　修饰和变换

画笔工具是绘制图像的重要工具，也是学习 Photoshop 过程中的重点和难点，通过本项目的学习，应掌握画笔工具的使用。利用画笔工具，可以将图像风格变得更加独特。除此之外，还应掌握修图工具的使用方法。

任务一　制作蝴蝶

【任务引入】

小明的朋友有一张蝴蝶的图片，想请小明用 Photoshop 制作出颜色各异的蝴蝶，有什么方法能达到要求呢？

【任务分析】

本任务可将素材中的蝴蝶定义为画笔，然后设置画笔的属性，就可以制作出颜色各异的蝴蝶。

【任务实施】

利用【画笔工具】，制作出蝴蝶的效果，如图 3-1-1 所示。

图 3-1-1　蝴蝶

图 3-1-2　渐变填充背景

具体操作步骤如下：

① 新建一个文件，背景色为从淡蓝到深蓝（可用【吸管工具】吸取），使用【渐变工具】填充背景，效果如图 3-1-2 所示。

② 选择画笔中的恰当图形做出图中的青草和萤火虫，效果如图 3-1-3 所示。

图 3-1-3 绘制青草和萤火虫

图 3-1-4 绘制星星

③ 选择画笔中的恰当图形做出图中的星星，效果如图 3-1-4 所示。

④ 定义素材中的蝴蝶为画笔，选择【编辑】→【定义画笔预设】命令，弹出【画笔名称】对话框，如图 3-1-5 所示。再改变当前色，来制作出不同颜色和不同大小的蝴蝶，如图 3-1-6 所示。

⑤ 最后将之保存为“蝴蝶. psd”.

图 3-1-5 【画笔名称】对话框

图 3-1-6 蝴蝶效果图

【相关知识】

知识点1：【画笔】面板概述

【画笔】面板是 Photoshop 中较为重要的一项功能，因为工具箱中的许多工具都需要在该面板中设置画笔属性。

【画笔】面板包含一些画笔笔尖选项。在【画笔】面板中，可以对画笔的大小和边缘样式等属性进行设置，还可以修改现有画笔并设计新的自定义画笔。如图 3-1-1 所示，这是设置不同的画笔属性后绘制的效果。

执行【窗口】→【画笔】命令，打开【画笔】面板，如图 3-1-7 所示。此面板底部的画笔描边预览，可以显示使用当前画笔选项时绘画描边的外观。【画笔】面板并不是单纯针对【画笔工具】而设立的面板选项，只要是可以调整画笔大小的工具，都可以通过该面板设置选项。

提示：在选中了【画笔工具】、【橡皮擦工具】、【加深工具】、【减淡工具】、【仿制图章工具】时，单击工具属性栏中【切换画笔面板】按钮，也可以打开【画笔】面板。

在【画笔】面板左侧有一列选项组，单击选中一个复选框后，该复选框左侧的方框出现对钩图标，并且该组的可用选项会出现在面板的右侧。

提示：若是只单击复选框左侧的方框，可在不查看选项的情况下启用或停用这些选项。

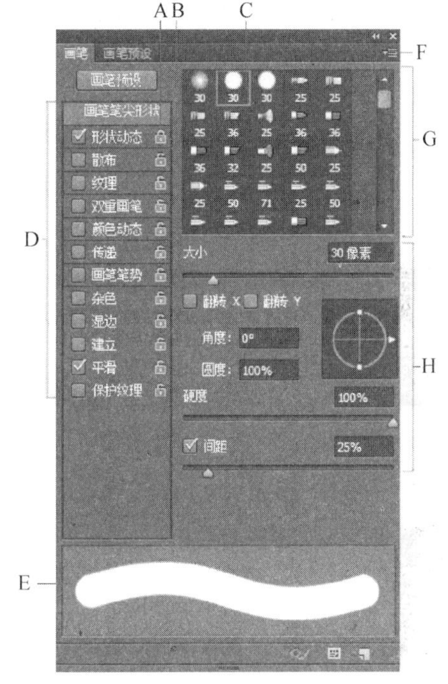

A. 已锁定　B. 未锁定
C. 选中的画笔笔尖
D. 画笔设置　E. 画笔描边预览
F. 弹出式菜单
G. 画笔笔尖形状（在选中了【画笔笔尖形状】选项时可用）
H. 画笔选项

图 3-1-7　【画笔】面板

知识点2：画笔预设

单击【画笔】面板左侧的【画笔预设】选项，在【画笔笔尖形状】列表内可以任意选择其中一种预设的画笔，预设画笔是一种存储的画笔笔尖，带有诸如大小、形状和硬度等定义的特性。在【主直径】选项内可以调整笔尖的直径。

如果将光标放在一个画笔笔尖上，会出现此画笔笔尖的文字提示，如图 3-1-8 所示。单击画笔笔尖，在面板下面的画笔描边预览区域内会显示出画笔的绘制效果，如图 3-1-9 所示。

利用【画笔】面板中的选项可以设置出新的画笔样式，如果需要重复使用，可以将其存储在面板中。

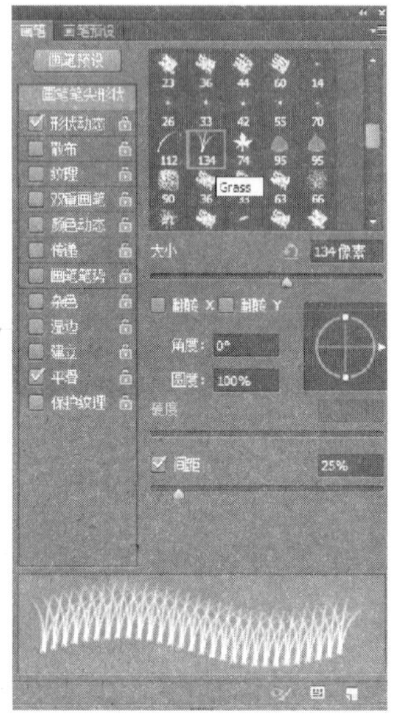

图 3-1-8　画笔笔尖的文字提示

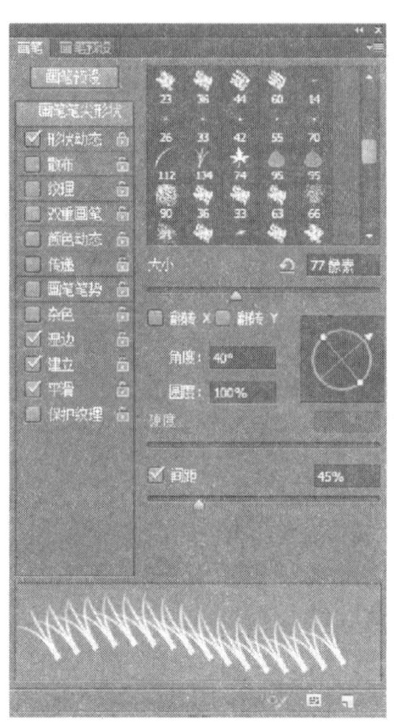

图 3-1-9　画笔的绘制效果

选中需要定义的画笔图案，选择【编辑】→【定义画笔预设】命令，弹出【画笔名称】对话框，如图 3-1-10 所示。输入画笔的名称，单击【确定】按钮，新画笔将出现在画笔预设库中，如图 3-1-11 所示。

图 3-1-10　【画笔名称】对话框

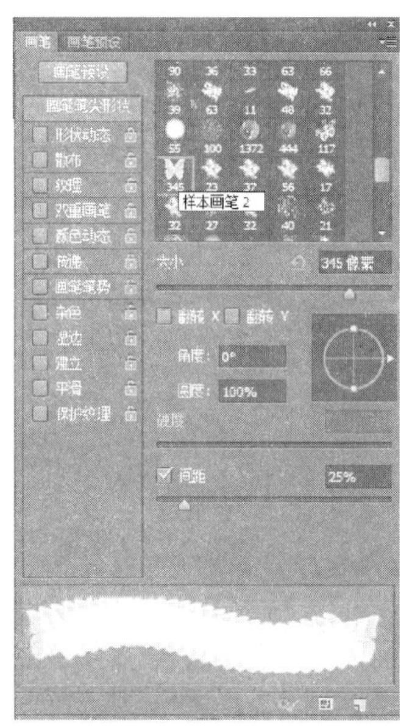

图 3-1-11　面板中新建的画笔预设

知识点3：画笔笔尖形状

单击面板中的【画笔笔尖形状】选项，在右侧出现的选项中，可对画笔笔尖的形状进行设置，可更改其大小、角度或边缘柔化程度，如图3-1-12所示。

1. 大小

设置画笔笔尖的大小，其范围在1～2500像素之间。

2. 角度

可定义画笔笔尖绘制时的角度。在右侧箭头示例的缩览图中，单击并拖动箭头，可手动调整画笔笔尖的角度，如图3-1-13所示。

3. 圆度

设置画笔笔尖的形状，以正圆或椭圆的图像绘制，如图3-1-14所示。

4. 硬度

设置画笔边缘的柔化程度，如图3-1-15所示，该参数值越大，画笔笔尖越尖锐。

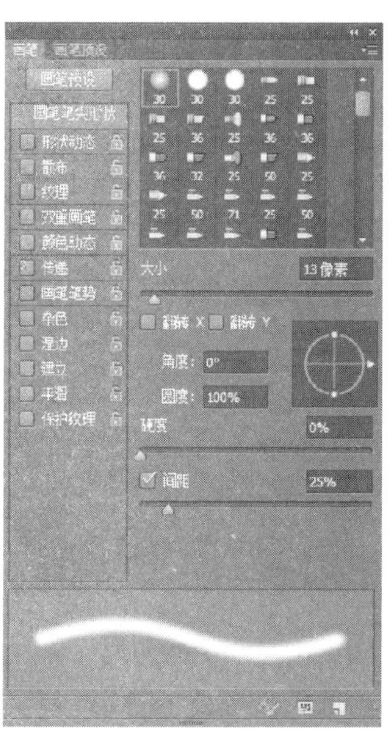

图3-1-12 设置【画笔笔尖形状】选项

图3-1-13 改变角度

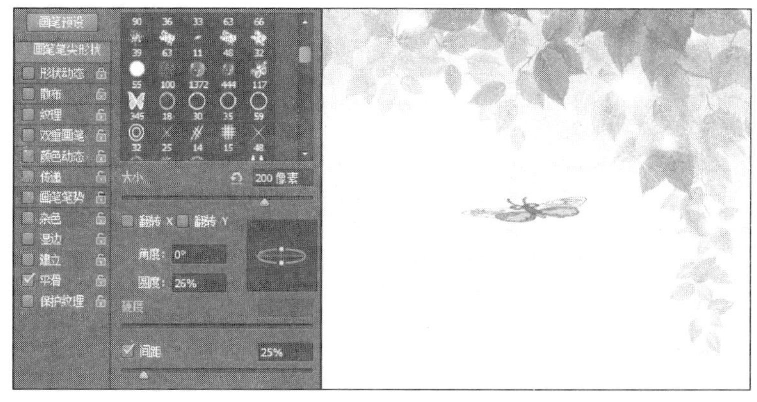

图3-1-14 设置圆度

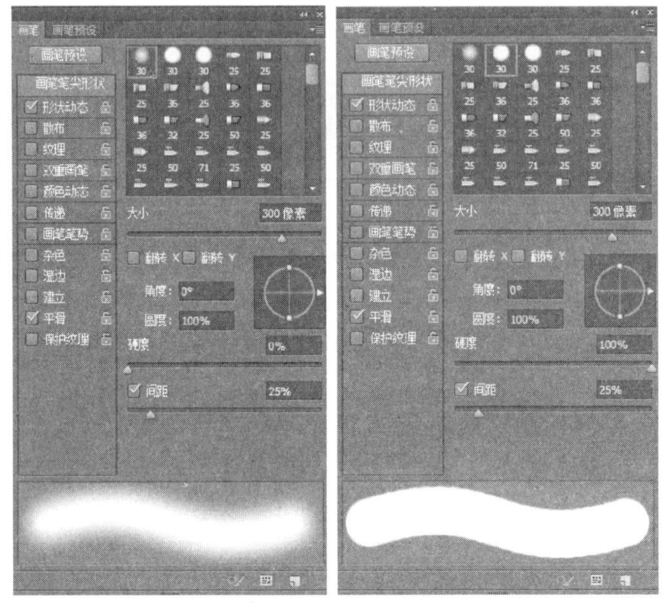

图 3-1-15　设置硬度

5. 间距

该复选框可设置两个画笔笔尖之间的距离，如图 3-1-16 所示，这是设置不同值后的对比效果。其中差值越大，画笔笔尖之间的距离越大。

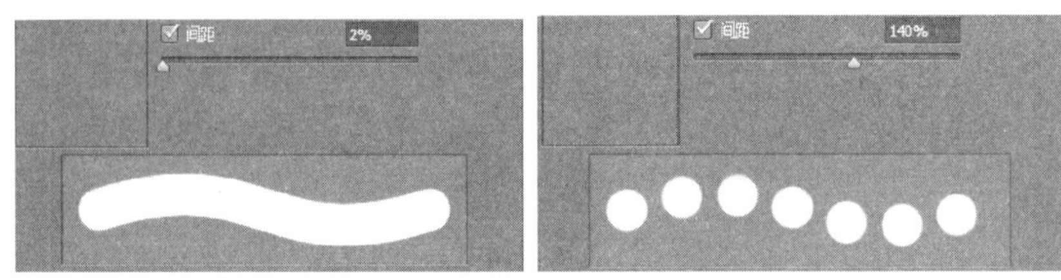

图 3-1-16　设置笔尖间距

知识点 4：形状动态

选中【形状动态】选项后，其选项设置如图 3-1-17 所示。在其中可设置描边时的画笔笔尖。

1. 大小抖动

该选项可以指定描边中画笔笔尖大小的改变方式。在【控制】下拉列表中可选择选项以指定如何控制画笔笔尖的大小变化。

- 关：不控制画笔笔尖的大小变化。
- 渐隐：按指定数量的步长在初始直径和最小直径之间渐隐画笔笔尖的大小。其中每个步长等于画笔笔尖的一个笔迹，其范围在 1 ~ 9999 之间。选择该选项后的绘制效果如图 3-1-18 所示。
- 【钢笔压力】、【钢笔斜度】、【光笔轮】：可依据钢笔的压力、斜度等设置在初始直径和最小直径之间改变画笔笔尖大小。

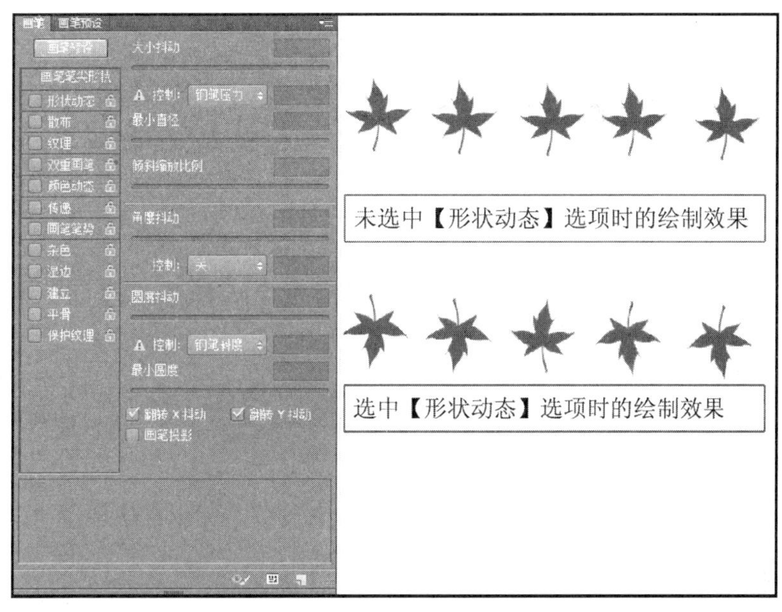

图 3-1-17 【形状动态】选项选中与否时的绘制效果比较

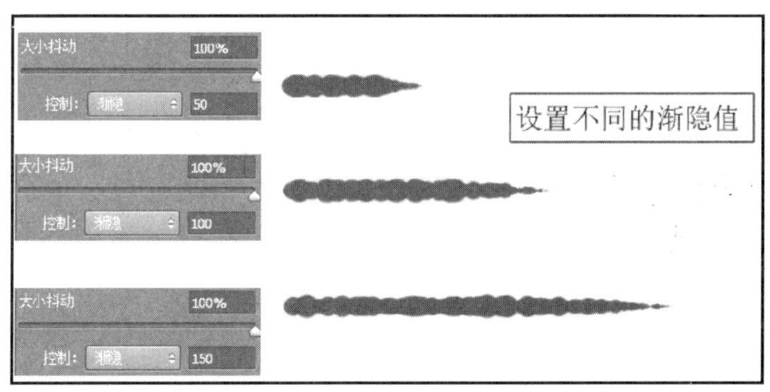

图 3-1-18 制作渐隐的线条

2. 最小直径

该选项可设置当使用【大小抖动】或【控制】时画笔笔尖可缩放的最小百分比。

3. 倾斜缩放比例

当【大小抖动】中的【控制】选项设置为【钢笔斜度】时，设定在旋转前应用于画笔高度的比例因子。

4. 角度抖动

可设定描边中画笔笔尖角度的改变方式，其中可设置 360°的百分比值以指定抖动的最大百分比。利用【控制】下拉列表可指定控制画笔笔尖角度变化的方式。

- 关：不控制画笔笔尖的角度变化。
- 渐隐：按指定数量的步长，在 0°～360°之间渐隐画笔笔尖角度。
- 钢笔压力、钢笔斜度、光笔轮、旋转：依据钢笔压力、钢笔斜度、钢笔拇指轮位置或钢笔的旋转方向在 0°～360°之间改变画笔笔尖的角度。
- 初始方向：使画笔笔尖的角度基于画笔描边的初始方向。

- 方向：使画笔笔尖的角度基于画笔描边的方向。

5. 圆度抖动

该选项可指定画笔笔尖的圆度在绘制时的改变方式。通过【控制】下拉列表，可指定控制画笔笔迹的圆度变化。

- 关：不控制画笔笔尖的圆度变化。
- 渐隐：按指定数量的步长在100%和最小圆度值之间渐隐画笔笔尖的圆度。
- 【钢笔压力】、【钢笔斜度】、【光笔轮】、【旋转】：依据钢笔压力、钢笔斜度、钢笔拇指轮位置或钢笔的旋转方向在100%和最小圆度值之间改变画笔笔尖的圆度。

6. 最小圆度

指定当【圆度抖动】或【圆度控制】启用时画笔笔尖的最小圆度。

知识点5：散布

单击选中【散布】选项组，其选项设置如图3-1-19所示。利用该选项组中的选项可确定描边中笔尖的数目和位置，可创建出类似喷笔的图像效果。

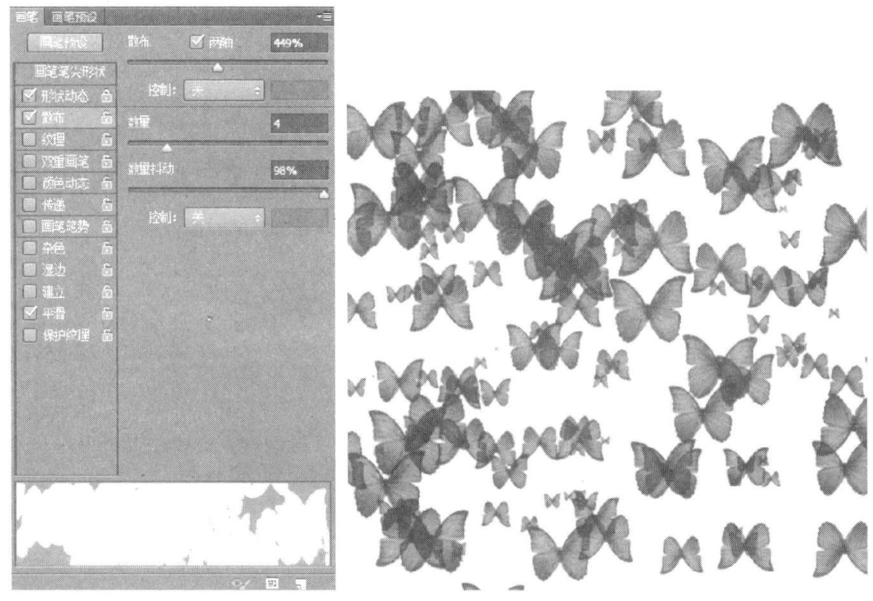

图3-1-19　设置散布选项

1. 散布

指定画笔笔尖在描边中的分布方式。单击选中【两轴】复选框时，画笔笔尖将按径向分布；若取消【两轴】复选框，画笔笔尖将垂直于描边路径分布。该参数值越大，散布的效果越大。

【控制】选项可指定如何控制画笔笔尖的散布变化。

- 关：不控制画笔笔尖的散布变化。
- 渐隐：按指定数量的步长将画笔笔尖的散布从最大散布渐隐到无散布。
- 【钢笔压力】、【钢笔斜度】、【光笔轮】、【旋转】：依据钢笔压力、钢笔斜度、钢笔拇指轮位置或钢笔的旋转方向来改变画笔笔尖的散布。

2. 数量

该选项设定在每个间距间隔应用的画笔笔尖数量,如果在不增大间距值或散布值的情况下增加数量,会影响绘制后的图像效果。

3. 数量抖动

设定画笔笔尖的数量根据间距间隔而变化的态势。

知识点6:纹理

在【画笔】面板中选中【纹理】选项组,其选项设置如图 3-1-20 所示。该选项可以将图案添加到画笔描边上,使描边看起来像是在带纹理的画布上绘制的一样。

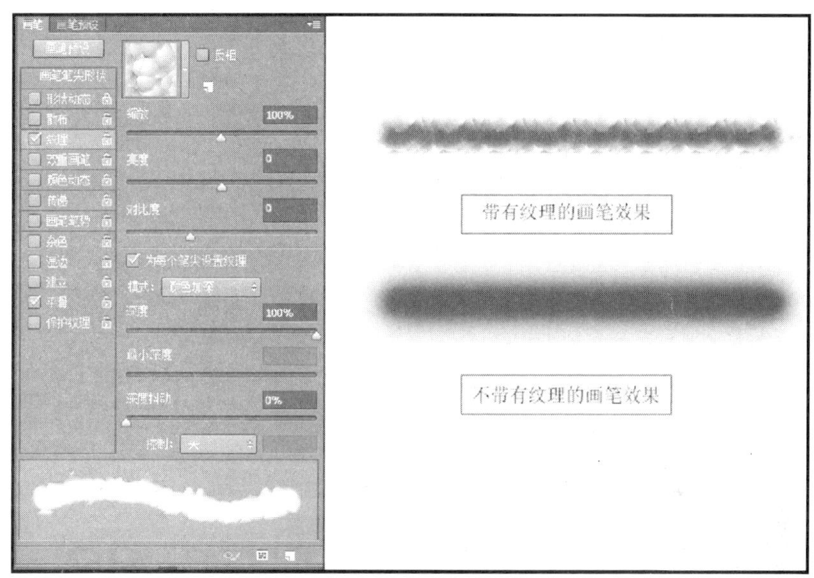

图 3-1-20 为画笔添加纹理效果

1. 反相

选中该复选框后,可基于图案色调将纹理中的亮点和暗点反转。其中图案中的最亮区域为纹理中的暗点,并接收最少的颜色;图案中最暗区域为纹理中的亮点,接收最多的颜色。当取消该选项时,则情况相反。

2. 缩放

该选项可指定图案的缩放比例。

3. 为每个笔尖设置纹理

选中该复选框,可将选定的纹理单独应用于画笔描边中的每个画笔笔迹,而不是作为整体应用于画笔描边。

4. 模式

设定用于组合画笔和图案的混合模式。

5. 深度

设定油彩渗入纹理中的深度。

6. 最小深度

设定油彩可渗入的最小深度。

7. 深度抖动

设定当选中【为每个笔尖设置纹理】复选框时深度的改变方式。通过【控制】下拉列表可设定控制画笔笔尖的深度变化。

- 关:不控制画笔笔尖的深度变化。
- 渐隐:按设定数量的步长从【深度抖动】百分比渐隐到【最小深度】百分比。
- 【钢笔压力】、【钢笔斜度】、【光笔轮】、【旋转】:依据钢笔压力、钢笔斜度、钢笔拇指轮位置或钢笔旋转角度来改变深度。

知识点7：双重画笔

1. 模式

该选项可改变主要笔尖和下一个笔尖组合画笔笔尖时使用的图像混合效果，如图3-1-21所示是设置不同混合模式后的绘制效果。

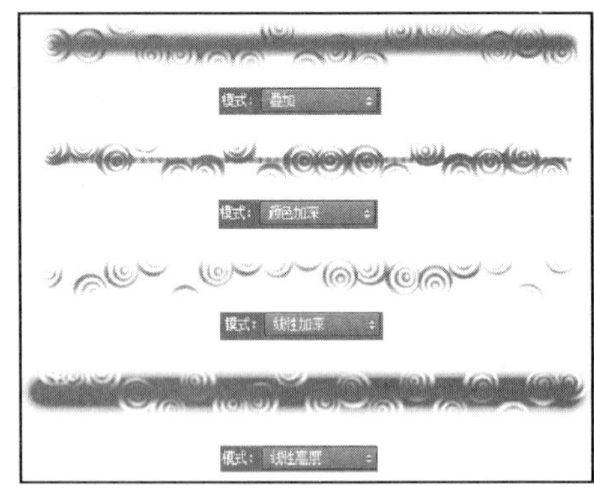

图3-1-21 设置不同的混合模式

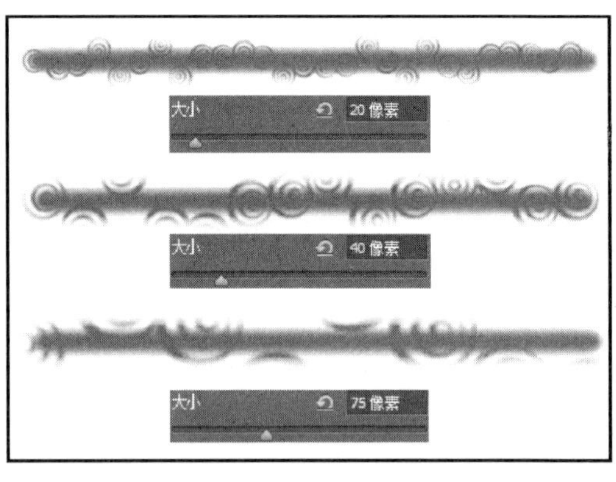

图3-1-22 设置不同大小的笔尖效果

2. 大小

该选项可控制两个笔尖绘制时的画笔大小，如图3-1-22所示。若单击按钮，可恢复画笔笔尖的原始大小。

3. 间距

该选项可设定描边中下一个画笔笔尖之间的距离，如图3-1-23所示。

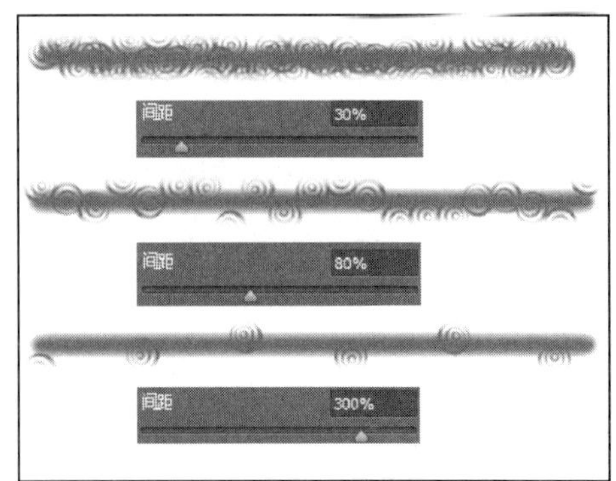

图3-1-23 设置画笔间距

4. 散布

该选项设定描边中双笔尖画笔笔尖的分布方式，如图3-1-24所示，参数越大，第二个笔尖的散布效果越大。当选中【两轴】复选框时，双笔尖画笔笔尖按径向分布；若取消该复选框，双笔尖画笔笔尖垂直于描边路径分布。

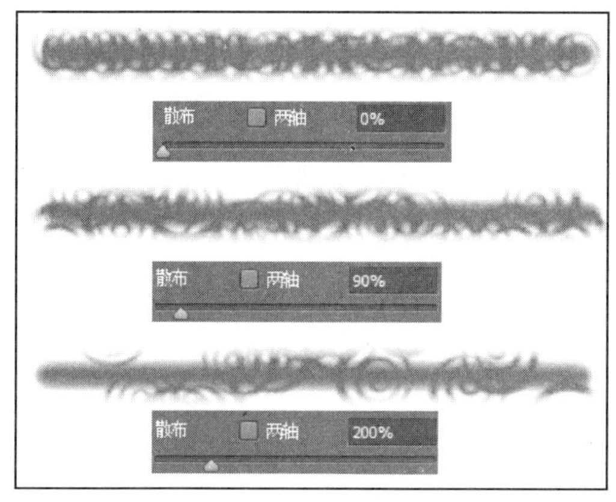

图 3-1-24 设置双重画笔的散布效果

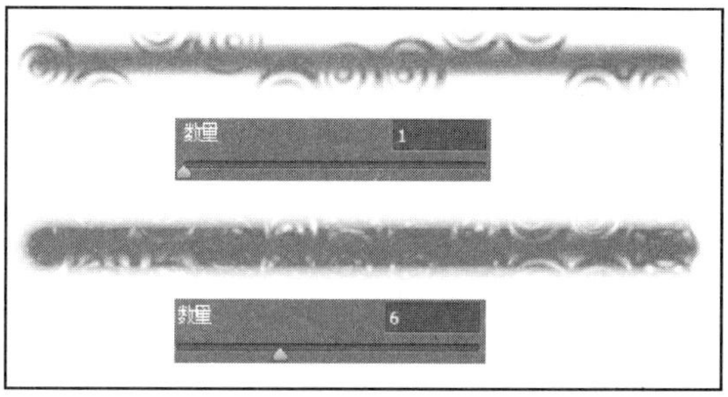

图 3-1-25 设置画笔笔尖排列的密度

5. 数量

该选项可设定双笔尖排列的密度,其参数值越大,密度越大,如图 3-1-25 所示。

知识点 8:颜色动态

【颜色动态】选项可为绘制的画笔添加丰富的颜色变化效果,如图 3-1-26 所示。它决定了描边路线中颜色的变化方式。

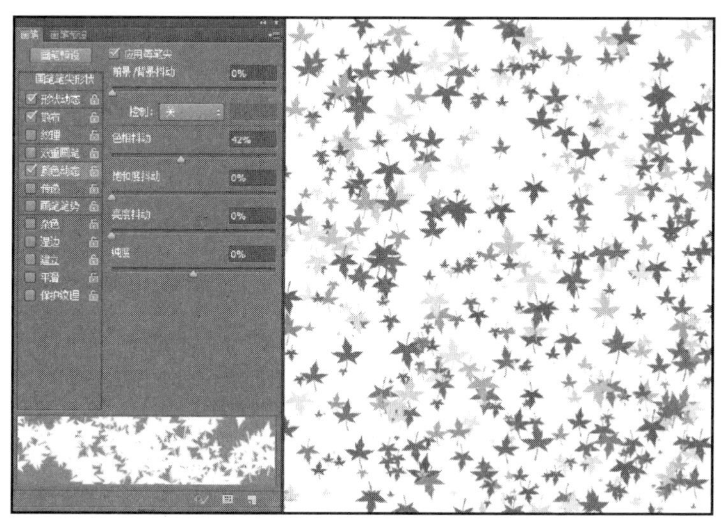

图 3-1-26 设置画笔的颜色

1. 前景/背景抖动

该参数栏可控制前景色和背景色之间的颜色变化方式,如图 3-1-27 所示。

利用【控制】下拉列表可设定控制画笔笔尖的颜色变化。

- 关:不控制画笔笔尖的颜色变化。
- 渐隐:按指定数量的步长在前景色和背景色之间改变颜色。
- 【钢笔压力】、【钢笔斜度】、【光笔轮】、【旋转】:依据钢笔压力、钢笔斜度、钢笔拇指轮位置或钢笔的旋转方向来改变前景色和背景色之间的颜色变化。

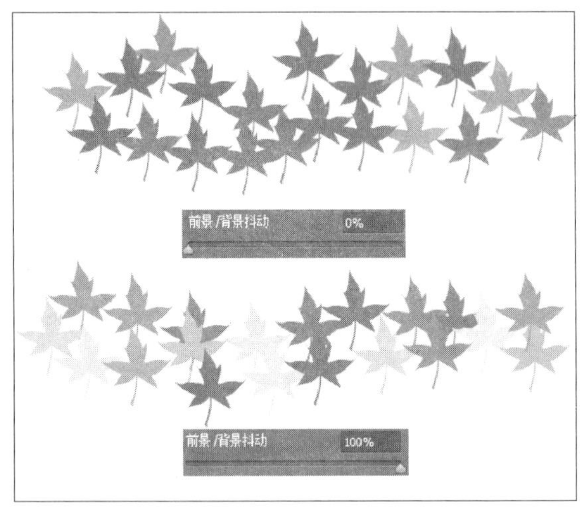

图 3-1-27 设置颜色变化

图 3-1-28 增加更多的颜色

2. 色相抖动

该选项可设定描边中颜色色相影响的幅度，如图 3-1-28 所示。参数值越大，颜色变化得越丰富。

3. 饱和度抖动

该选项设定描边中颜色饱和度可以改变的百分比。当该参数值较小时，可在改变饱和度的同时保持接近前景色的饱和度；该值较大时，可增大饱和度级别之间的差异。

4. 亮度抖动

该选项可控制描边中颜色的亮度。参数值较小时，可在改变亮度的同时保持接近前景色的亮度；参数值较大时，可增大亮度级别之间的差异。

5. 纯度

【纯度】参数栏可增大或减小颜色的饱和度。当该值为 -100% 时，颜色将完全去色；当该值为 +100% 时，颜色将完全饱和。

知识点 9：传递

使用【传递】画笔选项可控制颜色在描边路线中的改变方式，设置出有透明度变化的画笔效果，如图 3-1-29 所示。

1. 不透明度抖动

该选项设定画笔描边中颜色透明度的变换方式。在【控制】下拉列表中可选择控制画笔笔尖变化的方式。

- 关：不控制画笔笔尖的不透明度变化。
- 渐隐：按指定数量的步长渐隐色彩不透明度。
- 【钢笔压力】、【钢笔斜度】或【光笔轮】：根据钢笔压力、钢笔斜度或钢笔拇指轮的位置来改变色彩的不透明度。

图 3-1-29　设置画笔的透明度变化

2. 流量抖动

该选项设定画笔描边中流量的变化。通过【控制】下拉列表,可使用以下几个选项进行调控。

- 关:不控制画笔笔尖的流量变化。
- 渐隐:按指定数量的步长渐隐流量。
- 【钢笔压力】、【钢笔斜度】或【光笔轮】:可依据钢笔压力、钢笔斜度或钢笔拇指轮的位置来改变流量。

知识点 10:其他画笔选项

在【画笔】面板中还有一些选项,可针对笔尖的绘制效果进行设置,效果如图 3-1-30 所示。

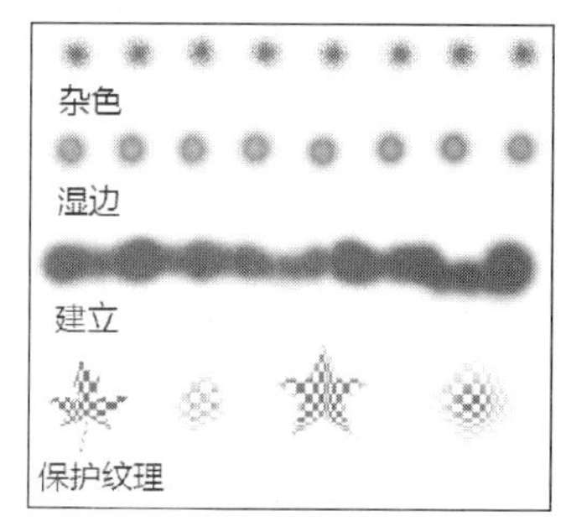

图 3-1-30　其他选项应用效果

- 画笔笔势:获得类似光笔的效果,可控制画笔的角度和位置。
- 杂色:启用该复选框后,将使绘制画笔的边缘随机产生杂边效果。
- 湿边:可沿画笔边缘增大流量,创建出类似水彩的效果。
- 建立:启用喷枪式的建立效果。
- 平滑:使画笔在绘制时生成更平滑的曲线。
- 保护纹理:可将相同图案和缩放比例的属性应用于具有纹理的所有画笔预设。该选项使得在使用多个纹理画笔笔尖绘画时,可模拟出一致的画布纹理。

知识点 11：创建自定义画笔

在 Photoshop CS6 中可以创建自定义画笔。

具体操作步骤如下：

① 打开素材文件夹中的图像文件“狐狸.jpg”，如图 3-1-31 所示。

② 选择【椭圆选框工具】，在工具属性栏中设置羽化为 25px，在图像上创建一个选区，如图 3-1-32 所示。

图 3-1-31 “狐狸”图片

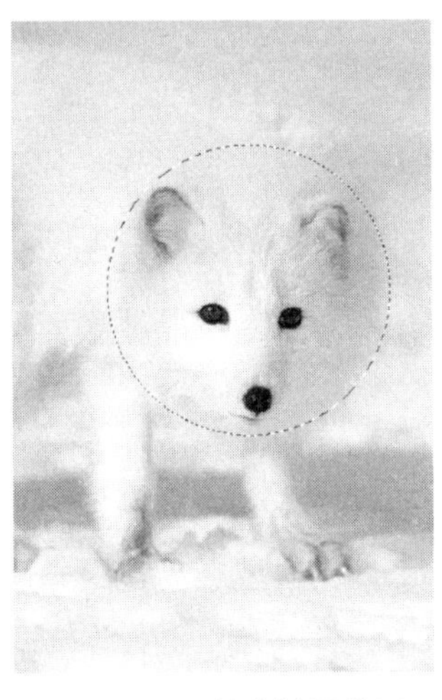

图 3-1-32 创建椭圆选区

③ 选择【编辑】→【定义画笔预设】命令，打开如图 3-1-33 所示的对话框。输入画笔的名称，然后单击【确定】按钮，创建自定义画笔。

图 3-1-33 【画笔名称】对话框

④ 打开【画笔】面板，选择面板左侧的【画笔预设】选项，在画笔列表的底部可以找到新建的画笔，如图 3-1-34 所示。

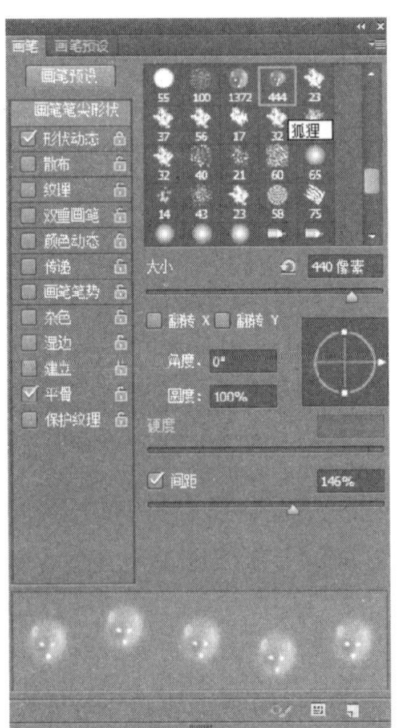

图 3-1-34 新建画笔后的【画笔】面板

知识点 12：定义图案

定义图案后，可以重复使用图案填充图层或选区。Photoshop CS6 附带有多种预设图案。也可以创建新图案并将它们存储在库中，以供不同的工具使用。预设图案显示在【油漆桶工具】、【图案图章工具】、【修复画笔工具】和【修补工具】属性栏的弹出式面板中以及【图层样式】对话框中。通过从弹出式面板菜单中选取一个选项，更改图案在弹出式面板中的显示方式。

定义图案的具体操作步骤如下：打开一幅图像，用【矩形选框工具】选取一块区域，如图 3-1-35 所示。执行【编辑】→【定义图案】命令，弹出【图案名称】对话框，输入图案的名称，单击【确定】按钮，如图 3-1-36 所示。

图 3-1-35 创建矩形选区

图 3-1-36 【图案名称】对话框

需要注意的是，必须用【矩形选框工具】选取，并且不能带有羽化(无论是选取前还是选取后)，否则定义图案的功能就无法使用。另外，如果不创建选区直接定义图案，将把整幅图像作为定义图案。如果正在使用某个图像中的图案并将它应用于另一个图像，则 Photoshop CS6 将转换其颜色模式。

任务二 制作水中倒影

【任务引入】

倒影效果在我们日常进行图像处理过程中经常会用到，如宣传海报、产品画册等。请你制作水中倒影的效果。

【任务分析】

本任务可使用【自由变换】命令、【模糊】滤镜、【波纹】滤镜制作。

【任务实施】

具体操作步骤如下：

① 执行【文件】→【打开】命令，在弹出的对话框中选择要打开的图片，打开房屋图片，按【Ctrl】+【A】键全选图片，按【Ctrl】+【C】键复制图片。

② 执行【文件】→【新建】命令，新建一个文件，按【Ctrl】+【V】键粘贴，将房屋图片粘贴到一个新文件中，如图 3-2-1 所示。

图 3-2-1　新建文件和粘贴图片

③ 执行【图像】→【画布大小】命令，弹出【画布大小】对话框，点击红圈处，设置参数如图 3-2-2 所示，将画布的高度扩大成两倍，效果如图 3-2-3 所示。

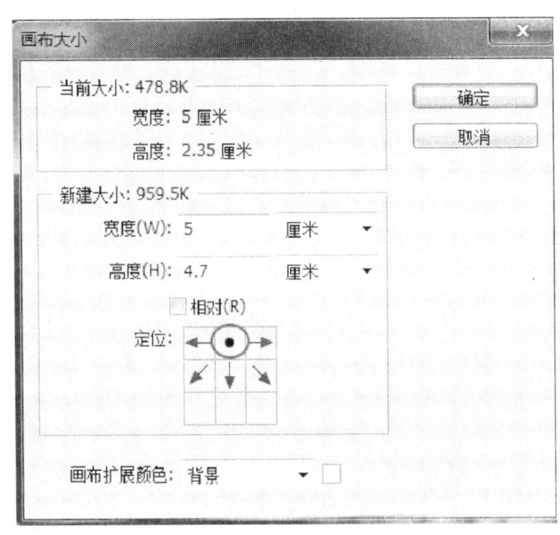

图 3-2-2　【画布大小】对话框

图 3-2-3　调整后的画布窗口

④ 按住【Alt】键，移动房屋图像，即复制一份，效果如图 3-2-4 所示。

⑤ 把复制好的图像垂直翻转成倒影状，执行【编辑】→【变换】→【垂直翻转】命令。执行【编辑】→【自由变换】命令，把倒影图像的高度恰当地缩小，效果如图 3-2-5 所示。

图 3-2-4 复制房屋图像

图 3-2-5 倒影图像

⑥ 用【裁剪工具】把多出的画布剪掉，效果如图 3-2-6 所示。

⑦ 选中倒影图层，对它进行滤镜设置，执行【滤镜】→【扭曲】→【波纹】命令，设置参数如图 3-2-7 所示。

⑧ 因为水中的倒影不太清晰，所以选中倒影图层，执行【滤镜】→【模糊】→【高斯模糊】命令，设置参数如图 3-2-8 所示。

图 3-2-6 裁剪画布后的效果图

图 3-2-7 【波纹】对话框

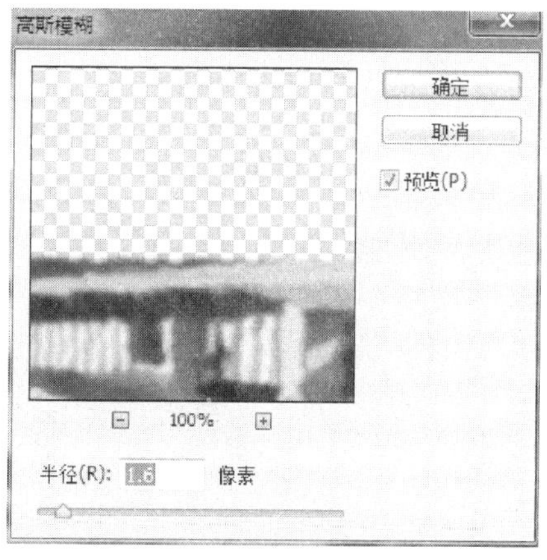

图 3-2-8 【高斯模糊】对话框

⑨ 选中倒影图层，执行【滤镜】→【模糊】→【动感模糊】命令，设置参数如图 3-2-9 所示。

⑩ 选中倒影图层，执行【图像】→【调整】→【色阶】命令，设置参数如图 3-2-10 所示。

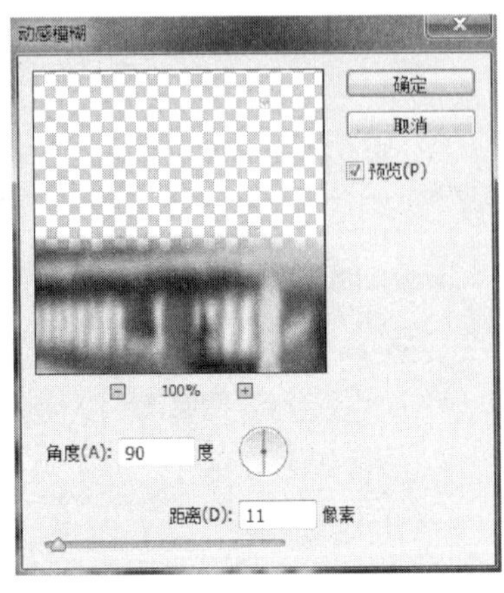

图 3-2-9 【动感模糊】对话框

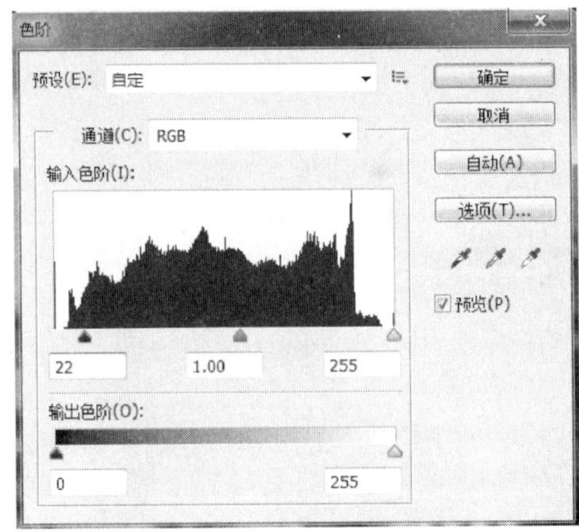

图 3-2-10 【色阶】对话框

⑪ 下面我们制作涟漪效果，在倒影图中画一个椭圆形选区，效果如图 3-2-11 所示。

图 3-2-11 创建椭圆形选区

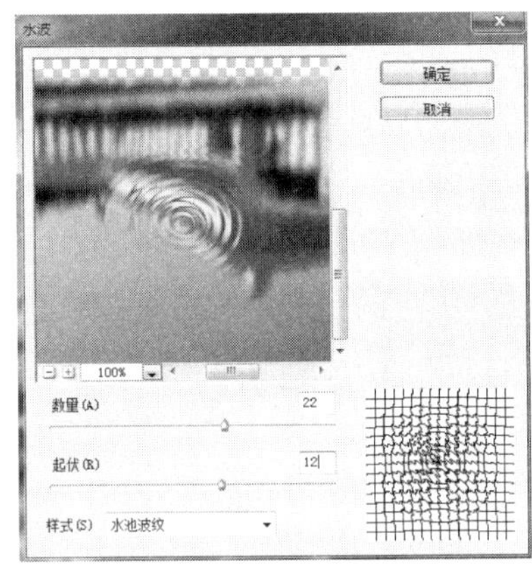

图 3-2-12 【水波】对话框

⑫ 执行【滤镜】→【扭曲】→【水波】命令，设置参数如图 3-2-12 所示。

⑬ 选中倒影图层，将倒影图片不透明度设置为90%，【图层】面板设置如图 3-2-13 所示。取消选区，执行【选择】→【取消选择】命令，效果如图 3-2-14 所示。

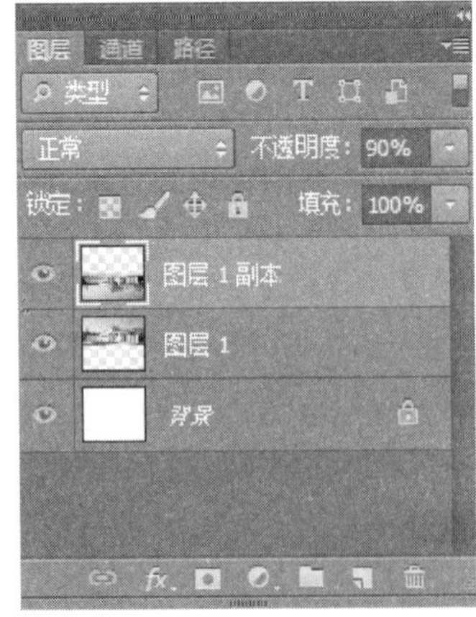

图 3-2-13 【图层】面板设置图

图 3-2-14 水中倒影效果图

⑭ 将文件以“水中倒影. PSD”格式保存。

【相关知识】

知识点 1：裁剪工具

该工具用于图像的裁剪。【裁剪工具】属性栏如图 3-2-15 所示。

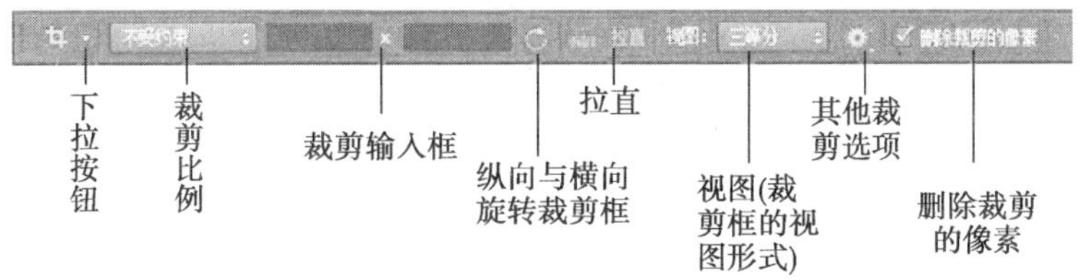

图 3-2-15 【裁剪工具】属性栏

- 下拉按钮：单击工具选项栏左侧的下拉按钮，可以打开工具预设选取器，如图 3-2-16 所示，在预设选区器里可以选择预设的参数对图像进行裁剪。
- 裁剪比例：可以显示当前的裁剪比例或设置新的裁剪比例，其下拉选项如图 3-1-17 所示。如果 Photoshop CS6 图像中有选区，则按钮显示为选区。
- 裁剪输入框：可以自由设置裁剪的长宽比。
- 纵向与横向旋转裁剪框：设置裁剪框为纵向裁剪或横向裁剪。

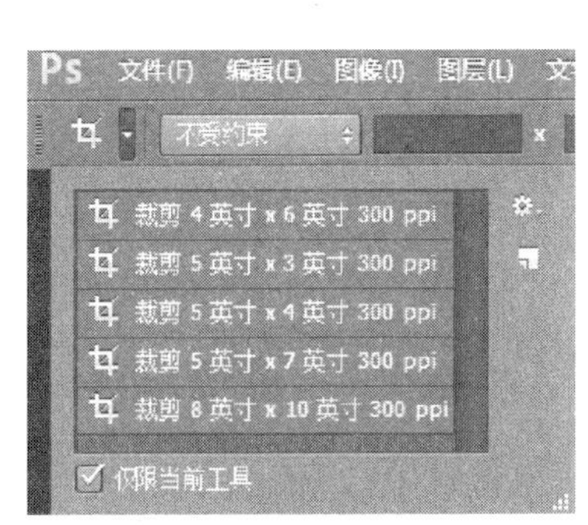

图 3-2-16 工具预设选取器

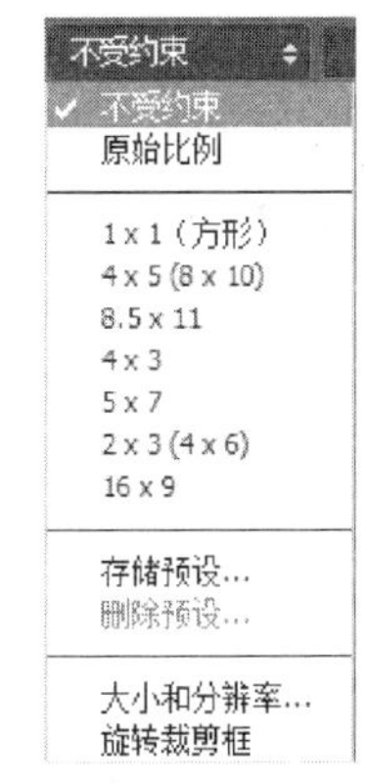

图 3-2-17 【裁剪比例】下拉选项

- 拉直：可以矫正倾斜的照片。图 3-2-18 所示为倾斜照片，使用【拉直】工具 拉直 在 Photoshop CS6 图像中拉出一条直线，如图 3-2-19 所示，图像自动按照直线旋转为正常角度，如图 3-2-20 所示。

按回车键确认即可，如图 3-2-21 所示。

图 3-2-18 倾斜照片

图 3-2-19 拉出一条直线

图 3-2-20 拉出直线后的效果

图 3-2-21 倾斜照片矫正后的效果图

- 视图：可以设置 Photoshop CS6 裁剪框的视图形式，如黄金比例和金色螺线等，如图 3-2-22 所示，可以参考视图辅助线裁剪出完美的构图。
- 其他裁剪选项：可以设置裁剪的显示区域以及裁剪屏蔽的颜色、不透明度等，其下拉列表如图 3-2-23 所示。

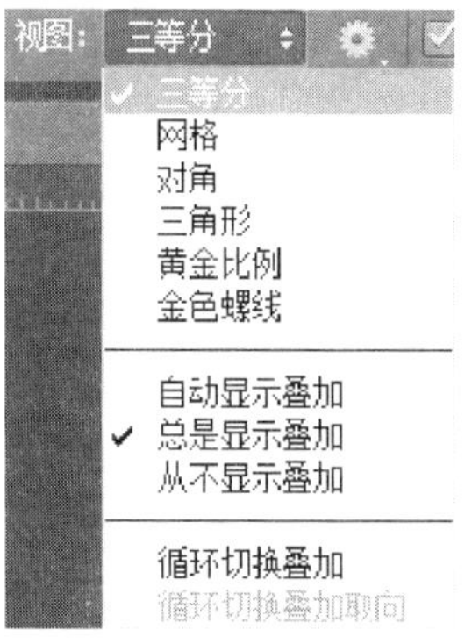

图 3-2-22 【视图】下拉列表

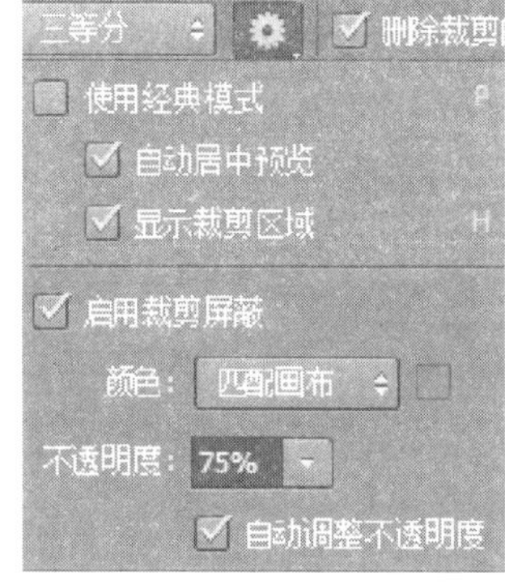

图 3-2-23 其他裁剪选项

- 删除裁剪的像素：勾选该选项后，裁剪完毕后的图像将不可更改；不勾选该选项，即使裁剪完毕后选择 Photoshop CS6【裁剪工具】，单击图像区域仍可显示裁切前的状态，并且可以重新调整裁剪框。

知识点2：透视裁剪工具

透视裁剪工具是 Photoshop CS6 的新增工具，利用该工具可以在裁剪的同时方便地矫正图像的透视错误，即对倾斜的图片进行矫正。【透视裁剪工具】属性栏如图 3-2-24 所示。

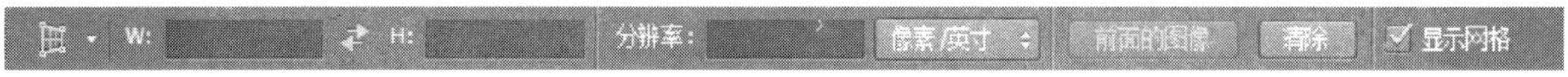

图 3-2-24　【透视裁剪工具】属性栏

- 【W：】、【H：】：输入图像的宽度和高度值，可以按照设定的尺寸裁剪图像。单击按钮，可以对调这两个数值。
- 分辨率：可以输入图像的分辨率，裁剪图像后，Photoshop 会自动将图像的分辨率调整为设定的大小。
- 前面的图像：单击该按钮，可在【W：】、【H：】和分辨率文本框中显示当前文档的尺寸和分辨率。如果同时打开了两个文档，则会显示另外一个文档的尺寸和分辨率。
- 清除：单击该按钮，可清空【W：】、【H：】和【分辨率】文本框中的数值。
- 显示网格：勾选该项，可以显示网格线；取消勾选该项，则隐藏网格线。

下面通过具体实例的操作，用【透视裁剪工具】将图 3-2-25 裁剪出只写着 2 + 2 的那一面，效果如图 3-2-26 所示。

图 3-2-25　透视裁剪前的图像

图 3-2-26　透视裁剪后的图像

具体操作步骤如下：

① 在 Photoshop CS6 中打开素材图片，选择【透视裁剪工具】，如图 3-2-27 所示。

② 我们要裁剪的只是写着 2 + 2 的那一面，选择好裁剪的位置，从该面的小黑板脚架开始选。选好后如图 3-2-28 所示。

③ 按下回车键，则会得到该面的图像，【透视裁剪工具】会自动将照片的透视效果进行纠正，变成正常的透视效果，效果如图 3-2-26 所示。

图 3-2-27 选择【透视裁剪工具】

图 3-2-28 选择裁剪的位置

知识点 3：切片工具

该工具可以用来分割图像，从而提高图像在网络上的传输速度。使用时可在画面上拖动鼠标确定要分割的区域，此时被分割的区域会显示出数字编号，如图 3-2-29 所示。【切片工具】属性栏如图 3-2-30 所示。

图 3-2-29 分割区域显示出数字编号

图 3-2-30 【切片工具】属性栏

知识点 4：切片选择工具

该工具用于选择和调整切割区域，并且能够为切割区域指定链接地址。【切片选择工具】属性栏如图 3-2-31 所示。

图 3-2-31 【切片选择工具】属性栏

知识点5：更改图像大小

使用【图像大小】命令可以调整图像的像素大小、打印尺寸和分辨率。修改图像的像素大小不仅会影响图像在屏幕上的大小,还会影响图像的打印尺寸和分辨率,同时也决定了图像所占用的存储空间。

打开一个图像文件,选择【图像】→【图像大小】命令,打开【图像大小】对话框,如图3-2-32所示。

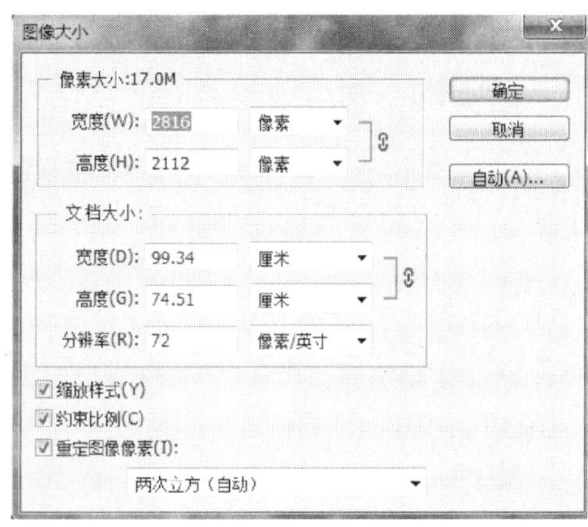

图3-2-32　风景图片和【图像大小】对话框

- 【像素大小】选项组:显示了图像的像素大小。要修改像素大小,可在【宽度】和【高度】选项内输入像素的数量,如果要输入当前尺寸的百分比值,则可选择【百分比】作为度量单位。修改像素大小后,图像的新文件大小会出现在【图像大小】对话框的顶部,旧文件大小在括号内显示,如图3-2-33所示。

图3-2-33　【像素大小】选项组

- 文档大小:用来设置图像的打印尺寸(【宽度】和【高度】选项)和分辨率。如果选择了对话框下面的【重定图像像素】复选框,则修改图像的宽度或高度时,将改变图像中的像素数量。如果减小图像的大小,将相应地减少像素数量;如果增大图像的大小,或提高分辨率,则会增加相应的像素。如果取消选中【重定图像像素】复选框,然后再修改图像的宽度或高度,则图像的像素总量不会变化。
- 缩放样式:如果图像带有应用样式的图层,选中此复选框后,可在调整图像的大小时自动缩放样式效果。只有选中【约束比例】复选框,才能使用此选项。
- 约束比例:选中此复选框,在修改图像的宽度或高度时,可保持宽度和高度的比例不变,即修改宽度时,会按原有比例自动修改高度,反之亦然。
- 重定图像像素:如果选中【重定图像像素】复选框,则修改图像的宽度或高度时,Photoshop CS6将使用此选项内设定的插值方法增加或减少像素。其下拉菜单中各选项含义如下:【邻近】是一种速度快但精度低的图像像素模拟方法。【两次线性】是一种通过平均周围像素颜色值来添加像素的方法,可生成中等品质的图像。【两次立方】是一种以周围像素颜色值来添加像素的方法,可生成中等品质的图像。【两次立方较平滑(适用于扩大)】是一种

基于两次立方插值且旨在产生更平滑效果的有效图像放大方法。【两次立方较锐利(适用于缩小)】是一种基于两次立方插值、具有增强锐化效果、有效的图像缩小方法。如果锐化程度过高,使用【两次立方(自动)项】。【两次立方(自动)】是一种默认选项,这是让 Photoshop 自动进行选择的方法。

• 自动:单击此按钮,打开【自动分辨率】对话框,如图 3-2-34 所示。在对话框内输入挂网的线数,Photoshop CS6 可以根据输出设备的网频来确定建议使用的图像分辨率。

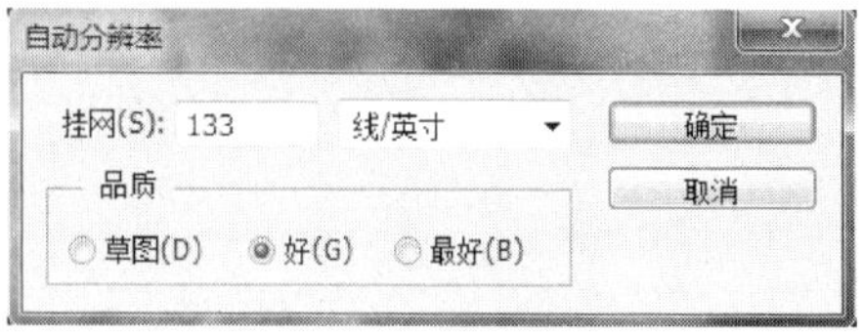

图 3-2-34 【自动分辨率】对话框

知识点 6: 更改画布大小

画布大小指的是图像的完全可编辑区域。使用【画布大小】命令可以调整图像的画布大小。增大画布的大小会在当前图像周围添加新的空间,缩小画布的大小会在图像周围进行裁剪。

执行【图像】→【画布大小】命令,在打开的【画布大小】对话框中修改画布的宽度和高度参数,即可添加或移去当前图像周围的工作区。

具体操作步骤如下:

① 打开素材文件夹中的图像文件“静物. jpg”,如图 3-2-35 所示。

② 执行【图像】→【画布大小】命令,打开【画布大小】对话框。

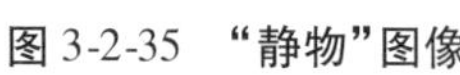
图 3-2-35 “静物”图像

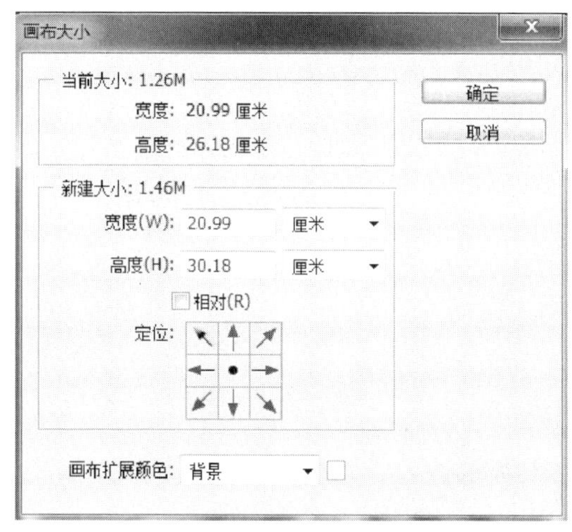

图 3-2-36 【画布大小】对话框

③【当前大小】选项组内显示了当前图像宽度和高度的实际尺寸以及文档的实际大小。在【新建大小】选项组的【宽度】和【高度】文本框中输入新画布的尺寸,如图 3-2-36 所示。

如果选中【相对】复选框,【宽度】和【高度】文本框中的数值将代表实际增加或者减少的区域的大小,而不再代表整个文档的大小。输入正值可增大画布,输入负值则缩小画布。这里输入正值。

④ 单击【定位】选项内的方格，指示当前图像在新画布上的位置，如图 3-2-37 所示。如果单击中间的方格，可增大或缩小图像四周的画布；单击上面的方格，可增大或缩小图像下面的画布；单击左侧的方格，则增大或缩小右侧的画布；其他依此类推。在【画布扩展颜色】选项内可选择一种画布颜色，在下拉列表中选择【其它...】，单击此选项右侧的白色方形，打开【拾色器（画布扩展颜色）】对话框，设置画布的颜色，如图 3-2-38 所示。

⑤ 单击【确定】按钮，即可增大画布，如图 3-2-39 所示。

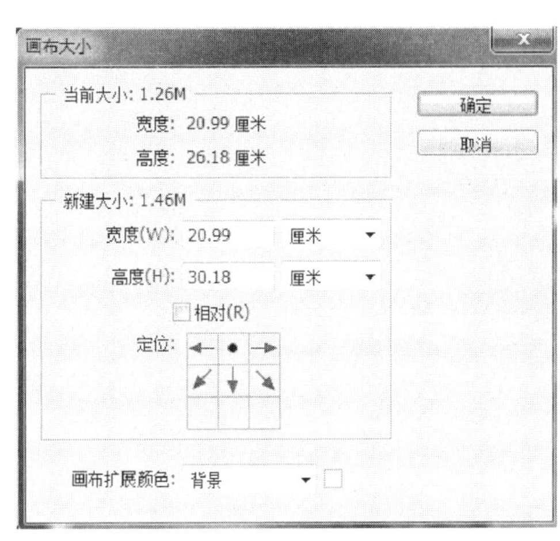

图 3-2-37 改变定位

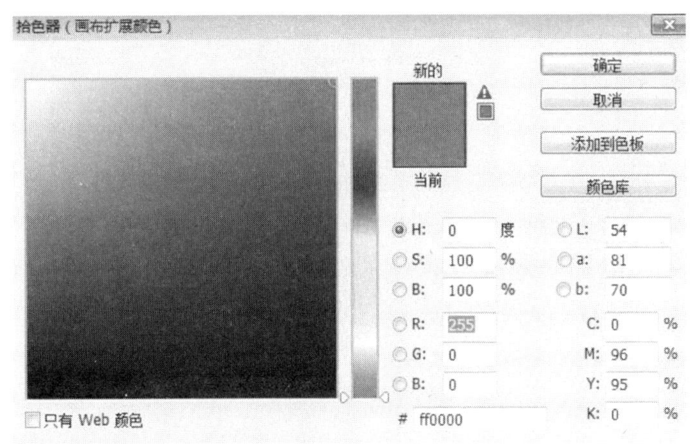

图 3-2-38 改变画布扩展颜色

图 3-2-39 增大画布后的效果图

知识点 7：变换对象

利用 Photoshop CS6 中的变换功能可对图像进行缩放、旋转、斜切、伸展或变形处理。可以向选区、图层或图层蒙版应用变换，还可以向路径、矢量形状、矢量蒙版或 Alpha 通道应用变换。

1. 【变换】菜单命令

【编辑】→【变换】下拉菜单中包含了用于变换操作的各种命令，如图 3-2-40 所示。选择其中的【缩放】、【旋转】、【斜切】、【扭曲】、【透视】命令时，会在对象上显示定界框，调整定界框和控制点可以变换对象，变换方法与自由变换的方法相同，但不需要按下快捷按键。

- 再次：如果对对象应用了一次变换，则此命令可用。执行【再次】命令，可以再次对对象应用上一次使用的变换。可以连续执行该命令，或者可以连续按下【Shift】+【Ctrl】+【T】快捷键来操作。
- 缩放：可以对图像进行放大或缩小操作，如图 3-2-41 所示，拖动任意一个角的控制点即可进行图像的缩放。

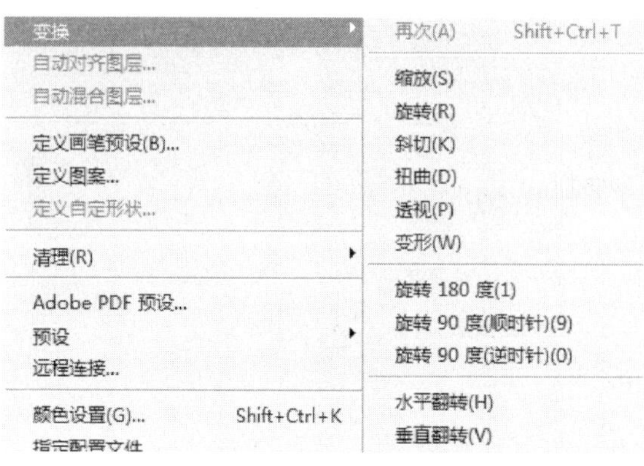

图 3-2-40 【变换】下拉菜单

图 3-2-41 缩放图像

• 【旋转】与【斜切】:拖动变换框的任意控制点即可进行旋转与斜切操作,如图 3-2-42、图 3-2-43 所示。

图 3-2-42 旋转图像

图 3-2-43 斜切图像

• 【扭曲】与【透视】:拖动变换框的任意控制点,即可对图像做扭曲与透视处理,如图 3-2-44、图 3-2-45 所示。

图 3-2-44 扭曲图像

图 3-2-45 对图像进行透视处理

图 3-2-46　显示变形网格

• 变形：选择此命令时，会在图像上显示出变形网格，如图 3-2-46 所示。此时可在工具属性栏中的【变形】下拉列表中选取一种变形样式，对图像进行变形，如图 3-2-47 所示。也可以拖动网格内的控制点、线条或区域，更改外框和网格的形状，创建自定义的变形效果，如图 3-2-48 所示。

• 【旋转 180 度】、【旋转 90 度（顺时针）】、【旋转 90 度（逆时针）】：选择【旋转 180 度】命令，对象可旋转半圈；选择【旋转 90 度（顺时针）】命令，对象可顺时针旋转 1/4 圈；选择【旋转 90 度（逆时针）】命令，对象可逆时针旋转 1/4 圈。

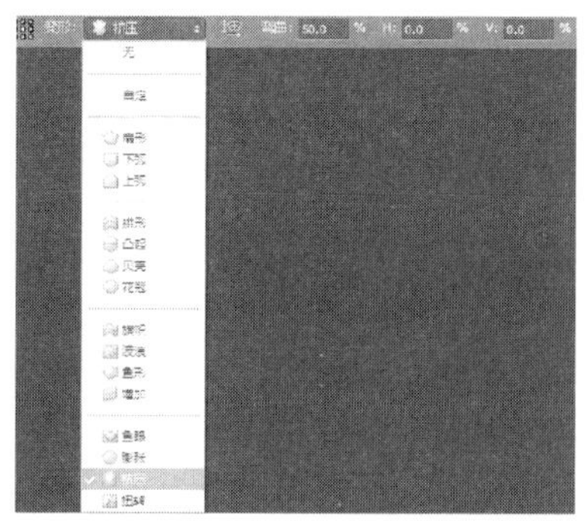
图 3-2-47　【变形】下拉列表

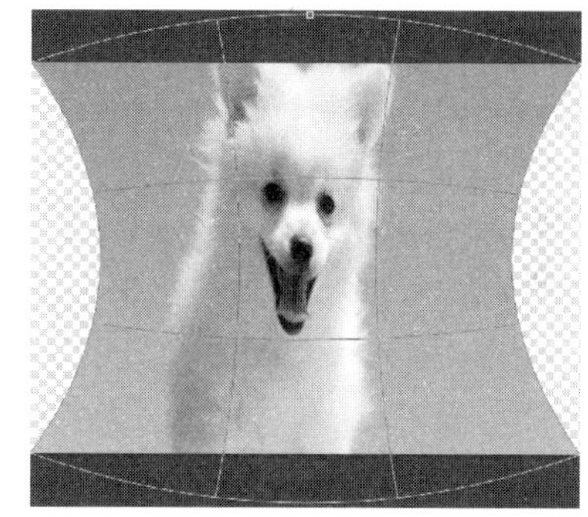
图 3-2-48　创建自定义的变形效果

• 【水平翻转】与【垂直翻转】：可以沿水平或者垂直方向翻转对象。得到的效果如图 3-2-49 所示。

（a）原图

（b）水平翻转的效果

（c）垂直翻转的效果

图 3-2-49　翻转的效果

2.【自由变换】菜单命令

在进行自由变换时，不必选取其他命令，只需在键盘上按住相应的快捷键，即可在变换类型之间进行切换。

（1）【自由变换】属性栏。

执行【编辑】→【自由变换】命令时，工具属性栏中会显示变换选项，如图 3-2-50 所示。通过设置选项可以精确地变换对象。

X: 273.00 像素　Y: 188.00 像素　W: 100.00%　H: 100.00%　△ 0.00 度　H: 0.00 度　V: 0.00 度　插值: 两次立方

图 3-2-50　【自由变换】属性栏

• 参考点位置：在进行变换操作时，所有的变换都围绕一个称为参考点的固定点来进行。在默认情况下，这个点位于正在变换的对象的中心，如图3-2-51所示。如果要改变参考点的位置，可以单击选项栏中的。如果要将参考点移动到定界框的左上角，可以单击左上角的方块，如图3-2-52所示，也可以将中心点移动到其他位置。

图3-2-51　参考点位置在对象的中心

图3-2-52　改变参考点位置

• 【X：】（设置参考点的水平位置）、【Y：】（设置参考点的垂直位置）：在【X：】文本框中输入数值，可以沿水平方向移动对象；在【Y：】文本框中输入数值，可以沿垂直方向移动对象。如果要相对于当前位置指定新位置，可以单击这两个选项中间的【使用参考点相关定位】按钮。

• 【W：】（设置水平缩放）、【H：】（设置垂直缩放）：在【W：】文本框内输入数值，可以改变对象的宽度；在【H：】文本框内输入数值，可以改变对象的高度。如果想要进行等比缩放，可单击这两个选项中间的【保持长宽比】按钮。

• 旋转：如果要精确旋转对象，可以在此选项内输入旋转角度。

• 【H：】（设置水平斜切）、【V：】（设置垂直斜切）：如果要对图像进行水平和垂直方向的斜切，可以在【H：】和【V：】文本框中输入数值。

• 变形模式：单击此按钮，可以切换到变形模式，对象上会出现变形网格，编辑变形网格可以进行变形操作。如果要切换回自由变换模式，再次单击此按钮即可。

• 进行变换：如果要确认变换操作，可以单击按钮，或者按下回车键。

• 取消变换：如果要取消变换操作，可以单击按钮，或者按下【Esc】键。

（2）【自由变换】命令。

选择【自由变换】命令，当前图像上会显示出一个定界框，如图3-2-53所示。调整定界框的控制点并配合相应的按键即可变换对象。

图3-2-53　选择【自由变换】命令后的图像效果

• 缩放：将光标移至定界框的控制点上，当光标显示为、、、状时，单击并拖动鼠标可缩放对象，如图3-2-54所示。如果拖动时按住【Shift】键，则可以进行等比缩放。

图 3-2-54 缩小图像

图 3-2-55 等比缩放图像

- 旋转:将光标移至定界框外,当光标显示为 ↰ 状时,单击并拖动鼠标可以旋转对象,如图 3-2-55 所示。如果拖动时按住【Shift】键,可将旋转限制为按 15°增量进行。
- 斜切:将光标移至定界框的控制上,按住【Shift】+【Ctrl】键,当光标显示为 状时,单击并拖动鼠标可沿水平方向斜切对象,如图 3-2-56 所示;当光标显示 状时,可沿垂直方向斜切对象,如图 3-2-57 所示。

图 3-2-56 斜切图像

图 3-2-57 垂直斜切图像

- 扭曲:将光标移至定界框的控制点上,按住【Ctrl】键,当光标显示为 状,单击并拖动鼠标可扭曲对象,如图 3-2-58、图 3-2-59 所示。

图 3-2-58 扭曲图像效果图 1

图 3-2-59 扭曲图像效果图 2

- 透视:将光标移至定界框的控制点上,按住【Shift】+【Ctrl】+【Alt】组合键,单击并拖动鼠标可以对对象进行透视变换,如图 3-2-60、图 3-2-61 所示。

图 3-2-60　透视变换图像效果图 1

图 3-2-61　透视变换图像效果图 2

知识点 8：操控变形

操控变形功能提供了一种可视的网格，借助该网格，可以在随意地扭曲特定图像区域的同时保持其他区域不变。

除了图像图层、形状图层和文本图层之外，还可以向图层蒙版和矢量蒙版应用操控变形。

在拍摄过程中，若发现拍摄效果不理想，在后期可以利用 Photoshop CS6 的操控变形功能对照片中的人物姿势进行适当的处理。

知识点 9：内容识别比例

内容识别比例可在不更改重要可视内容（如人物、建筑、动物等）的情况下调整图像大小。常规缩放在调整图像大小时会统一影响所有像素，而内容识别比例主要影响没有重要可视内容的区域中的像素。内容识别缩放可以放大或缩小图像以改善合成效果、适合版面或更改方向。如果要在调整图像大小时使用一些常规缩放，则可以指定内容识别缩放与常规缩放的比例。

如果要在缩放图像时保留特定的区域，内容识别比例允许在调整大小的过程中使用 Alpha 通道来保护内容。

内容识别比例适用于处理图层和选区。图像可以是 RGB、CMYK、Lab 和灰度颜色模式以及所有位深度。内容识别缩放不适用于处理调整图层、图层蒙版、各个通道、智能对象、3D 图层、视频图层、图层组，或者同时处理多个图层。

以往我们只可用特殊照相机或复杂的全幅照片方法制作，现在使用 Photoshop CS6 的内容识别比例功能就可以实现了。原图如图 3-2-62 所示，长幅照片的效果图如图 3-2-63 所示。

图 3-2-62　原图

图 3-2-63 长幅照片的效果图

具体操作步骤如下：

① 打开素材文件夹中的照片，双击【图层】，把背景层转化为普通图层，【图层】面板如图 3-2-64 所示。

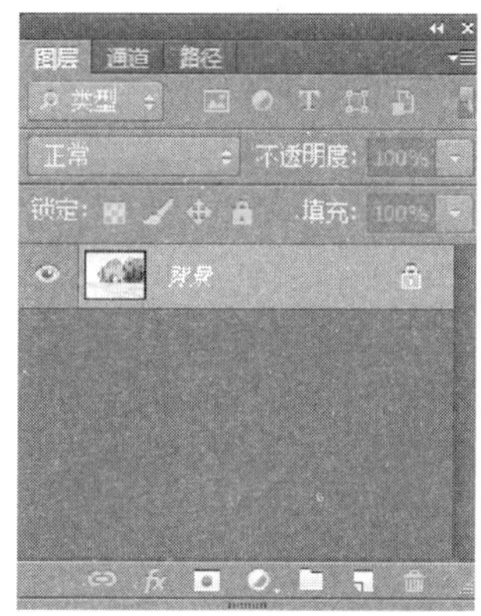

图 3-2-64 【图层】面板

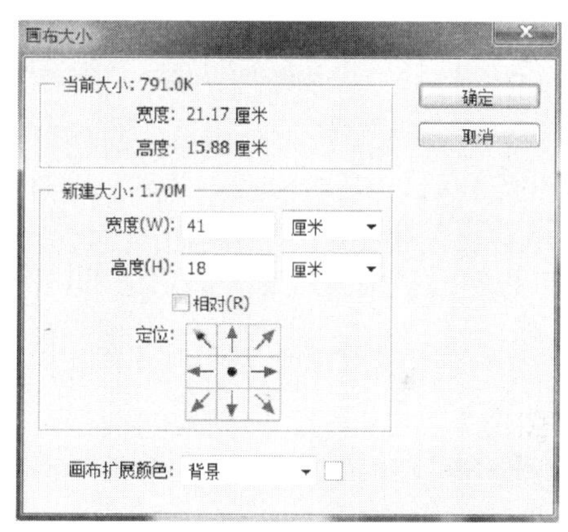

图 3-2-65 【画布大小】对话框

② 改变图片的画布大小，执行【图像】→【画布大小】命令，打开【画布大小】对话框，将宽度设为 41 厘米，高度设为 18 厘米，如图 3-2-65 所示。

③ 在左边用【矩形选框工具】画出一个矩形范围，执行【编辑】→【内容识别比例】命令，往左边直接拉伸，如图 3-2-66 所示。

图 3-2-66 左边拉伸的效果图

④ 在右边用【矩形选框工具】画出一个矩形范围，执行【编辑】→【内容识别比例】命令，往右边直接拉伸，如图 3-2-67 所示。

⑤ 保存文件。

图 3-2-67　右边拉伸的效果图

任务三　删除多余的物体

【任务引入】

拍照时，很多时候会出现无关的物体，这样拍出来的照片总感觉不太满意。小红就遇到了这样的事情，她拍了一张景物照片，发现照片的右下角有多余的物体，小红想删除它，请你帮她完成。

【任务分析】

本任务可使用【仿制图章工具】或者【内容感知移动工具】实现。

【任务实施】

原图如图 3-3-1 所示，效果图如图 3-3-2 所示。

图 3-3-1　原图

图 3-3-2　修复后的效果图

方法一：使用【仿制图章工具】删除多余的物体。

具体操作步骤如下：

① 执行【文件】→【打开】命令，打开素材图片，如图 3-3-1 所示。

② 在 Photoshop CS6 工具箱中选择【缩放工具】，将要去除的物体局部放大，以便于处理，如图 3-3-3 所示。

图 3-3-3　局部放大图片

③ 在 Photoshop CS6 工具箱中选择【仿制图章工具】，设置其属性栏相应的参数，如图 3-3-4 所示。

图 3-3-4　【仿制图章工具】属性栏

④ 在图像完好部分按下【Alt】键创建修复源，在多余的物体上涂抹，如图 3-3-5 所示。

⑤ 经过涂抹后，去除多余背景杂物，再使用【缩放工具】将图像缩小，即可得到 Photoshop CS6 最终效果，效果图如图 3-3-2 所示。

图 3-3-5　修复部分图像

图 3-3-6　建立选区

方法二：使用【内容感知移动工具】删除多余的物体。

具体操作步骤如下：

① 执行【文件】→【打开】命令，打开素材图片，如图 3-3-1 所示。

② 在 Photoshop CS6 工具箱中选择【缩放工具】，将要去除的物体局部放大，以便于处理。

③ 在 Photoshop CS6 工具箱中选择【内容感知移动工具】，在需要去除的物体上建立选区，如图 3-3-6 所示。

④ 按键盘上的【Del】键，弹出【填充】对话框，如图 3-3-7 所示，单击【确定】按钮，多余的物体即被去除，如图 3-3-8 所示。

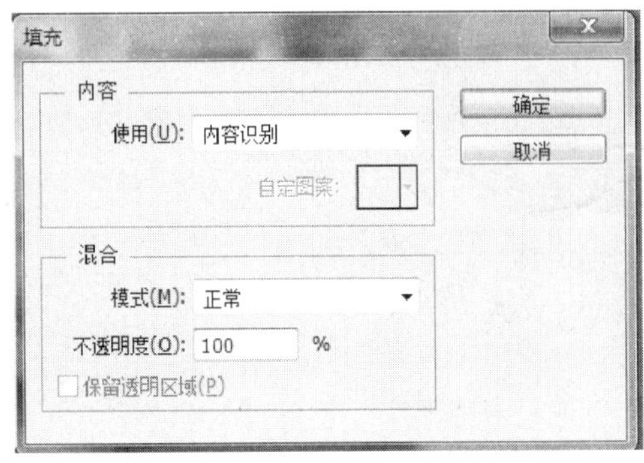

图 3-3-7 【填充】对话框

图 3-3-8 删除多余物体的局部图

⑤ 按【Ctrl】+【D】取消选区，再使用【缩放工具】将图像缩小，即可得到如图 3-3-2 所示的 Photoshop CS6 最终效果。

【相关知识】

图像修饰工具包括【修复画笔工具】组、【图案图章工具】组、【橡皮擦工具】组、【涂抹工具】组和【海绵工具】组。使用它们可以修复和修饰照片或图像。

知识点 1：仿制图章工具

【仿制图章工具】对于复制对象或去除图像中的缺陷很有用。选择【仿制图章工具】后，按住【Alt】键在图像中单击，可以从图像中取样，如图 3-3-9 所示。取样后，在画面拖动鼠标涂抹可以复制取样内容，如图 3-3-10 所示。

图 3-3-9 按住【Alt】键单击取样

图 3-3-10 复制图像

如图 3-3-11 所示为【仿制图章工具】属性栏，其中的【画笔】、【模式】、【不透明度】、【流量】和【喷枪】等选项与【画笔工具】中相应选项的功能相同。

图 3-3-11 【仿制图章工具】属性栏

- 对齐：选中此复选框，在连续对像素进行取样时，即使释放鼠标按钮，也不会丢失当前取样点。如果取消选中【对齐】复选框，则会在每次停止并重新开始绘制时使用初始取样点中的样本像素。

● 样本:从指定的图层中进行数据取样。要从现用图层及其下方的可见图层中取样，选择【当前和下方图层】;要仅从现用图层中取样,选择【当前图层】;要从所有可见图层中取样,选择【所有图层】; 要从调整图层以外的所有可见图层中取样,选择【所有图层】,然后单击【取样】→【忽略调整图层】图标。

知识点 2：图案图章工具

利用【图案图章工具】,可以对选择的图案或者自己创建的图案进行绘画。选择该工具后,在工具属性栏中选择一个图案,然后在画面中拖动鼠标即可开始绘制。

如图 3-3-12 所示为【图案图章工具】属性栏。其中的多数选项都与【画笔工具】相应选项的功能相同。

图 3-3-12 【图案图章工具】属性栏

● 图案列表:单击按钮,可以在打开的下拉面板中选择一个图案。

● 对齐:选中【对齐】复选框,可以保持图案与原始起点的连续性,即使放开鼠标按键并继续绘画也不例外。取消选中【对齐】复选框,则可在每次停止并开始绘画时重新启动图案。

● 印象派效果:选中此复选框,可创建印象派效果的图案。

知识点 3：污点修复画笔工具

利用【污点修复画笔工具】,可以使用图像或图案中的样本像素进行绘画,并将样本像素的纹理、光照、透明度和阴影与所修复的像素相匹配。如图 3-3-13 所示为【污点修复画笔工具】属性栏。

图 3-3-13 【污点修复画笔工具】属性栏

● 模式:用来设置修复图像时使用的混合模式。如果选择【替换】,则可以在使用柔边画笔时,保留画笔描边的边缘处的杂色、胶片颗粒和纹理。

● 类型:可以选择一种修复的方法。确定样本像素有【近似匹配】、【创建纹理】和【内容识别】三种类型。选择【近似匹配】,如果没有为污点建立选区,则样本自动采用污点外部四周的像素; 如果选中污点,则样本采用选区外围的像素。选择【创建纹理】,则使用选区中的所有像素创建一个用于修复该区域的纹理,如果纹理不起作用,可以再次拖过该区域。选择【内容识别】,则比较附近的图像内容,不留痕迹地填充选区,同时保留图像的关键细节,如阴影和对象边缘。

【污点修复画笔工具】的使用方法如下:

① 打开素材文件夹中要修复的图片,如图 3-3-14 所示。

② 选择【污点修复画笔工具】,然后在属性栏中选取比要修复的区域稍大一点的画笔笔尖。

③ 在要处理的污点的位置单击或拖动即可去除污点,如图 3-3-15 所示。

图 3-3-14 修复前的照片

图 3-3-15 修复后的照片

注意： 由于该工具是根据涂抹时修补画笔所覆盖的图像区域来决定如何修补破损点的，因此，画笔不宜太大，只需比破损点稍大一点即可。

知识点 4：修复画笔工具

【修复画笔工具】可用于校正瑕疵，使它们消失在周围的图像中。与【仿制图章工具】一样，【修复画笔工具】可以使用图像或图案中的样本像素来绘画，但此工具能够将样本像素的纹理、光照、透明度和阴影与所修复的像素进行匹配，从而使修复后的图像无人工痕迹。

如图 3-3-16 所示为【修复画笔工具】属性栏。其中，【对齐】和【样本】选项与【仿制图章工具】相应选项的功能相同。

图 3-3-16 【修复画笔工具】属性栏

- 画笔：设置画笔大小、硬度、间距等。
- 模式：设置克隆后的像素与原图像的色彩混合模式。
- 源：用来指定用于修复像素的源。选择【取样】单选项后，可按住【Alt】键在图像上单击进行取样，然后在需要修复的区域拖动鼠标进行涂抹即可；选中【图案】单选项后，可从此选项右侧的图案下拉菜单中选择一个图案，此时在图像中直接单击并拖动鼠标即可绘制图案。
- 对齐：选中此复选框，会对像素进行连续取样，在修复图像时，取样点随修复位置的移动而变化；若取消选中此复选框，则会在每次停止并重新开始绘制时使用初始取样点中的样本像素。

知识点 5：修补工具

通过使用【修补工具】，可以用其他区域或图案中的像素来修复选中的区域。像【修复画笔工具】一样，【修补工具】会将样本像素的纹理、光照和阴影与源像素进行匹配。【修补工具】还可以仿制图像的隔离区域。

如图 3-3-17 所示为【修补工具】属性栏。

图 3-3-17 【修补工具】属性栏

• 选区按钮：单击【新选区】按钮，拖动鼠标可以创建一个新的选区；单击【添加到选区】按钮，可在当前选区上添加新的选区；单击【从选区减去】按钮，可在现有的选区中减去当前绘制的选区；单击【与选区交叉】按钮，只保留原来的选区与当前创建的选区相交的部分。

• 修补：选中【源】单选项，然后将选区边框拖动到想要从中进行取样的区域，松开鼠标左键后，原来选中的区域会被使用的样本像素修补；选择【目标】，然后将选区边框拖动到要修补的区域，松开鼠标左键时，将使用样本像素修补新选定的区域。

• 使用图案：当使用【修补工具】在图像中创建一个选区后，可激活【使用图案】选项。在图案下拉菜单中选择一个图案后，单击【使用图案】按钮，可以使用图案填充选定的区域。

修补工具的使用方法如下：

① 将鼠标移动到图片文档窗口，此时，鼠标变形为一个带有小钩的补丁形状，使用其绘制一个区域将污点包围。

② 将鼠标移动到刚才所绘制的源区域中，当鼠标变形时，按住鼠标左键拖动选区到用于修补的区域，松开鼠标左键后，选区自动回到源区域。

注： 利用【修补工具】可以精确地针对某一个区域用样本或图案进行修复，比【修复画笔工具】更为快捷方便，所以通常使用此工具对照片、图像进行精处理。

下面我们就通过具体实例的操作，使用【修补工具】去除白云。

具体操作步骤如下：

① 打开要修复的图片，如图 3-3-18 所示。

② 在工具箱中选择【修补工具】，如图 3-3-19 所示。

③ 在【修补工具】属性栏中选中【源】单选项。移动鼠标指针到目标区域上并将要修补的区域框选出来，如图 3-3-20 所示。

图 3-3-18 修复前的图片

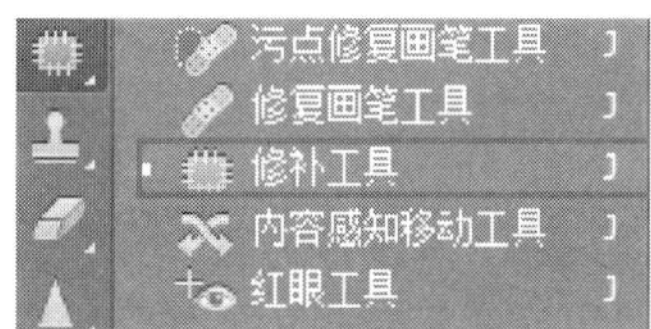

图 3-3-19 选择【修补工具】

④ 移动鼠标指针到选区内，然后按住鼠标左键向颜色较近的地方拖动，松开鼠标左键后即可将目标区域的白云修补好，这样比用【修补工具】修补快多了，如图 3-3-21 所示。

⑤ 按【Ctrl】+【D】组合键取消选择，可得到如图 3-3-22 所示的效果。

图 3-3-20　选中受损区域

图 3-3-21　拖曳鼠标

图 3-3-22　修复后的图片

知识点6：内容感知移动工具

【内容感知移动工具】是 Photoshop CS6 新增的一个功能，与【污点修复画笔工具】、【修复画笔工具】、【修补工具】和【红眼工具】合并在一个工具箱中。【内容感知移动工具】可以快速地移动或复制物体，移动或复制后的边缘会自动进行柔化处理，以便和周围的环境完美地融合在一起。

【内容感知移动工具】属性栏如图 3-3-23 所示。

模式：移动　适应：中　对所有图层取样

图 3-3-23　【内容感知移动工具】属性栏

应用【内容感知移动工具】时，【新选区】、【添加到选区】、【从选区减去】、【与选区交叉】按钮一般不常用，而【模式】与【适应】选项是必用的选项。

- 模式：用来选择图像移动方式，包括【移动】和【扩展】。
- 适应：用来设置图像修复精度。其下拉列表中包含【非常严格】、【严格】、【中】、【松散】、【非常松散】选项。这些选项的作用都是控制移动目标边缘与周围环境融合程度的，可以理解为融合程度的强度。
- 对所有图层取样：如果文档中包含多个图层，勾选此复选框，可以对所有图层中的图像进行取样。

【内容感知移动工具】有两大作用：移动与复制。

下面我们就通过具体实例的操作，使用【内容感知移动工具】移动图像。

具体操作步骤如下：

① 打开一个图像文件，如图 3-3-24 所示。

② 在工具箱中选择【内容感知移动工具】，如图 3-3-25 所示。

图 3-3-24 “足球”图片

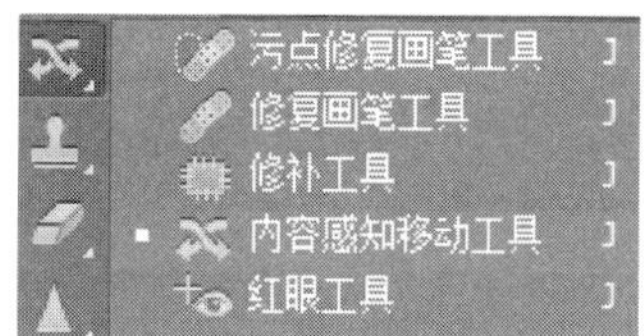

图 3-3-25 选择【内容感知移动工具】

③ 在属性栏中将【模式】设置为【移动】。

④ 在图像中按下鼠标左键，不要松开，然后拖动鼠标创建选区，将足球选中，如图 3-3-26 所示。

图 3-3-26 创建足球选区

图 3-3-27 移动足球位置

提示：创建选区的方法类似于【索套工具】。

⑤ 将光标移动到选区内，按下鼠标左键，不要松开，然后拖动鼠标，即可将足球移动到另外的位置，如图 3-3-27 所示。

⑥ 释放鼠标左键，即可移动足球，然后按下【Ctrl】+【D】组合键取消选区。移动后的效果图如图 3-3-28 所示。

利用【内容感知移动工具】，也可以实现复制的功能。

如果选择【扩展】，则是复制选择的物体，如图 3-3-29 所示。

图 3-3-28 移动后的效果图

图 3-3-29 复制足球后的效果图

知识点7：红眼工具

使用【红眼工具】可以去除人物或动物在闪光照片中的红眼。

如图 3-3-30 所示为【红眼工具】属性栏。

瞳孔大小：50%　变暗量：50%

图 3-3-30　【红眼工具】属性栏

- 瞳孔大小：增大或减小受红眼工具影响的区域。
- 变暗量：设置校正的暗度。

许多朋友日常生活中用数码相机拍照时会发现，在拍摄的数码相片中，人物的眼睛有时会出现红眼现象，这让照片看起来很不美观。下面我们就通过具体实例的操作，用【红眼工具】快速消除红眼。

具体操作步骤如下：

① 打开要处理红眼的图片，如图 3-3-31 所示。

图 3-3-31　要处理红眼的图片

② 在 RGB 颜色模式下，选择【红眼工具】，在要处理的红眼位置进行拖拉，即可去除红眼。如果对结果不满意，可以还原修正，在属性栏中设置选项，然后再次单击红眼。

③ 保存文件。

注：红眼是由于照相机闪光灯在主体视网膜上反光引起的。在光线暗淡的房间里照相时，由于主体的虹膜张开，会频繁地看到红眼。为了避免红眼，可以使用照相机的红眼消除功能。最好使用可安装在相机上远离相机镜头位置的独立闪光装置。

知识点8：颜色替换工具

【颜色替换工具】能够简化图像中特定颜色的替换工作，可以使用校正颜色在目标颜色上绘画。该工具不适用于位图、索引或多通道颜色模式的图像。如图 3-3-32 所示为原图像，如图 3-3-33 所示为替换颜色后的效果。

图 3-3-32　原图像

图 3-3-33　替换颜色后的效果

如图3-3-34所示为【颜色替换工具】属性栏。

图3-3-34 【颜色替换工具】属性栏

• 取样:用来设置颜色取样的方式。单击【取样:连续】图标,在拖移鼠标时可连续对颜色取样;单击【取样:一次】图标,替换包含第一次单击的颜色区域中的目标颜色;单击【取样:背景色板】图标,只替换包含当前背景色的区域。

• 限制:选择【不连续】,可替换出现在光标下任何位置的样本颜色;选择【连续】,可替换与当前光标下的颜色邻近的颜色;选择【查找边缘】,可替换包含样本颜色的连续区域,同时可更好地保留形状边缘的锐化程度。

• 容差:用来设置工具的容差。采用较低的百分比,可以替换与单击点像素非常相似的颜色。

• 消除锯齿:选中此复选框,可以为所校正的区域定义平滑的边缘。

知识点9:涂抹工具

利用【涂抹工具】涂抹图像时,可拾取鼠标单击点的颜色,并沿拖移的方向展开这种颜色。这款工具的效果有点类似用刷子在颜料没有干的油画上涂抹,产生刷子划过的痕迹。涂抹的起始点颜色会随着涂抹工具的滑动而延伸。【涂沫工具】属性栏如图3-3-35所示。

图3-3-35 【涂抹工具】属性栏

手指绘画:选中此复选框,可以使用每个描边起点处的前景色进行涂抹;若取消选中此复选框,则使用每个描边的起点处光标所在位置的颜色进行涂抹。其他选项与【模糊工具】和【锐化工具】选项的功能相同。

知识点10:模糊工具

【模糊工具】可以柔化图像的边界,减少图像的细节。

【模糊工具】属性栏如图3-3-36所示。

图3-3-36 【模糊工具】属性栏

• 强度:表示工具的使用效果,强度越大则工具的效果越明显。

• 对所有图层取样:选中此复选框,在操作过程中就不会受不同图层的影响。

知识点11:锐化工具

【锐化工具】用于增加边缘的对比度以增强外观上的锐化程度。用此工具在某个区域上方绘制的次数越多,增强的锐化效果就越明显。

【锐化工具】属性栏如图3-3-37所示,【锐化工具】和【模糊工具】的属性栏很相似,只是多了【保护细节】这个选项。

图 3-3-37 【锐化工具】属性栏

- 对所有图层取样：以使用所有可见图层中的数据进行锐化处理。如果取消选择该选项，则该工具只使用现有图层中的数据。
- 保护细节：可以增强细节并使因像素化而产生的不自然感最小化。如果想要夸张的锐化效果，可取消选中此复选框。

知识点 12：减淡工具

【减淡工具】用于使图像区域变亮。用【减淡工具】在某个区域上方绘制的次数越多，该区域就会变得越亮。

【减淡工具】属性栏如图 3-3-38 所示。

图 3-3-38 【减淡工具】属性栏

- 范围：可以选择【阴影】、【中间调】和【高光】，分别进行减淡处理。选择【中间调】，更改灰色的中间范围。选择【阴影】，更改暗区域。选择【高光】，更改亮区域。
- 曝光度：控制【减淡工具】的使用效果，曝光度越高，效果越明显。
- 喷枪 ：激活该按钮，可以使【减淡工具】具有喷枪的效果。
- 保护色调：选中此复选框，表示最小化阴影和高光中的修剪。该选项还可以防止颜色发生色相偏移。

图 3-3-39 为对图像做减淡处理前后的效果图比较。

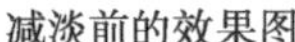

减淡前的效果图

减淡后的效果图

图 3-3-39 对图像做减淡处理前后的效果图比较

知识点 13：加深工具

【加深工具】用于使图像区域变暗。用【加深工具】在某个区域上方绘制的次数越多，该区域就会变得越暗。其属性栏与【减淡工具】属性栏相同。图 3-3-40 为对图像使用加深处理前后的效果图比较。

加深前的图像

加深后的图像

图 3-3-40 对图像做加深处理前后的效果图比较

知识点 14：海绵工具

使用【海绵工具】可精确地更改区域的色彩饱和度。在灰度模式下，该工具通过将灰阶远离或靠近中间灰色来增加或降低对比度。

【海绵工具】属性栏如图 3-3-41 所示。

图 3-3-41 【海绵工具】属性栏

- 模式：该下拉列表框包含两个内容，【增加饱和度】选项将增加颜色饱和度，【降低饱和度】则减少颜色饱和度。
- 流量：用来控制和降低饱和度的程度。
- 自然饱和度：选中此复选框，表示最小化完全饱和色或不饱和色的修剪。

【海绵工具】的使用方法如下：

① 选择【海绵工具】。

② 在属性栏中选取画笔笔尖并设置画笔选项。

③ 在属性栏中，从【模式】下拉列表中选取更改颜色的方式。

④ 为【海绵工具】指定流量。

⑤ 选中【自然饱和度】复选框，以最小化完全饱和色或不饱和色的修剪。

⑥ 在要修改的图像部分拖动鼠标即可。

复习与思考

一、单选题

1. 在使用【仿制图章工具】时，按住(　　)并单击可以定义原始图像。

A. 【Alt】键　　B. 【Ctrl】键

C. 【Shift】键　　D. 【Alt】+【Shift】组合键

2. 使用【减淡工具】是为了(　　)。

A. 使图像中某些区域变暗　　B. 删除图像中的某些像素

C. 使图像中某些区域变亮　　D. 使图像中某些区域的饱和度增加

3. 下列对【模糊工具】功能的描述正确的是(　　)。
   A.【模糊工具】只能使图像的一部分边缘模糊
   B.【模糊工具】的强度是不能调整的
   C.【模糊工具】可降低相邻像素的对比度
   D. 如果在有图层的图像上使用【模糊工具】,只有所选中的图层才会起变化
4. 下列可以减少图像的饱和度的工具是(　　)。
   A. 加深工具　　B. 锐化工具(正常模式)
   C. 海绵工具　　D. 模糊工具(正常模式)

二、多选题

1. 下列有关【修复画笔工具】的使用的描述正确的是(　　)。
   A.【修复画笔工具】可以修复图像中的缺陷,并能使修复的结果自然溶入原图像
   B. 在使用【修复画笔工具】的时候,要先按住【Ctrl】键来确定取样点
   C. 如果在两个图像之间进行修复,那么要求两幅图像具有相同的色彩模式
   D. 在使用【修复画笔工具】的时候,可以改变画笔的大小
2. 下列关于【图像大小】命令的叙述正确的是(　　)。
   A. 使用【图像大小】命令,可以在不改变图像像素数量的情况下,改变图像的尺寸
   B. 使用【图像大小】命令,可以在不改变图像尺寸的情况下,改变图像的分辨率
   C. 使用【图像大小】命令,不可能在不改变图像像素数量及分辨率的情况下,改变图像的尺寸
   D. 使用【图像大小】命令,可以设置在改变图像像素数量时 Photoshop 计算插值像素的方式
3. 有关【裁剪工具】的使用,下列描述正确的是(　　)。
   A.【裁剪工具】可以按照你所设定的长度、宽度和分辨率来裁切图像
   B.【裁剪工具】只能改变图像的大小
   C. 单击工具选项栏上的【拉直】按钮后,可在画布中拖动,以校正照片的倾斜问题
   D. 要想取消裁剪框,可以按键盘上的【Esc】键
4. 下面有关【仿制图章工具】的使用的描述正确的是(　　)。
   A.【仿制图章工具】只能在本图像上取样并用于本图像中
   B.【仿制图章工具】可以在任何一张打开的图像上取样,并用于任何一张图像中
   C.【仿制图章工具】一次只能确定一个取样点
   D. 在使用【仿制图章工具】的时候,可以改变画笔的大小

三、填空题

1. ____________________面板用于选择预设画笔和定义自定义画笔。
2. ____________________工具能够简化图像中特定颜色的替换。

四、操作题

1. 打开素材文件夹中的“复习与思考 3-1. jpg”图片，将多余的人物去除(图 1)。

(a) 原图

(b)效果图

图 1　人物图

2. 打开素材文件夹中的“复习与思考 3-2. jpg”图片，将日期去除(图 2)。

(a) 原图

(b) 效果图

图 2　风景图

项目四 图层

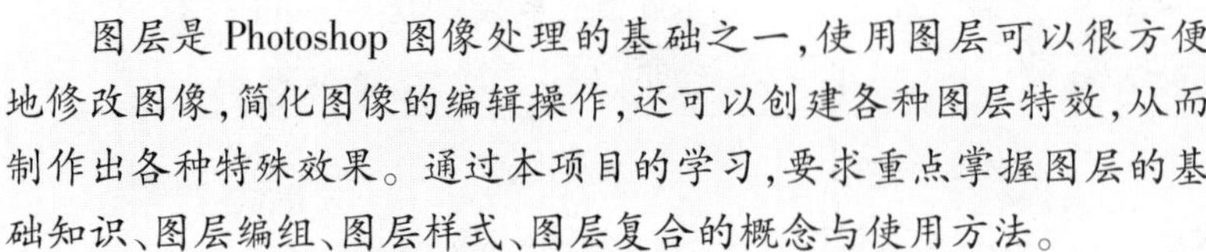

图层是 Photoshop 图像处理的基础之一,使用图层可以很方便地修改图像,简化图像的编辑操作,还可以创建各种图层特效,从而制作出各种特殊效果。通过本项目的学习,要求重点掌握图层的基础知识、图层编组、图层样式、图层复合的概念与使用方法。

任务一 绘制蓝天白云图

【任务引入】

春天到了,到处呈现生机勃勃的景色。你能利用已经掌握的绘图技巧,绘制一幅春天的景象吗?

【任务分析】

本任务通过【图层】面板,理解图层的概念及各图层之间的关系。

【任务实施】

具体操作步骤如下:

① 新建一个文件,尺寸设置为 400 ×400 像素,背景为白色,如图 4-1-1 所示。

② 单击【图层】面板上的【新建图层】按钮,在背景层之上新建一个透明图层,如图 4-1-2 所示。

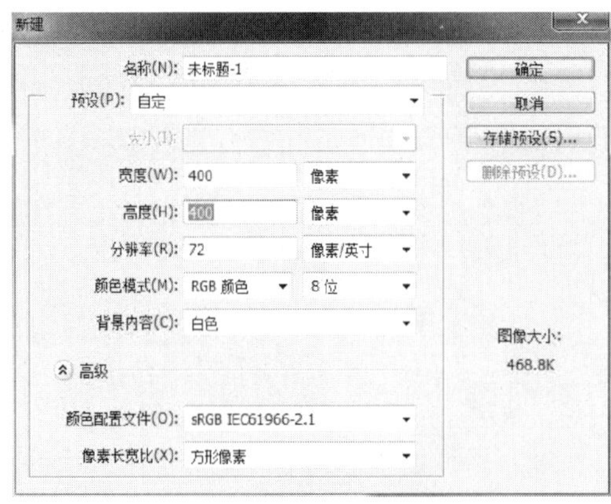

图 4-1-1 【新建】对话框

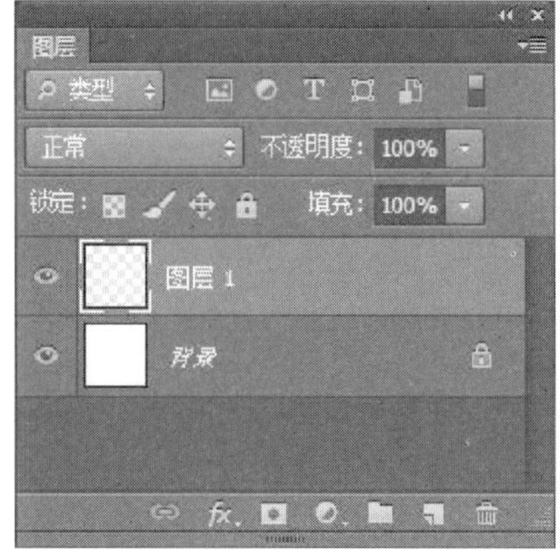

图 4-1-2 创建透明图层

③ 双击新图层名称，将图层名称修改为【天空】。

④ 设置前景色/背景色，并选择工具箱中的【渐变工具】，利用鼠标在画布中进行拖放（图 4-1-3），效果如图 4-1-4 所示。

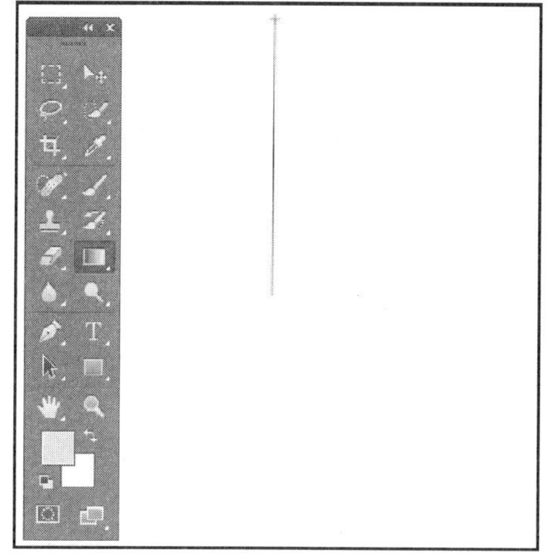

图 4-1-3　拖动鼠标

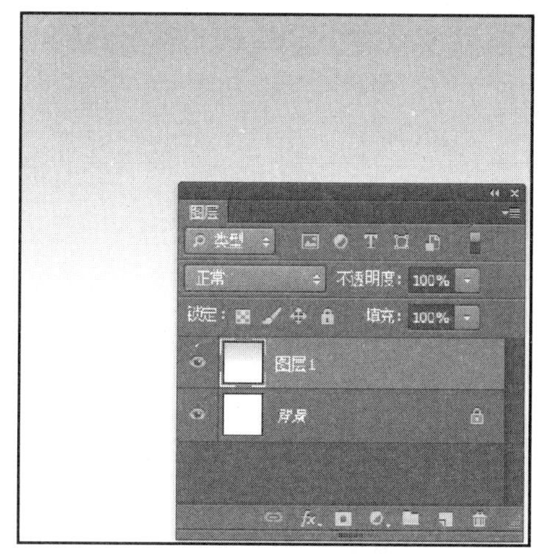

图 4-1-4　设置渐变效果

⑤ 按照步骤②、③新建图层，并将图层名称修改为【白云】。图层效果如图 4-1-5 所示。

⑥ 将前景色设置为白色，并选择工具箱中的【自定形状工具】，如图 4-1-6 所示。

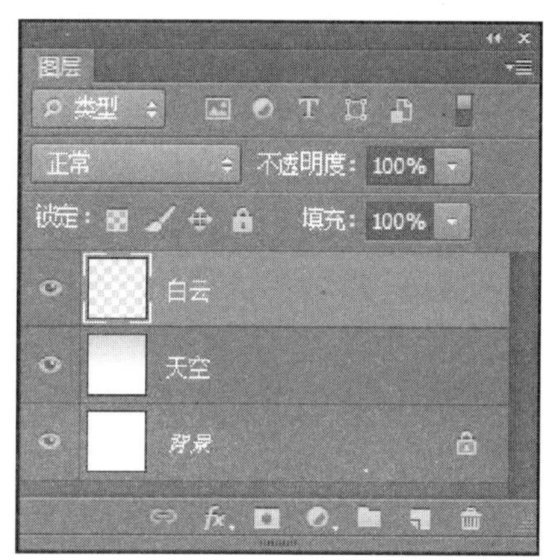

图 4-1-5　修改图层名称

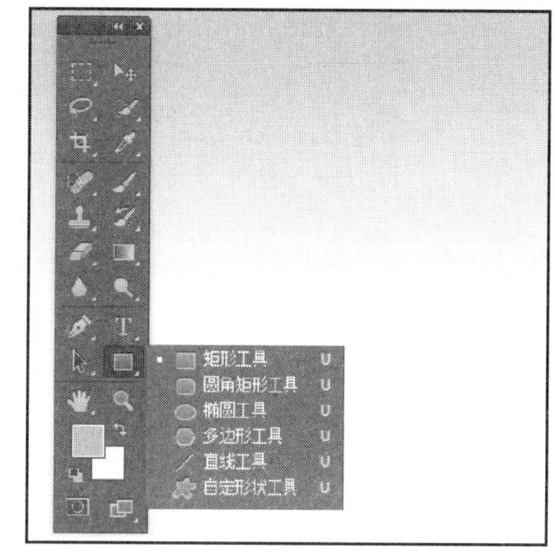

图 4-1-6　选择【自定形状工具】

⑦ 在【自定形状工具】属性栏中，将模式设置为【像素】，形状选择为【云彩 1】，如图 4-1-7 所示，拖动鼠标绘制白云图案。

⑧ 按照步骤②、③新建图层，并将图层名称修改为【草地】。选择工具箱中的【钢笔工具】，绘制如图 4-1-8 所示的闭合路径。

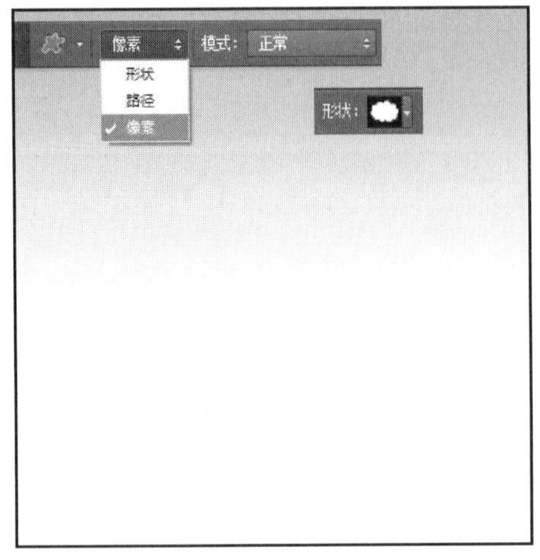

图 4-1-7 【自定形状工具】属性栏

图 4-1-8 绘制闭合路径

⑨ 在【路径】面板中右击,弹出快捷菜单,选择【填充路径】命令,用绿色填充当前路径,形成草地效果,如图 4-1-9 所示。

⑩ 依次新建图层,完成【大树】、【太阳】图层的制作,最终图层效果如图 4-1-10 所示。

图 4-1-9 使用【填充路径】命令

图 4-1-10 最终效果图及图层关系

【相关知识】

知识点 1:图层的概念

我们可以把图层比喻成一张张透明的纸,在多张纸上画了不同的东西,然后叠加起来,就是一副完整的画,通过图层的透明区域,可以看到下面的图层内容(图 4-1-10)。

图中的各种物体都在不同的图层中,这样可以方便地管理和编辑图像。可以移动图层上的内容,也可以更改图层的不透明度以使图层变得透明。编辑一个图层中的图像时,不会影响其他图层中的图像。

要注意的是,图层是有上下顺序的,上面的图层会遮住下面的图层。图中的物体,比如太阳,除了红色太阳的区域,其余部分是透明的,所以【太阳】图层下面的物体能够显示出来。

知识点 2：认识【图层】面板

【图层】面板上显示了图像中的所有图层、图层组和图层效果，我们可以使用【图层】面板上的各种功能来完成一些图像编辑任务。

当启动 Photoshop CS6 后，程序界面的默认状态下是显示【图层】面板的，若在界面上没有显示【图层】面板，可执行如下操作：选择【窗口】→【图层】命令或按【F7】键，可以显示【图层】面板（图 4-1-11），其中将显示当前图像的所有图层信息。

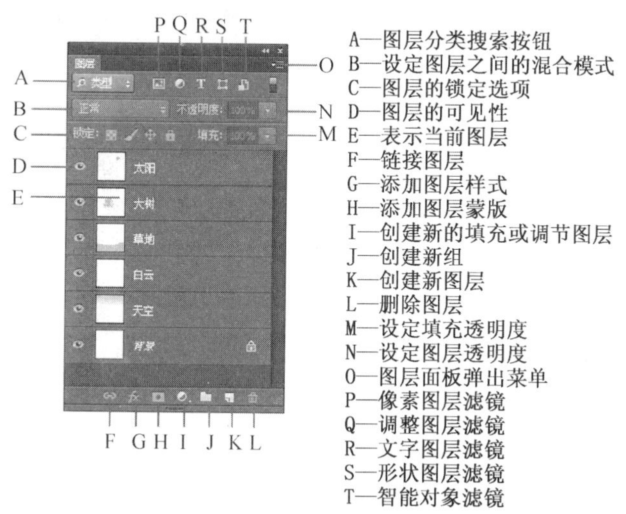

图 4-1-11 【图层】面板

知识点 3：图层的类型

在 Photoshop 中可以创建不同类型的图层，这些图层都有各自的功能和特点。

1. 从图层的可编辑性分类

如果从图层的可编辑性进行分类，可以将图层分为背景图层和普通图层，如图 4-1-12 所示。

使用白色背景或彩色背景创建图像时，会自动建立一个背景图层，这个图层是被锁定的，位于图层的最底层。一幅图像只能有一个背景图层，我们是无法改变背景图层的排列顺序的，同时也不能修改它的不透明度或混合模式。不过可以将背景图层转换为普通图层，然后更改这些属性。

如果按照透明背景方式建立新文件，图像就没有背景图层，最下面的图层不会受到功能上的限制。

2. 从图层的功能分类

如果从图层的功能上进行分类，可以将图层分为文字图层、形状图层、蒙版图层、填充图层、调整图层、智能对象图层、智能滤镜图层、3D 图层和视频图层（图 4-1-13）。

- 文字图层：在图像中输入文字时生成的图层，文字图层的缩略图显示为一个【T】标志。文字图层不能应用色彩调整和滤镜，也不能使用【绘画工具】进行编辑，如果要处理，要先将文字图层进行栅格化。具体方法：选择【图层】→【栅格化】→【文字】命令，可以将文字

图层栅格化。

- 形状图层：使用【钢笔工具】或【形状工具】时可以创建形状图层，形状图层包含定义形状颜色的填充图层以及定义形状轮廓的链接矢量蒙版，适用于创建 Web 图形。

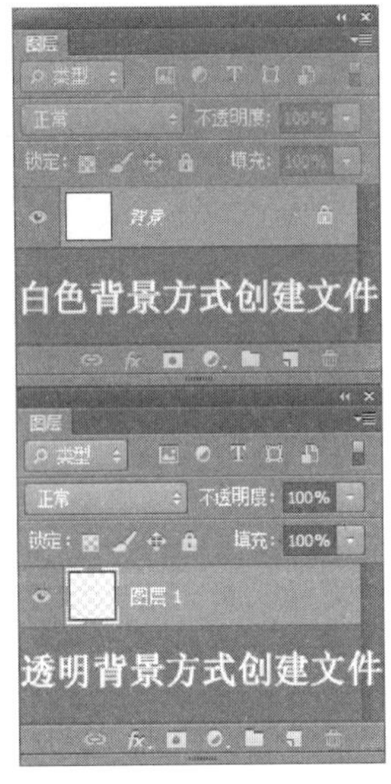

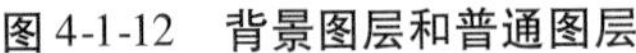

图 4-1-12　背景图层和普通图层

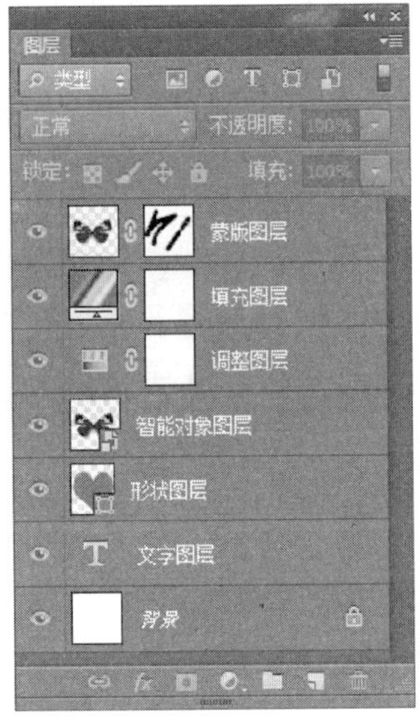

图 4-1-13　图层分类及其显示

- 蒙版图层：添加了图层蒙版的图层，使用蒙版可以显示或者隐藏部分图像。
- 填充图层：用纯色、渐变或图案填充的特殊图层。
- 调整图层：可将颜色和色调调整应用于图像，而不会永久更改像素值。
- 智能对象图层：智能对象是包含栅格或矢量图像中的图像数据的图层，智能对象将保留图像的源内容及其所有原始特性，从而让用户能够对图层执行非破坏性编辑。对智能对象图层放大/缩小之后，该图层的分辨率不会发生变化（普通图层缩小之后，再去放大变换，就会发生分辨率的变化）。智能对象图层有“跟着走”的说法，即一个智能图层上发生了变化，对应的【智能图层副本】也会发生相应的变化。
- 智能滤镜图层：在【滤镜】菜单中有【智能滤镜】选项。创建智能滤镜的同时，自动创建【智能图层】。创建智能滤镜之后，会在图层的下面产生像【效果】一样的子选项，即可关闭或开启眼睛来决定是否显示该图层的滤镜效果。多个效果可以重复叠加，而且可以对其中的单个效果进行关闭或开启。此方法类似于【混合选项】。
- 3D 图层：在打开由 Adobe Acrbat 3D Version 8、3D Studio Max、Alias、Maya 和 Google Earth 等程序创建的 3D 文件时生成的图层，Photoshop 将 3D 模型放置到单独的 3D 图层上，可以使用 3D 工具移动或缩放 3D 模型，更改光照或更改渲染模式。
- 视频图层：打开视频文件或图像序列时，帧将包含在视频图层中。

任务二 绘制八卦图

【任务引入】

小明想利用最近所学的 Photoshop 知识绘制太极八卦图，有什么方法能既快速又准确地实现呢？

【任务分析】

本任务利用【图层】面板及【选区】的相关知识绘制八卦图。

【任务实施】

具体操作步骤如下：

① 新建一个文件，设置背景色为蓝色。执行【视图】→【显示】→【网格】命令，并拖动标尺上的【参考线】，力求将整个画布的中心位置确定下来(图 4-2-1)。

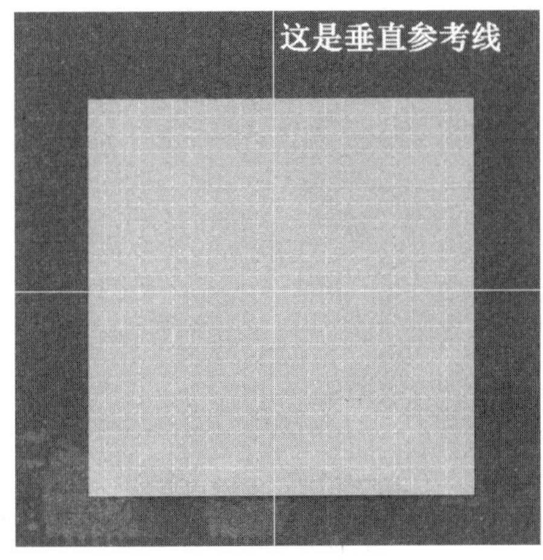

图 4-2-1 参考线的应用

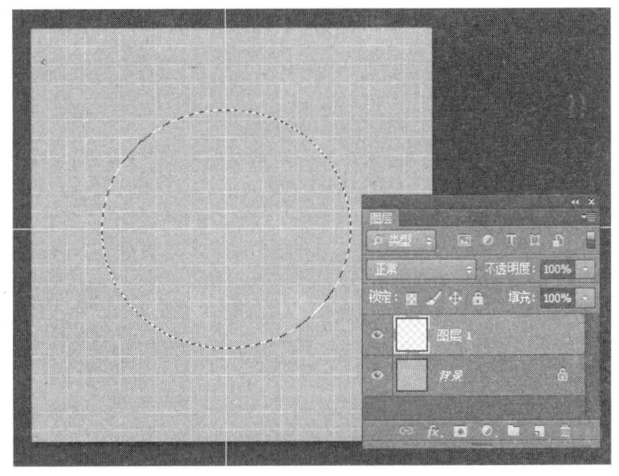

图 4-2-2 绘制正圆形

② 在背景层之上新建图层，按住【Shift】键并用【椭圆选框工具】绘制正圆形(图 4-2-2)。

③ 将前景色设置为白色，利用【Alt】+【Del】快捷键为圆形填色。

④ 复制图层 1，在新的图层上，利用【矩形选框工具】选中圆形的一半(图 4-2-3)。

⑤ 单击【图层】面板上的【锁定透明像素】按钮，再利用【Alt】+【Del】快捷键为选区内的半圆形填充黑色(图 4-2-4)。

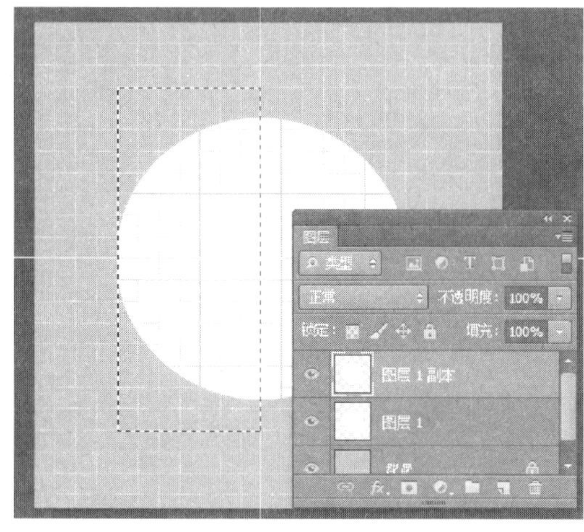

图 4-2-3 创建新的选区

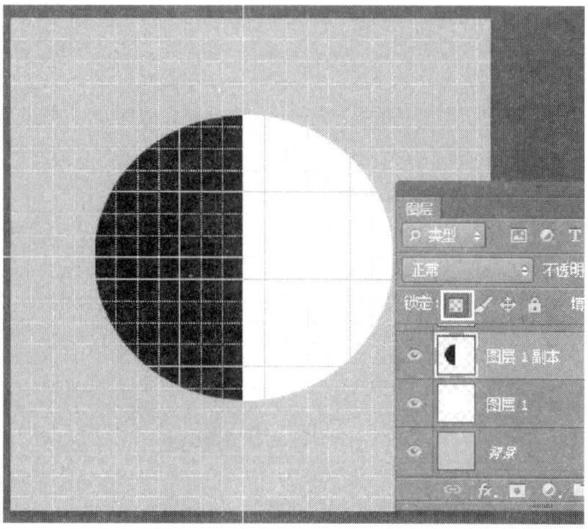

图 4-2-4 填充黑色

⑥ 复制最上面的图层 1，将之调整到最上面，并填充为黑色（图 4-2-5）。

⑦ 对该图层上的圆形进行自由变换（按快捷键【Ctrl】+【T】）。单击工具栏上的【锁定纵横比】按钮，将长、宽均设为 50%，并将之移动到合适的位置（图 4-2-6）。

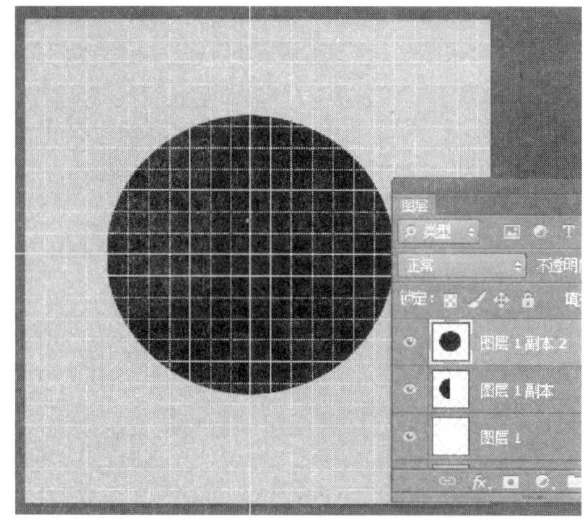

图 4-2-5 复制图层并填充颜色

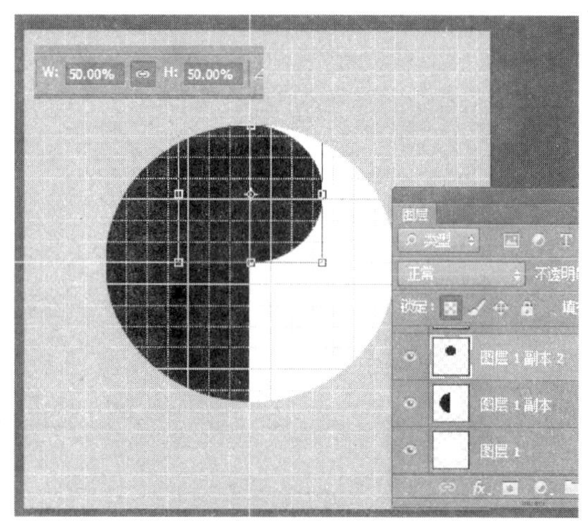

图 4-2-6 自由变换

⑧ 采用类似的步骤完成另外的白色部分。至此，图层关系如图 4-2-7 所示。

⑨ 完成所有细节操作后，将网络线去除，再对不精确的部分进行调整，最后将图片保存为 JPG 格式。最终效果图如图 4-2-8 所示。

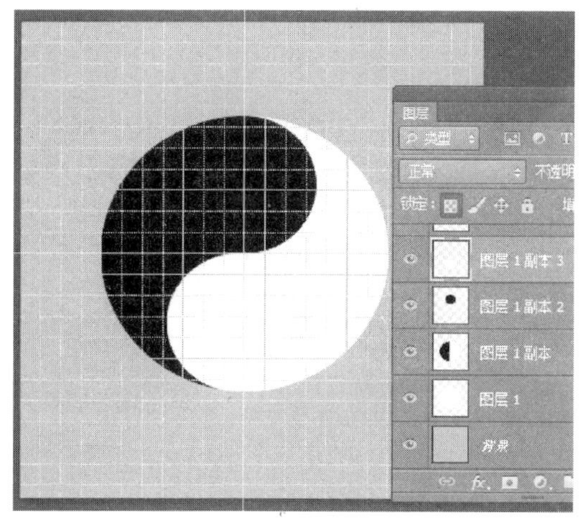

图 4-2-7 复制图层并自由变换

图 4-2-8 八卦图

【相关知识】

图层的基本操作包括新建图层、选择图层、调整图层的顺序、显示/隐藏图层、移动图层、复制图层等,这些操作都可以在【图层】面板中完成。

知识点 1:新建图层

打开素材文件夹中的图像文件“蝴蝶. jpg”,可以通过以下方法创建新图层:

1. 通过【创建新图层】按钮创建新图层

单击【图层】面板下方的【创建新图层】按钮 ,即可在当前选择图层的上方新建图层(图 4-2-9)。若按住【Ctrl】键再单击【创建新图层】按钮,则可以在当前图层的下方新建图层。

图 4-2-9 新建图层

2. 通过菜单命令创建新图层

执行菜单【图层】→【新建】命令,建立新图层。

3. 通过【拷贝】和【粘贴】命令创建新图层

使用【选框工具】确定选择范围(图 4-2-10)。执行【编辑】→【拷贝】命令,接着在本图像或其他图像上执行【编辑】→【粘贴】命令,即会自动给所粘贴的图像新建一个图层(图 4-2-11)。

4. 通过拖放建立新图层

打开两幅图像文件,使用【移动工具】 拖动一幅图像到另外一幅图像上,松开鼠标,原图像不受影响,而另一幅图像上多了一个拖动图像的图层。

图 4-2-10　创建蝴蝶选区

图 4-2-11　创建新的【蝴蝶】图层

知识点 2：选择图层

在 Photoshop CS6 中可以选择一个或者多个图层进行编辑处理。在【图层】面板中单击某一个图层时，该图层变为深蓝色，即为当前图层。可以通过以下方法选中多个图层：

- 要选择多个连续的图层，可在【图层】面板中单击第一个图层，然后按住【Shift】键单击最后一个图层(图 4-2-12)。
- 要选择多个不连续的图层，可按住【Ctrl】键并单击其他图层(图 4-2-13)。
- 要选择相似类型的图层(例如，所有文字图层)，可选择其中一个图层，然后选择【选择】→【相似图层】命令。

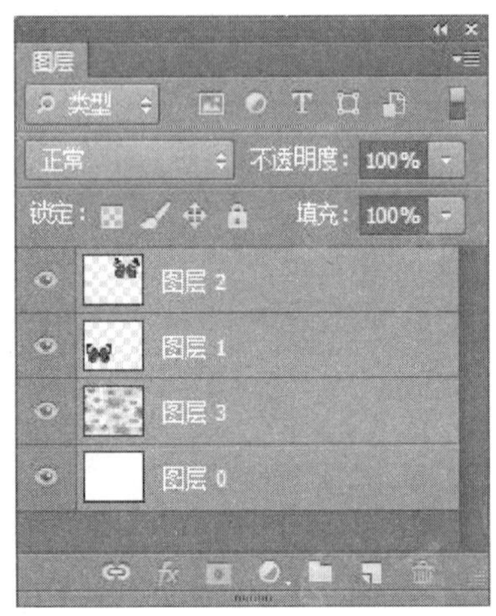

图 4-2-12　选择连续的图层

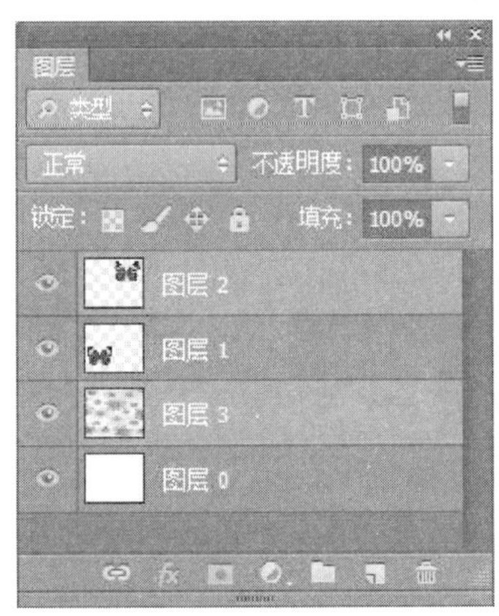

图 4-2-13　选择不连续的图层

知识点 3：显示与隐藏图层

单击【图层】面板左侧的眼睛图标，则可以切换图层的显示与隐藏。显示眼睛的图层为可见图层，没有眼睛的图层为隐藏图层(图 4-2-14)。

如果按住【Alt】键，再单击一个眼睛图标，则只显示该图标对应的图层，其他图层全部被隐藏，再次按住【Alt】键时单击同一个眼睛图标，即可恢复图层的可见性。

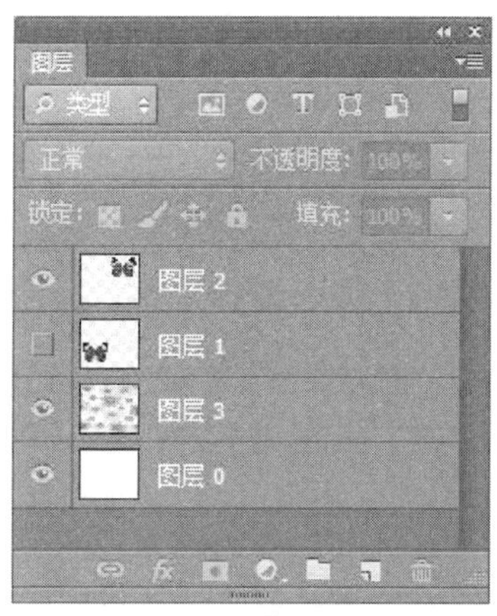

图 4-2-14 图层的隐藏与显示

图 4-2-15 背景图层

知识点 4：将背景图层转换为普通图层

使用白色背景或彩色背景创建图像时，会自动建立一个背景图层，这个图层是被锁定的。可以使用两种方法对背景图层进行解锁：

方法一：双击背景图层（图 4-2-15），弹出【新建图层】对话框（图 4-2-16），在【名称】框中输入新的名称后单击【确定】按钮，即可将背景图层转换为普通图层（图 4-2-17）。

方法二：执行【图层】→【新建】→【背景图层】菜单命令，也可将背景图层转换为普通图层。

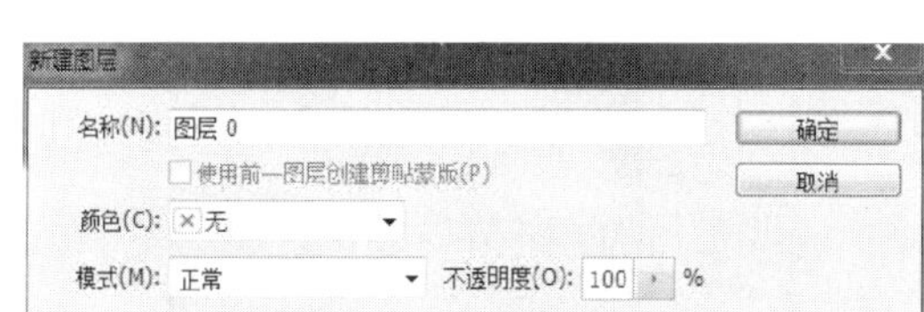

图 4-2-16 【新建图层】对话框

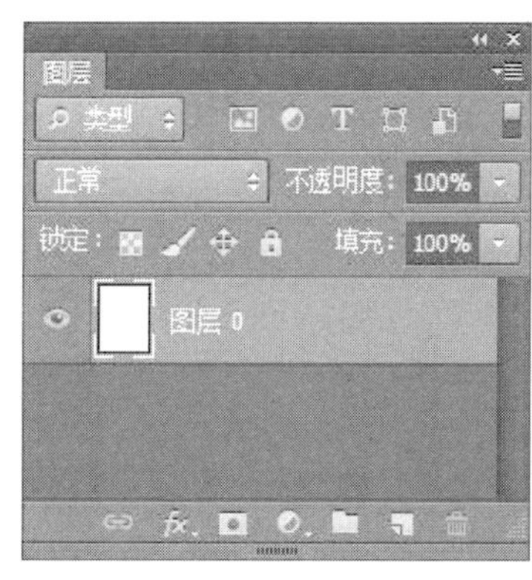

图 4-2-17 背景图层转换为普通图层

知识点 5：复制图层

在复制图层时，可以在图像内复制图层，也可将图层复制到其他图像或新图像中。可以通过以下方法复制图层：

方法一：在【图层】面板上拖动图层到【创建新图层】按钮 上，松开鼠标，即可生成一个原图层的副本（图 4-2-18、图 4-2-19）。

方法二：选中要复制的图层，单击【图层】面板上的弹出菜单 ，选择【复制图层】命令，复制该图层。也可以直接执行【图层】→【复制图层】菜单命令，复制图层。

若要在不同图像文件之间复制图层，打开两个图像文件，选择【移动工具】，在【图层】面板中将需要复制的图层从源图像拖动到目标图像，即可将此图层复制到目标图像上。

图 4-2-18　拖动图层

图 4-2-19　图层副本

知识点6：删除图层

删除不再需要的图层可以减小图像文件的大小。可以通过以下方法删除图层：

方法一：选择一个或多个图层，单击【图层】面板上的【删除】按钮，在弹出的对话框中单击【确定】按钮。

方法二：将所选图层拖放到【删除】按钮上，也可以直接删除图层。

方法三：执行【图层】→【删除】菜单命令，删除所选图层。

知识点7：移动图层

可以通过以下方法移动图层：

方法一：选择要移动的图层，单击【移动工具】，在图像窗口中按住鼠标左键并拖动鼠标即可移动图层（图 4-2-20、图 4-2-21）。

图 4-2-20　移动前的效果

图 4-2-21　移动后的效果

方法二：按下键盘上的方向键，也可移动图层对象，每次可将对象微移 1 个像素；按住【Shift】键的同时使用方向键，则可将对象微移 10 个像素。

知识点8：更改图层顺序

Photoshop CS6 中的图层是按照创建的先后顺序堆叠在一起的，改变图层的顺序会影响图像的最终显示效果。可以通过以下方法调整图层的顺序：

方法一：在【图层】面板上，图层分布如图 4-2-22 所示，拖动当前图层到其他图层，当出现一个黑线的时候松开鼠标（图 4-2-23），即可实现图层顺序的调整（图 4-2-24）。

图 4-2-22　原图层分布

图 4-2-23　拖动图层

方法二：选择图层，执行【图层】→【排列】命令，在其后的子菜单中可以选择改变图层顺序，如图 4-2-25 所示。

图 4-2-24　更改顺序后的图层分布

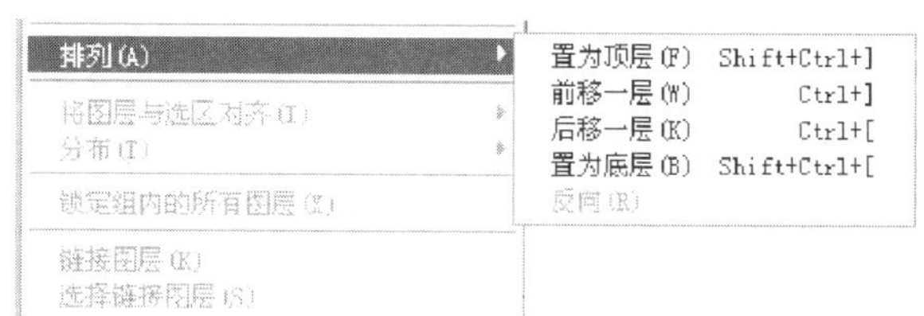

图 4-2-25　【排列】命令

任务三 绘制多彩的海星

【任务引入】

小明从网络上下载了一张海星图片，觉得色彩不够鲜明醒目，你能帮助他设计出多彩的海星效果吗？

【任务分析】

本任务利用【选区工具】及【调整图层】命令改变图像中部分对象的色彩。

【任务实施】

利用调整图层改变图像中部分对象的颜色。

原图如图 4-3-1 所示，调整后的效果图如图 4-3-2 所示。

图 4-3-1 原图

图 4-3-2 调整后的效果图

具体操作步骤如下：

① 打开素材文件夹中的图像文件“海星.jpg”。

② 利用【磁性套索工具】将图像中的海星部分选取出来（图 4-3-3）。

③ 执行【图层】→【新建调整图层】→【色相/饱和度】菜单命令，打开【调整】面板（图 4-3-4）。新建调整图层后的图层关系如图 4-3-5 所示。

④ 在如图 4-3-4 所示的【调整】面板中，拖动【色相】及【饱和度】下的滑块，即能实现海星部分颜色的调整。

图 4-3-3 选取海星

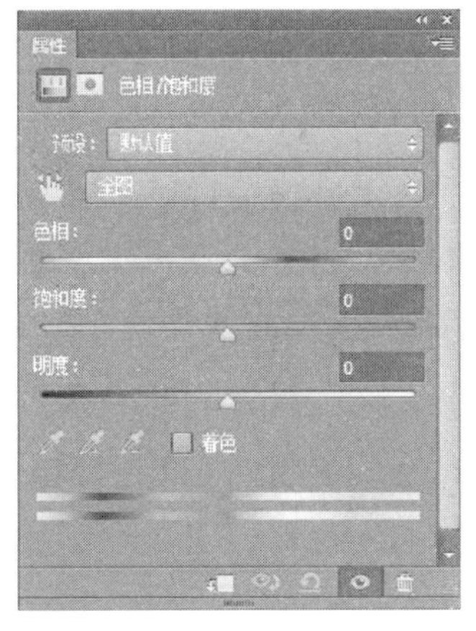

图 4-3-4 【调整】面板

图 4-3-5 新建调整图层后的图层关系

【相关知识】

知识点 1：链接图层

在实际工作中常需要将多个图层中的元素一起移动或对齐、分布。若使用【移动工具】一个一个地操作，不仅麻烦，还会改变元素之间的相对位置。链接图层可以将两个或两个以上的图层链接起来，形成一个图层整体，然后对链接的图层统一执行移动、应用变换以及创建蒙版等操作。

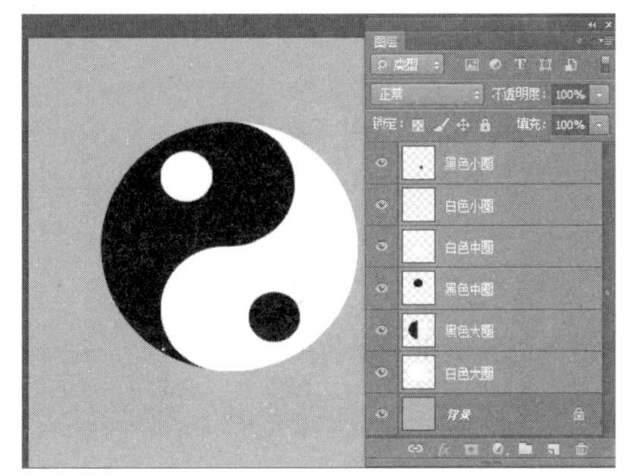

图 4-3-6 选择多个图层

1. 创建链接

在【图层】面板上选择要链接的两个或多个图层（图 4-3-6）。单击面板底部的【链接】按钮 （图 4-3-7），即可在选择的图层之间建立链接。链接后的图层右侧会出现一个【链接】图标，如图 4-3-8 所示。

图 4-3-7 【链接】按钮

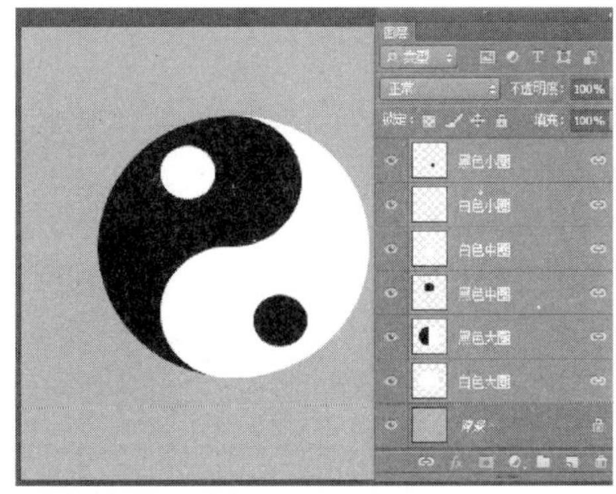

图 4-3-8 建立链接

2. 取消链接

选择要取消链接的图层，单击面板底部的【链接】图标，可以取消当前图层的链接。

3. 禁用和启用链接

按住【Shift】键，单击链接图层右侧的【链接】图标，在【链接】图标上出现一个红×，如图 4-3-9 所示，表示当前图层的链接被禁用。如果按住【Shift】键，再次单击【链接】图标，即可重新启用链接。

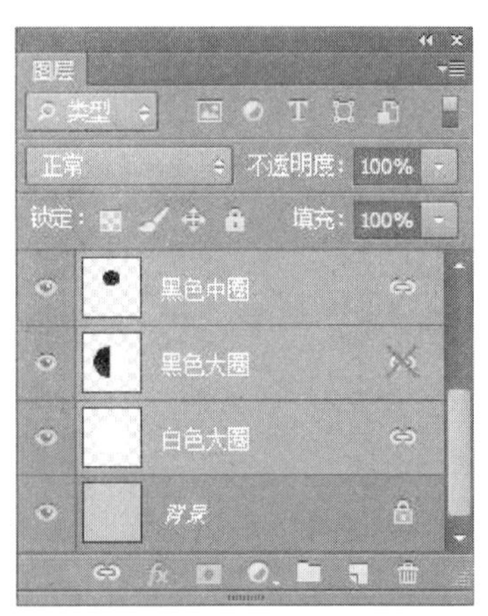

图 4-3-9 禁用链接

知识点 2：对齐与分布图层

在图层操作中可以使用【移动工具】来调整图层的内容在设计界面中的位置，还可以应用【图层】菜单中的【对齐】和【分布图层】命令来排列这些内容的位置。

1. 对齐图层

要对齐多个图层中的内容，可以通过以下方法实现：

① 选择多个需要对齐的图层，执行【图层】→【对齐】菜单命令，在下拉菜单中选择合适的对齐命令（图 4-3-10）。

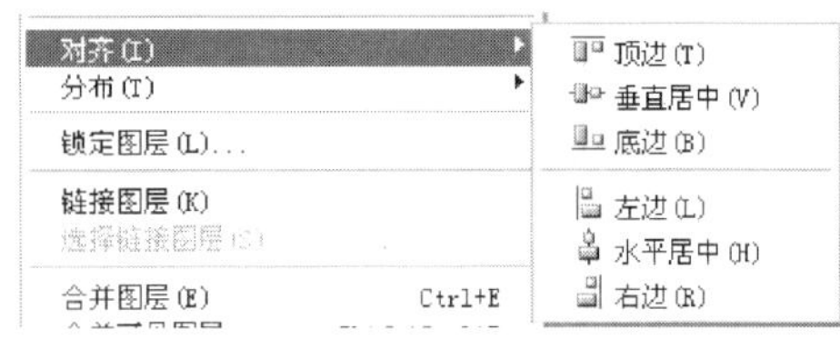

图 4-3-10 【对齐】命令

② 选择【工具箱】面板中的【移动工具】，在属性栏中单击相应的对齐按钮（图 4-3-11）。

图 4-3-11 【移动工具】属性栏

各对齐命令功能如下：

• 顶对齐：在所有选定的图层中，以原先位于最顶部的图层为基准层，其他图层参照基准层进行移动，图 4-3-12 为对齐前的图像效果，图 4-3-13 为设置顶对齐后的效果。

图 4-3-12 原图

• 垂直居中对齐：在所有选定的图层中，以原先位于垂直中心的图层为基准层，其他图层参照基准层进行移动（图 4-3-14）。

• 底对齐：与顶对齐类似，在所有选定的图层中，以原先位于最底部的图层为基准层，其他图层参照基准层进行移动（图 4-3-15）。

• 左对齐：在所有选定的图层中，以原先位于最左端的图层为基准层，其他图层参照基准层进行移动（图 4-3-16）。

图 4-3-13　顶对齐

图 4-3-14　垂直居中对齐

图 4-3-15　底对齐

• 水平居中对齐 ：在所有选定的图层中，以原先位于水平中心的图层为基准层，其他图层参照基准层进行移动（图 4-3-17）。

• 右对齐 ：在所有选定的图层中，以原先位于最右端的图层为基准层，其他图层参照基准层进行移动（图 4-3-18）。

图 4-3-16　左对齐

图 4-3-17　水平居中对齐

图 4-3-18　右对齐

• 自动对齐图层 ：可以根据不同图层中的相似内容（如角和边）自动对齐图层，可以指定一个图层作为参考图层，也可以自动选择参考图层。其他图层将与参考图层对齐，以便匹配的内容能够自行叠加。若图层重叠量不足，将弹出如图 4-3-19 所示的警告窗口，提示无法进行对齐。

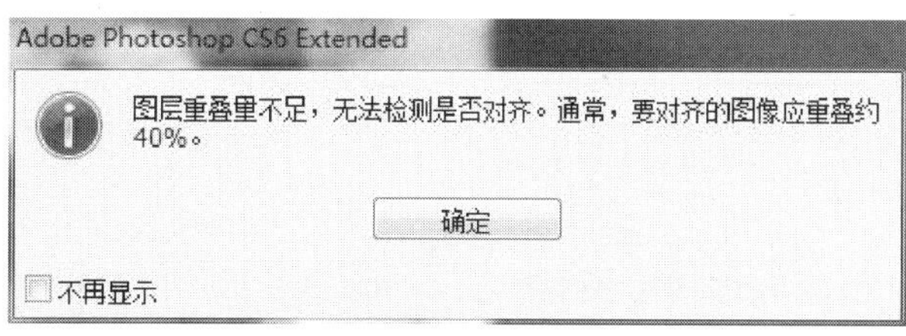

图 4-3-19　警告窗口

提示：要将图层的内容与选区边框对齐，应先在图像中建立选区（图 4-3-20）；选中各个图层，执行【图层】→【将图层与选区对齐】菜单命令，再在下一级子菜单中选择某一种对齐方式；或在【移动工具】属性栏进行设定，操作步骤与上述内容类似，效果如图 4-3-21 所示。

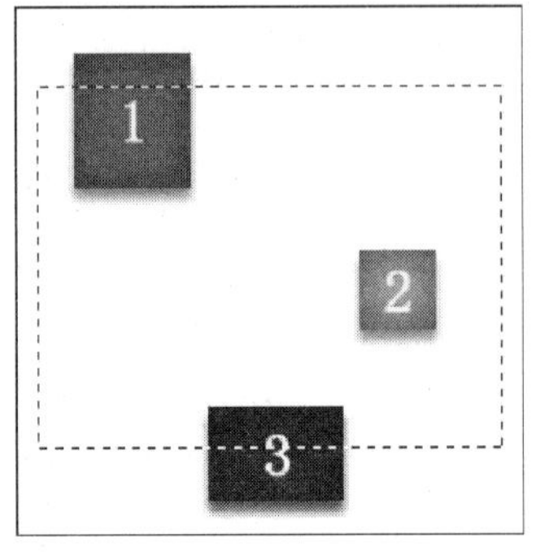

图 4-3-20 建立选区

图 4-3-21 与选区边框顶对齐

2. 分布图层

要将图层中的元素进行均匀分布，必须选择或链接三个或三个以上的图层，然后执行【图层】→【分布】菜单命令，可以选择相应的分布方式（图 4-3-22）。也可以先选择【移动工具】，在属性栏进行设定，项目与菜单是相同的（图 4-3-23）。

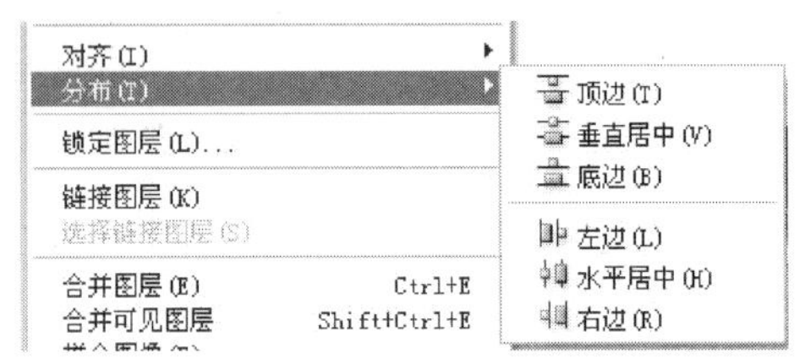

图 4-3-22 【分布】命令

图 4-3-23 【移动工具】属性栏

各分布命令的功能如下：

- 顶边分布：将从每个图层的顶端像素开始，间隔均匀地分布图层（图 4-3-24）。
- 垂直居中分布：将从每个图层的垂直中心像素开始，间隔均匀地分布图层。
- 底边分布：将从每个图层的底端像素开始，间隔均匀地分布图层。
- 左边分布：将从每个图层的左端像素开始，间隔均匀地分布图层。

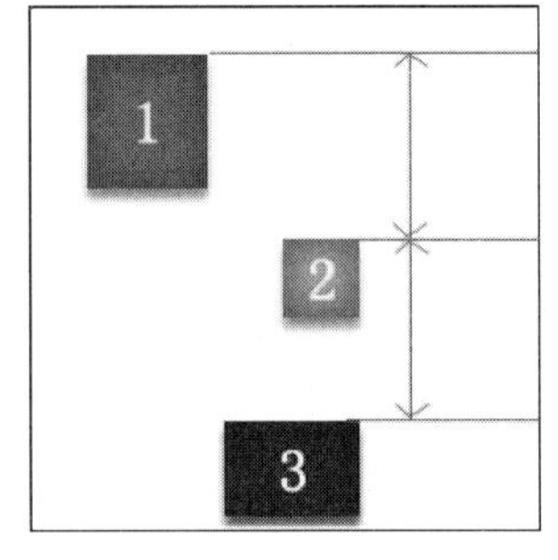

图 4-3-24 顶边分布

- 水平居中分布：从每个图层的水平中心开始，间隔均匀地分布图层。
- 右边分布：将从每个图层的右端像素开始，间隔均匀地分布图层。

知识点 3：锁定图层

锁定图层功能是为了便于在图像编辑过程中，保护已经编辑完成的内容。单击【图层】面板中的【锁定】按钮，图层右侧会出现一个像锁的图标，可以完全或部分锁定图层以保护其内容，再次单击相应按钮，即可取消锁定。

在【图层】面板中有 4 个锁定选项可供选择，分别是【锁定透明像素】、【锁定图像像素】、【锁定位置】和【锁定全部】，如图 4-3-25 所示。

- 锁定透明像素：在图层中没有像素的部分是透明的，所以在操作的时候可以只针对有像素的部分进行操作。单击此按钮,即可保护图层的透明部分,编辑范围将被限制在图层的不透明部分。

图 4-3-25 【锁定】按钮

图 4-3-26 图层锁定

- 锁定图像像素 :单击此按钮,不管是透明部分还是图像部分都不允许进行编辑,可防止绘图工具修改图层上的像素。
- 锁定位置 :单击此按钮,本图层上的图像就不能被移动了。
- 锁定全部 :单击此按钮,图层中的所有编辑功能将被锁定,图像将不能进行任何编辑。

图层被锁定后,图层名称的右边会出现一个锁图标。当图层完全被锁定时,锁图标是实心的 ;当图层部分被锁定时,锁图标是空心的 (图 4-3-26)。

知识点 4:合并图层

在设计的时候很多图形都分布在多个图层上,若确定某些图形不需修改了,可以将它们合并在一起以便于管理。在合并图层时,顶部图层上的数据会覆盖底部图层上的数据。合并后的图层中,所有透明区域的交叠部分都会保持透明。

要合并图层,可以执行【图层】菜单命令,有以下几种合并图层的方式:

- 向下合并:执行【图层】→【向下合并】菜单命令,或按下【Ctrl】+【E】快捷键,可以将当前选中的图层与下面的一个图层合并为一个图层,如图 4-3-27 所示。

(a) 原图层关系

(b) 向下合并后的图层

图 4-3-27 向下合并

• 合并可见图层：执行【图层】→【合并可见图层】菜单命令，或按下【Shift】+【Ctrl】+【E】快捷键，可以将所有可见图层合并为一个图层，如图 4-3-28 所示。

（a）原图层关系

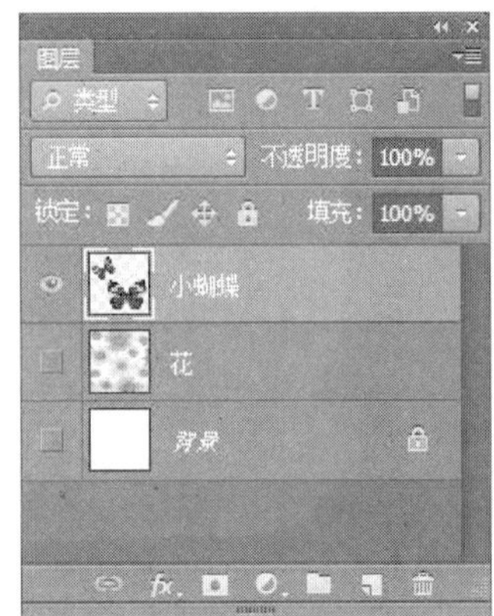

（b）合并后的图层

图 4-3-28 合并可见图层

• 拼合图像：执行【图层】→【拼合图像】菜单命令，可以将所有可见的图层都合并到背景上，如果其中包含隐藏图层，系统将弹出对话框（图 4-3-29），询问是否丢弃隐藏的图层，如图 4-3-30 所示。

图 4-3-29 询问对话框

（a）原图层关系

（b）拼合图像后的图层

图 4-3-30 拼合图像

• 合并图层：如果选择了多个图层，则【图层】菜单中的【向下合并】将变成【合并图层】命令，可以将选择的多个图层合并为一个图层。

• 合并组：如果当前选中的是一个图层组，则【图层】菜单中的【向下合并】将变成【合并图层组】命令，将整个图层组变成一个图层。

知识点 5：盖印图层

盖印可以将多个图层的内容合并为一个目标图层，而原来的图层不变。可以通过以下几种方法盖印图层：

- 盖印选定的图层：选择一个图层，按下【Ctrl】+【Alt】+【E】快捷键，可将此图层中的图像盖印到下面图层中，如图 4-3-31 所示。
- 盖印多个图层：如果选择了多个图层，按下【Ctrl】+【Alt】+【E】快捷键，会创建新图层，将合并后的内容放到新图层中，并在新图层的名称中自动注明为【合并】，如图 4-3-32 所示。
- 盖印可见图层：按下【Shift】+【Ctrl】+【Alt】+【E】快捷键，会将所有可见图层都盖印到一个新图层中，如图 4-3-33 所示。

（a）选择一个图层

（b）盖印后的图层

图 4-3-31　盖印选定的图层

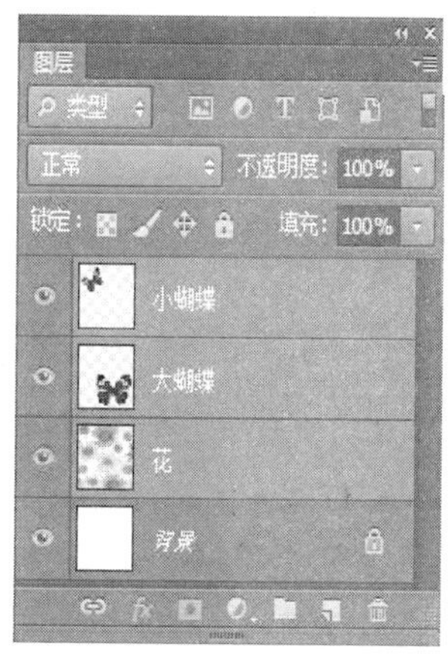

（a）选择了多个图层

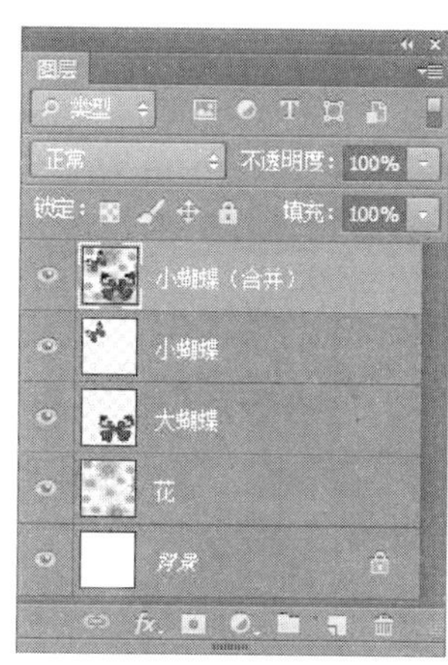

（b）盖印后的图层

图 4-3-32　盖印多个图层

图 4-3-33　盖印可见图层

知识点6：调整图层和填充图层

调整图层和填充图层都会在【图层】面板上增加新图层，调整图层可将颜色和色调调整应用于它下面的所有图层，而不会永久更改像素值；填充图层使用纯色、渐变或图案的方式填充图层，不会影响它下面的图层。

调整图层和填充图层均由两部分组成(图4-3-34、图4-3-35)，左侧为调整图层或填充图层的缩略图，右侧为图层蒙版，编辑图层蒙版可控制调整或填充的区域。如果在创建调整图层或填充图层时路径处于激活状态，则创建的是矢量蒙版而不是图层蒙版。

图4-3-34　调整图层组成

图4-3-35　填充图层组成

1. 调整图层的优点

(1) 使用调整图层对图像的颜色和色调进行调整，颜色和色调调整的信息被保存在调整图层上，因此不会改变被调整图像的原有像素信息。

(2) 使用调整图层，将会调整位于它下面的所有图层，因此，同样的调整只需在调整图层上调整一次，而不必分别调整每个图层。

(3) 调整图层具有可编辑性，可在调整图层的蒙版上使用不同的灰度色调绘画以控制调整的区域和调整效果。

(4) 使用调整图层可多次修改调整的参数，在【图层】面板中双击图层缩略图，可弹出相应命令的对话框，然后从中修改调整的参数。

2. 创建调整图层和填充图层

可以通过以下两种方法创建调整图层：

方法一：单击【图层】面板底部的【创建新的填充或调整图层】按钮，从如图4-3-36所示菜单中选择一种图层类型。

方法二：执行【图层】→【新建调整图层】菜单命令，从弹出的菜单中选择一种图层类型，命名图层，设置图层选项(图4-3-37)。

可以通过以下两种方法创建填充图层：

方法一：单击【图层】面板底部的【创建新的填充或调整图层】按钮，从菜单中选择创建【纯色】、【渐变】或【图案】类型的填充图层。

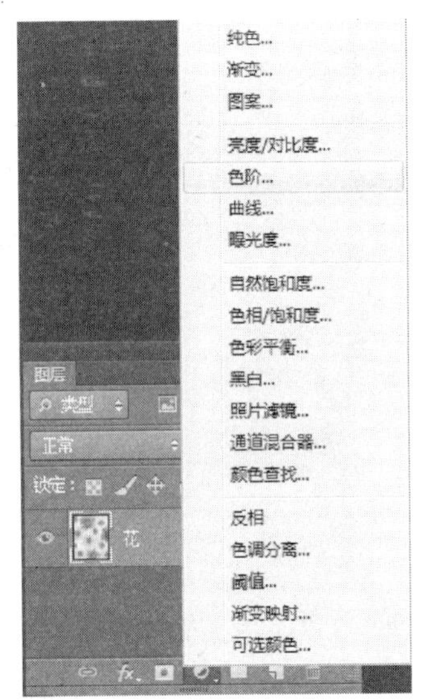

图4-3-36　单击【创建新的填充或调整图层】按钮后出现的菜单

方法二：执行【图层】→【新建填充图层】菜单命令，从弹出的菜单中选择一种图层类型，命名图层，设置图层选项（图 4-3-38）。

3. 编辑调整图层和填充图层

在【图层】面板中双击调整图层或填充图层的缩略图，或执行【图层】→【图层内容选项】菜单命令，打开如图 4-3-39 所示的【调整】面板并进行所需的更改。

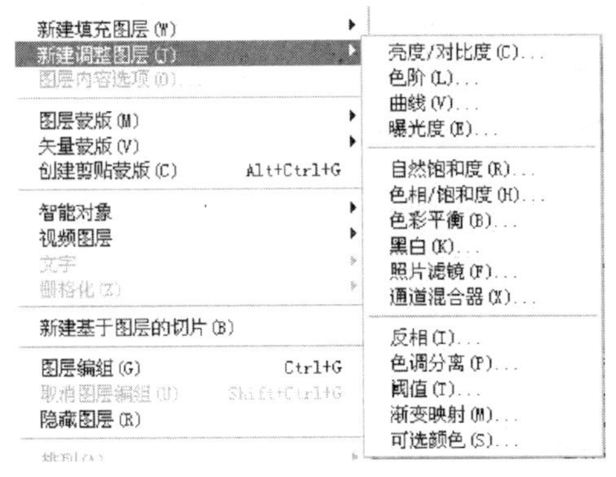

图 4-3-37 【新建调整图层】级联菜单

图 4-3-38 【新建填充图层】级联菜单

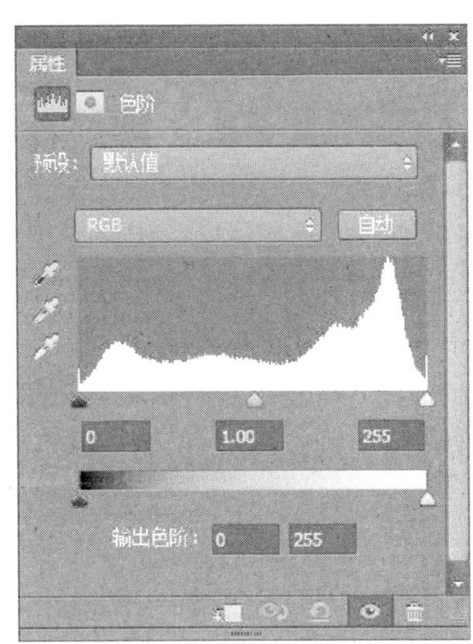

图 4-3-39 【调整】面板

4. 合并调整图层和填充图层

可以通过下列方式合并调整图层或填充图层：与其下方的图层合并、与其自身编组图层中的图层合并、与其他选定图层合并以及与所有其他可见图层合并，操作方法与普通图层类似。不过，不能将调整图层或填充图层用作合并的目标图层。

将调整图层或填充图层与其下面的图层合并后，所做的调整将被栅格化并永久应用于合并后的图层内，也可以栅格化填充图层但不合并它。

知识点 7：智能对象图层

智能对象是包含栅格或矢量图像中的图像数据的图层。使用智能对象将保留图像的源内容及其所有原始特性，使得用户可以对图层执行非破坏性的变换。

1. 创建智能对象

可以通过以下几种方法创建智能对象：

方法一：选择一个或多个要创建智能对象的图层，执行【图层】→【智能对象】→【转换为智能对象】菜单命令，或单击【图层】面板的弹出菜单，选择【转换为智能对象】命令，这些图层将被打包为一个智能对象图层。在该图层右下角显示智能对象图标，如图 4-3-40 所示。

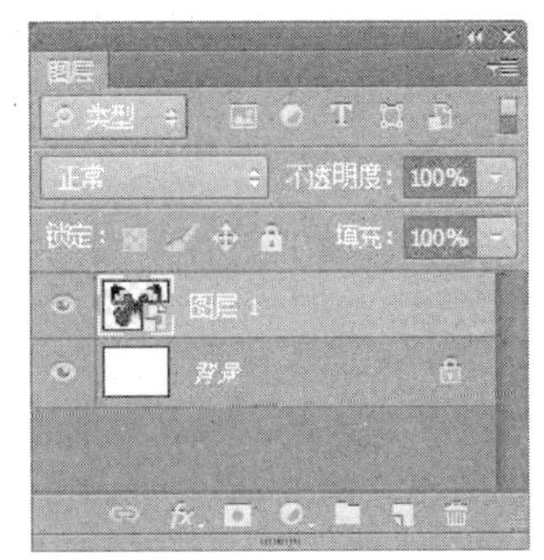

图 4-3-40 智能对象

方法二：执行【文件】→【打开为智能对象】菜单命令，打开

【打开为智能对象】对话框(图 4-3-41)，选择某一文件作为新的智能对象打开(图 4-3-42)。

图 4-3-41 【打开为智能对象】对话框

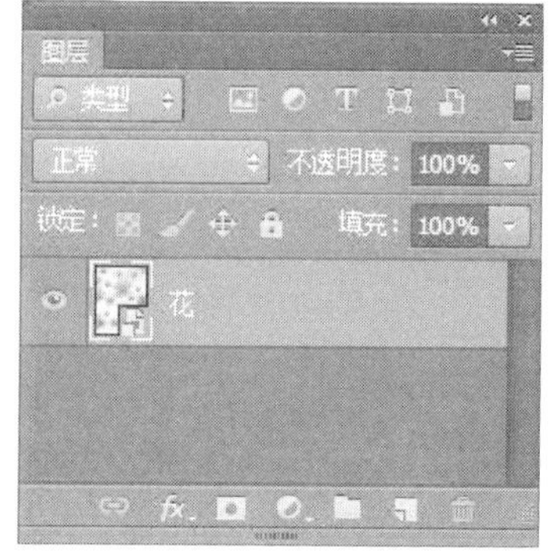

图 4-3-42 作为新的智能对象打开

方法三：执行【文件】→【置入】菜单命令，可将外部图片导入到当前文档中(图 4-3-43)。在新置入的对象上右击鼠标，在弹出的快捷菜单中选择【置入】命令，将新置入的对象设置为智能对象(图 4-3-44)。

方法四：将 PDF 或 Adobe Illustrator 图层或对象拖动到文档中。

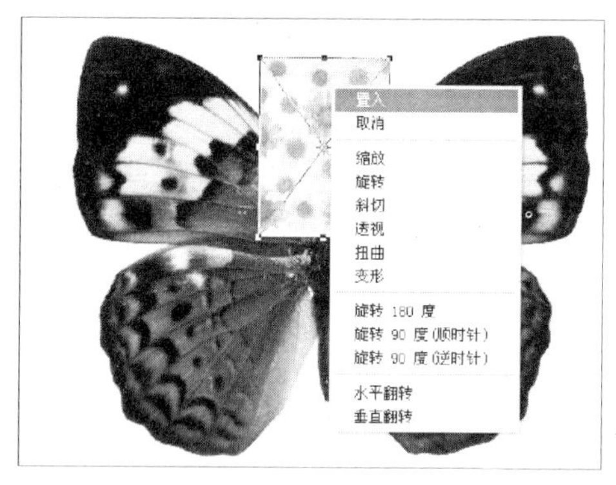

图 4-3-43 选择【置入】命令

图 4-3-44 将新置入的对象设置为智能对象

2. 复制

智能对象也是图层的一种，可以对其进行复制，复制的方法不同，得到的副本与原智能对象的关系也不同。

执行【图层】→【新建】→【通过拷贝的图层】菜单命令，或将智能对象图层拖动到【图层】面板底部的【创建新图层】图标 上，复制的副本与原智能对象之间存在关联。对原始智能对象所做的编辑会影响副本，而对副本所做的编辑同样也会影响原始智能对象。

执行【图层】→【智能对象】→【通过拷贝新建智能对象】菜单命令，复制的副本与原智能对象之间相互独立。对原始智能对象所做的编辑不会影响副本，反之亦然。

3. 编辑智能对象的内容

编辑智能对象时，如果源内容文件是栅格数据或相机原始文件，将会在 Photoshop 中打开;如果源内容文件是矢量 PDF 或 EPS 数据,将会在 Adobe Illustrator 中打开。

操作步骤如下:

① 在图 4-3-45 的基础上,选择智能对象图层,执行【图层】→【智能对象】→【编辑内容】菜单命令,或双击智能对象缩略图,可弹出如图 4-3-46 所示的对话框,提醒存储对源内容文件所做的更改。

② 单击【确定】按钮,关闭对话框,智能对象及和它有关联的图层在新的文件中一起被打开(图 4-3-47)。

图 4-3-45 选择智能对象图层

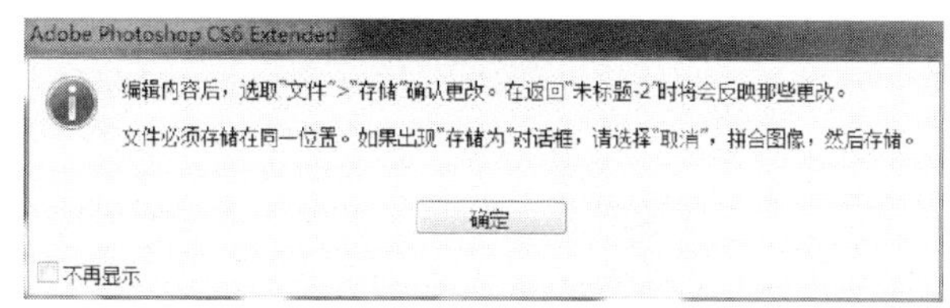

图 4-3-46 提示对话框

图 4-3-47 打开智能对象

图 4-3-48 编辑源内容

③ 对源内容文件进行编辑(图 4-3-48),再执行【文件】→【存储】菜单命令。

提示: 对智能对象进行编辑后,存储文件后所做的修改会影响到与之相关联的其他智能对象[图 4-3-49(a)]。

4. 替换智能对象的内容

可以替换一个智能对象或多个链接实例中的图像数据。当替换智能对象时,将保留对第一个智能对象应用的任何缩放、变形或效果。

替换步骤如下:

① 在图 4-3-49(a)的基础上,选择智能对象图层,执行【图层】→【智能对象】→【替换内容】菜单命令。

② 选择要使用到的文件,单击【置入】完成替换,如图 4-3-49(b)所示。

（a）编辑后的图层效果

（b）替换智能对象的内容

图 4-3-49　替换智能对象

5. 导出

Photoshop CS6 将以智能对象的原始置入格式（JPEG、AI、TIF、PDF 或其他格式）导出智能对象。选择智能对象图层，执行【图层】→【智能对象】→【导出内容】菜单命令，即将智能对象的内容以 PSD 格式导出。

6. 将智能对象转换为普通图层

可将智能对象转换为普通图层，执行【图层】→【栅格化】→【智能对象】菜单命令，【图层】面板上的智能对象图标消失，智能对象被转换为普通图层。

任务四　定制个性签名

【任务引入】

小红在访问别人的空间时，经常会看到一些很有特点的签名图片，非常羡慕。你能帮助她制作体现个人特色的签名图片吗？

【任务分析】

本任务利用【图层样式】及【图层】面板定制个性签名。

【任务实施】

操作步骤如下：

① 新建文件，在【工具箱】中选择【文字工具】T，输入相关文字（图 4-4-1）。

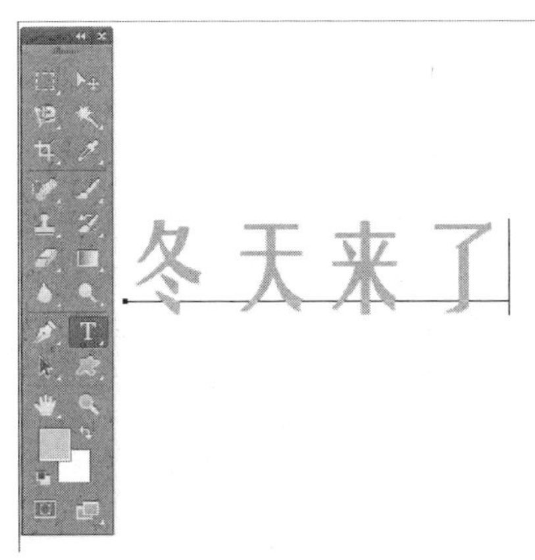

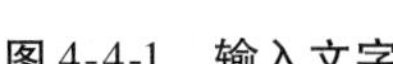
图 4-4-1 输入文字

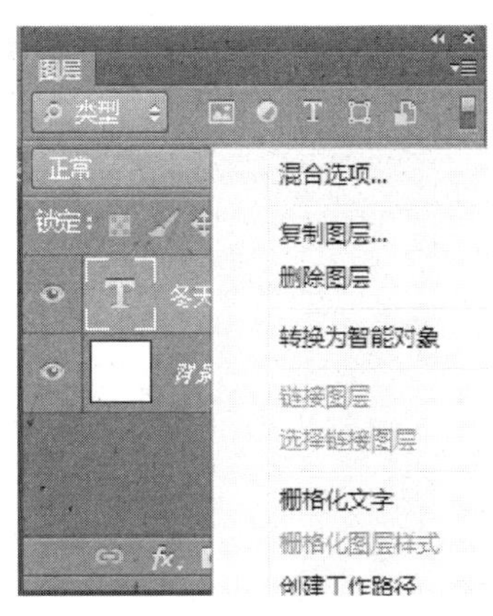

图 4-4-2 快捷菜单

② 在【图层】面板中选中文字图层,并单击鼠标右键,在弹出的快捷菜单中选择【混合选项】命令(图 4-4-2),打开如图 4-4-3 所示的【图层样式】对话框。

③ 选中【投影】复选框,可以为文字添加阴影效果,各参考数值如图 4-4-3 所示。可以在右侧的【预览】中查看参数修改后的效果。

④ 选中【斜面和浮雕】复选框,可以为文字添加凹凸效果,各参考数值如图 4-4-4 所示。

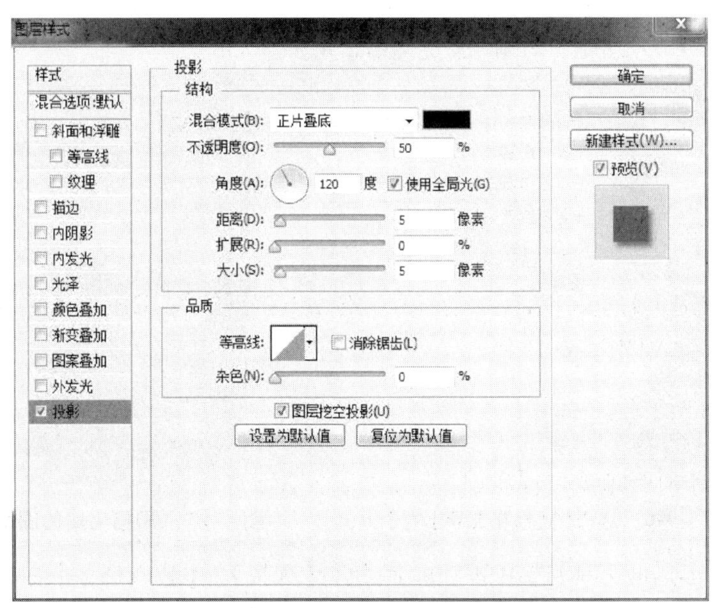

图 4-4-3 【图层样式】对话框

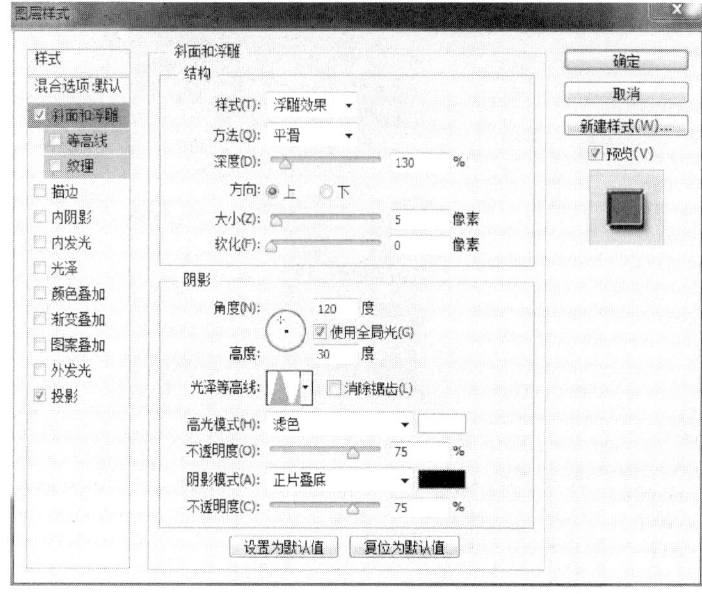

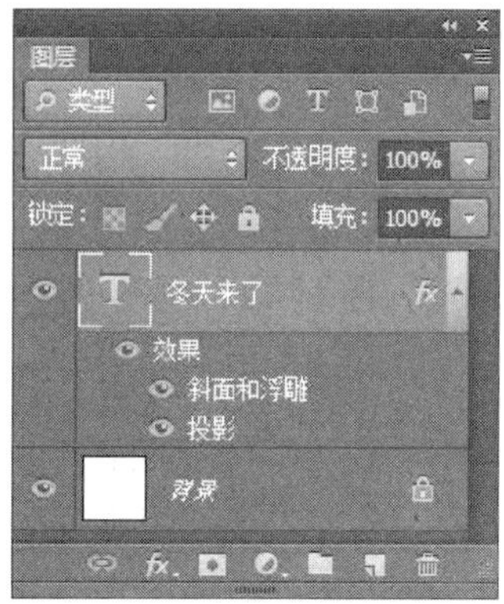

图 4-4-4 【斜面和浮雕】选项

图 4-4-5 应用图层样式

⑤ 添加了图层样式的图层会出现 *fx*，表示该图层应用了图层样式（图 4-4-5）。

⑥ 在【图层】面板中选中文字图层，并单击鼠标右键，在弹出的快捷菜单中选择【栅格化文字】命令（图 4-4-6）。执行后的图层变化如图 4-4-7 所示。

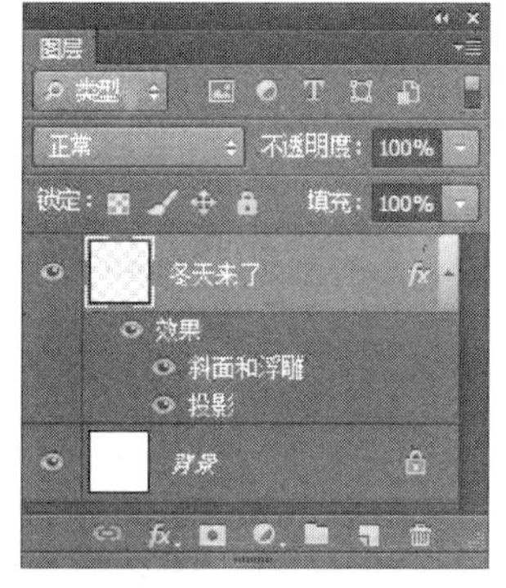

图 4-4-6 选择【栅格化文字】命令

图 4-4-7 栅格化后的图层效果

⑦ 利用【矩形选框工具】选中单个文字，执行【选择】→【载入选区】菜单命令，打开【载入选区】对话框，选中【与选区交叉】单选按钮（图 4-4-8）。选中目标文字，效果如图 4-4-9 所示。

⑧ 执行【编辑】→【变换】菜单命令，在级联菜单中选择相关命令或利用【Ctrl】+【T】快捷键，可以对选中的对象进行旋转、缩放等设置。

⑨ 重复步骤⑦、⑧，可以实现对其他部分对象的设置，效果如图 4-4-10 所示。

图 4-4-8 【载入选区】对话框

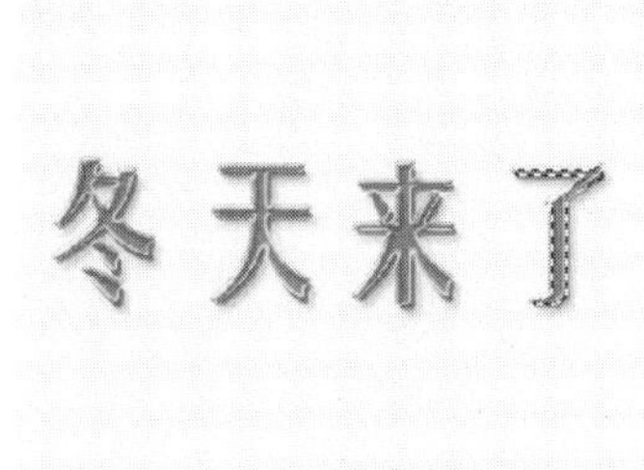

图 4-4-9 选中目标文字

图 4-4-10 效果图

⑩ 接下来,为个性签名添加装饰元素,使得签名更富个性。执行【窗口】→【样式】菜单命令,打开【样式】面板。

⑪ 选择【图层】面板中的【冬天来了】图层,再单击【样式】面板下方的【创建新样式】按钮,可以将当前图层的样式添加到【样式】面板中(图 4-4-11)。

⑫ 新建图层,利用【工具箱】中的【自定形状工具】绘制装饰元素(图 4-4-12),如图 4-4-13 所示。

图 4-4-11 【样式】面板

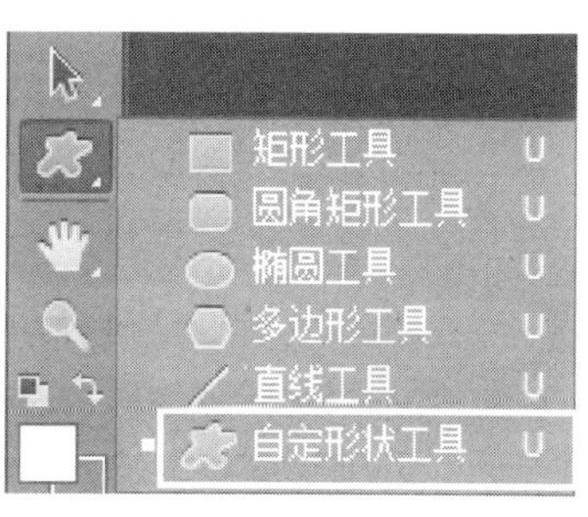

图 4-4-12 选中【自定形状工具】

图 4-4-13 添加装饰物

⑬ 选择装饰元素所在的图层,在【样式】面板中选择在步骤⑪中创建的样式,可以将样

式应用到当前图层对象中,效果如图 4-4-14 所示,从图层中也可看到当前图层应用的样式。

⑭ 重复步骤⑫、⑬,添加其他元素,并适当调整各元素的位置。最终完成效果图如图 4-4-15所示。

图 4-4-14 应用样式

图 4-4-15 最终效果图

【相关知识】

对图层进行编组,可以将图层按照类别放置在不同的图层组内,类似于使用文件夹管理文件。可以像处理普通图层一样,移动、复制、对齐、分布图层组,还可以将图层移入或移出图层组。

知识点 1:图层编组

与新建图层的方法类似,创建图层组同样可以使用按钮方式、图层面板弹出菜单方式和菜单方式。

① 单击【图层】面板下方的【创建新组】按钮 (图 4-4-16),同时按住【Alt】键,弹出【新建组】对话框(图 4-4-17),确定后可以创建一个空的图层组,如果不按住【Alt】键,则按照默认设置建立一个图层组(图 4-4-18)。

图 4-4-16 单击【创建新组】按钮

图 4-4-17 【新建组】对话框

② 选择多个图层，执行【图层】→【图层编组】菜单命令，或按【Ctrl】+【G】快捷键，可以将所选中的图层编入一个图层组中，如图 4-4-19 所示。

图 4-4-18 建立一个图层组

(a) 选中多个图层

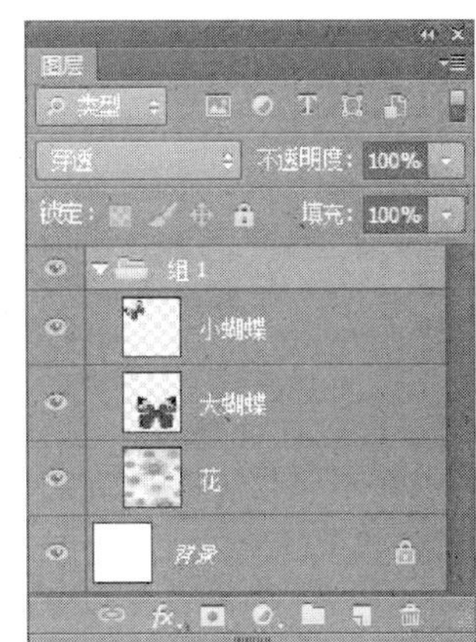

(b) 图层编组

图 4-4-19 图层编组

知识点 2：取消图层编组

可以通过以下方法取消图层编组：

方法一：选择图层组，执行【图层】→【取消图层编组】菜单命令，或按【Shift】+【Ctrl】+【G】快捷键，可删除组文件夹，但图层还在，只是取消编组。

方法二：选择图层组，单击【图层】面板下方的【删除】按钮 ，弹出如图 4-4-20 所示的对话框。单击【仅组】按钮，只删除图层组，但保留组中的图层（图 4-4-21）。若单击【组和内容】按钮，则将组和相关图层全部删除。

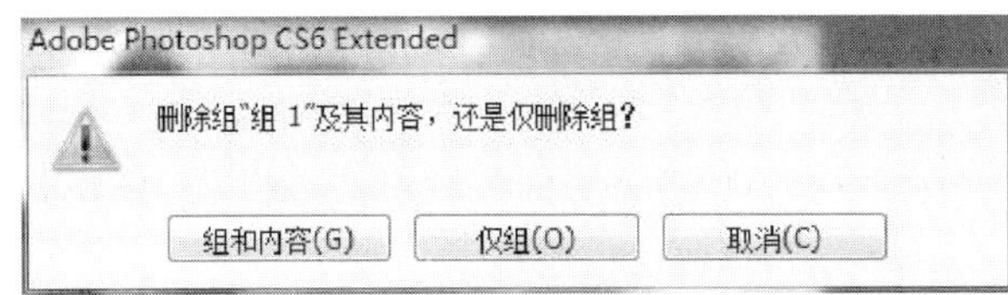

图 4-4-20 询问对话框

图 4-4-21 仅删除组效果

知识点 3：删除和复制图层组中的图层

创建图层组后，单击图层组前面的 ▶ 图标，可以展开/折叠图层组（图 4-4-22、图 4-4-23）。

图 4-4-22　展开图层组

图 4-4-23　折叠图层组

删除和复制图层等操作在图层组内与没有图层组时是完全相同的。将图层拖动到图层组图标上（图 4-4-24），出现黑线时，松开鼠标，将该图层移出图层组（图 4-4-25）。同样也可将图层移入图层组。

图 4-4-24　拖动图层

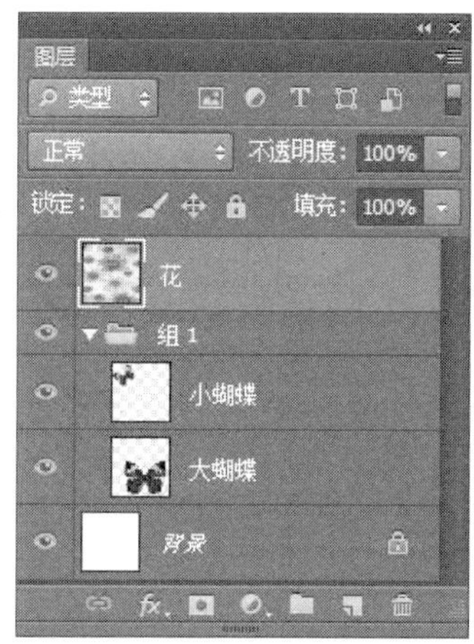

图 4-4-25　移出图层组

提示：对图层组的选择、复制、移动、删除等操作同图层一样，详细的操作方法可参考图层的基本操作。

知识点 4：设置图层的透明度

图层的不透明度决定它遮蔽或显示它的下一个图层的程度。不透明度为 1% 的图层几乎是透明的，而不透明度为 100% 的图层显得完全不透明。

【图层】面板中的【不透明度】选项用来控制图层总体不透明度，100% 为完全不透明。图 4-4-26 是不透明度为 100% 的显示效果，图 4-4-27 是不透明度为 60% 的显示效果。

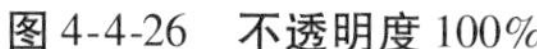

图 4-4-26　不透明度 100%

图 4-4-27　不透明度 60%

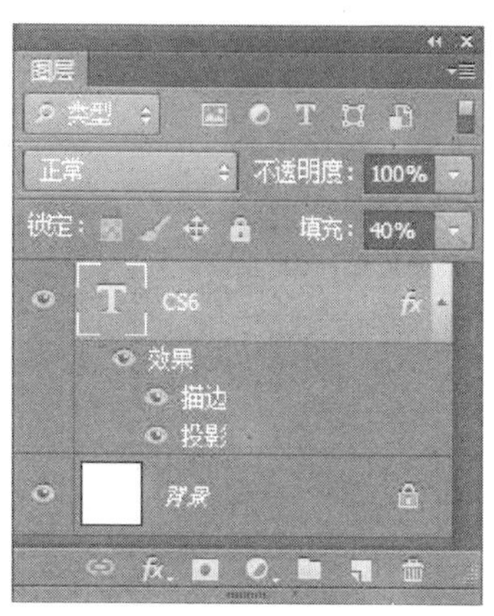

图 4-4-28　设置【填充】不透明度

【图层】面板中的【填充】选项用来控制图层的填充不透明度。填充不透明度影响图层中绘制的像素或图层上绘制的形状，但不影响已应用于图层效果的不透明度。如图 4-4-28 所示，将文字图层的【填充】不透明度设置为 40%，那么图层中文字的不透明度变为 40%，而投影和描边样式的不透明度保持不变。

知识点 5：设置图层的样式

图层样式有自定义样式和预设样式。在图层上设置各种效果，该效果就成为图层的自定义样式；若存储自定义样式，该样式就成为预设样式。预设的样式会出现在【样式】面板中，在使用时只需在【样式】面板中选择所需样式即可。

1. 使用预设样式

（1）使用【样式】面板给图层添加预设样式。

执行【窗口】→【样式】菜单命令，打开【样式】面板（图 4-4-29）。在面板中单击【日落天空】样式，可以将其应用到当前选定的图层上（图 4-4-30）。

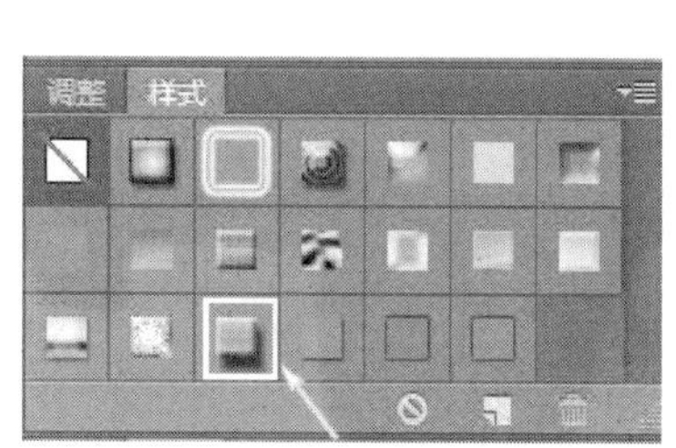

图 4-4-29　【样式】面板

图 4-4-30　应用【日落天空】样式

（2）使用【图层样式】对话框给图层添加样式。

执行【图层】→【图层样式】→【混合选项】菜单命令，弹出【图层样式】对话框，在对话框中选择最上端的【样式】选项（图 4-4-31），在【样式】预览窗口中选择需要的样式，也可将样式应用到当前图层上。

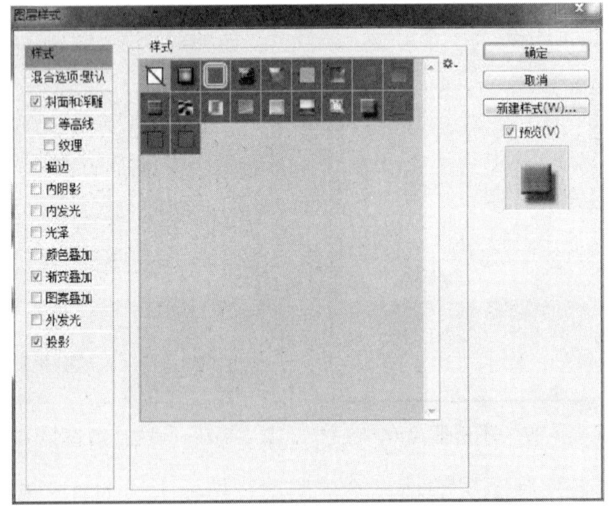

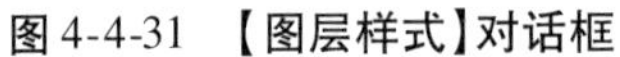
图 4-4-31 【图层样式】对话框

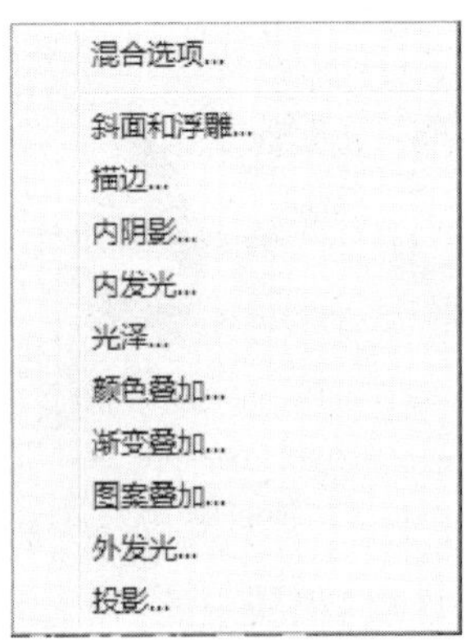

图 4-4-32 【图层样式】命令

2. 使用自定义样式

可以通过以下方式为图层添加自定义样式:

① 打开素材文件夹中的文件“音符.psd”。

② 选择【音符】图层,执行【图层】→【图层样式】菜单命令,在子菜单中选择需要的效果(图 4-4-32)。

③ 单击【图层】面板下方的 fx 图标,在弹出的菜单中选择效果。

④ 执行上述步骤,弹出【图层样式】对话框(图 4-4-31)。左侧面板中列出了各种图层效果:【投影】、【内阴影】、【外发光】、【内发光】、【斜面和浮雕】、【光泽】、【颜色叠加】、【渐变叠加】、【图案叠加】、【描边】。添加其中任一种或多种效果都可以创建自定义样式。

⑤ 效果名称前面的方框有钩表示选中了该效果,如果要详细设定,需要选中该名称,再在右面进行相应的设置。

图层样式各选项功能如下:

- 投影:在图层内容的后面添加阴影(图 4-4-33)。
- 内阴影:紧靠在图层内容的边缘内添加阴影,使图层具有凹陷外观(图 4-4-34)。
- 外发光、内发光:添加从图层内容的外边缘或内边缘发光的效果(图 4-4-35)。

图 4-4-33 投影

图 4-4-34 内阴影

图 4-4-35 外发光和内发光

- 斜面和浮雕:对图层添加高光与阴影的各种组合(图 4-4-36)。
- 光泽:用于创建光滑光泽的内部阴影(图 4-4-37)。

图 4-4-36　斜面和浮雕

图 4-4-37　光泽

图 4-4-38　颜色叠加

- 颜色叠加、渐变叠加、图案叠加：用颜色、渐变或图案填充图层内容（图 4-4-38、图 4-4-39、图 4-4-40）。
- 描边：使用颜色、渐变或图案在当前图层上描画对象的轮廓。它对于硬边形状（如文字）特别有用（图 4-4-41）。

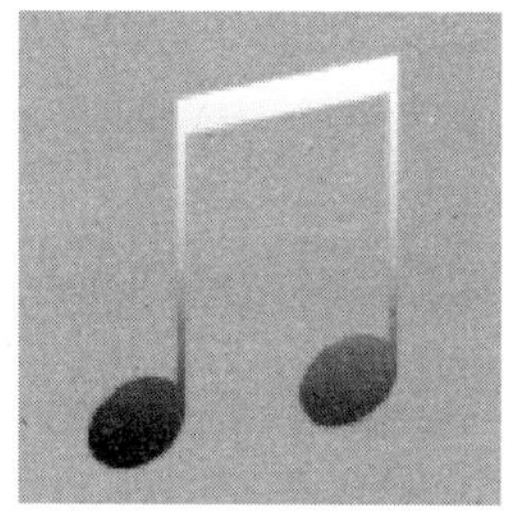
图 4-4-39　渐变叠加

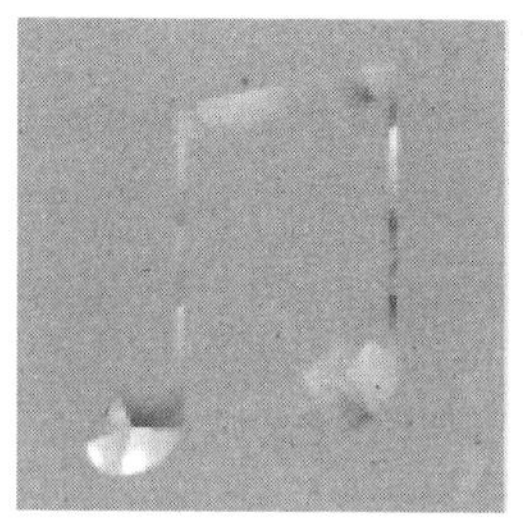
图 4-4-40　图案叠加

图 4-4-41　描边

以上每一种效果模式都可以在【图层样式】对话框中对其进行详细的参数设置，灵活地应用效果模式可以创造出花样别出的特殊效果。

知识点 6：新建图层样式

如果要在多个图层中应用同一个自定义样式，可以将该自定义样式存储为预设样式，直接在【样式】面板中调用。

在【图层】面板中选择样式所在的图层，单击【样式】面板下方的【创建新样式】按钮，弹出如图 4-4-42 所示的【新建样式】对话框，单击【确定】按钮，即可将自定义样式存储为新的图层样式，排列在【样式】面板上（图 4-4-43）。

图 4-4-42　【新建样式】对话框

图 4-4-43　【样式】面板

复制和粘贴样式是对多个图层应用相同效果的便捷方法，在图层间拷贝样式可通过菜单命令或鼠标拖移的方式来实现。

1. 使用菜单命令复制图层样式

① 选择包含样式的图层，执行【图层】→【图层样式】→【拷贝图层样式】菜单命令，或单击鼠标右键，从弹出的快捷菜单中选择【拷贝图层样式】命令。

② 选择目标图层，执行【图层】→【图层样式】→【粘贴图层样式】菜单命令，或单击鼠标右键，从弹出的快捷菜单中选择【粘贴图层样式】命令，目标图层上即应用新粘贴的样式，如图 4-4-44 所示。

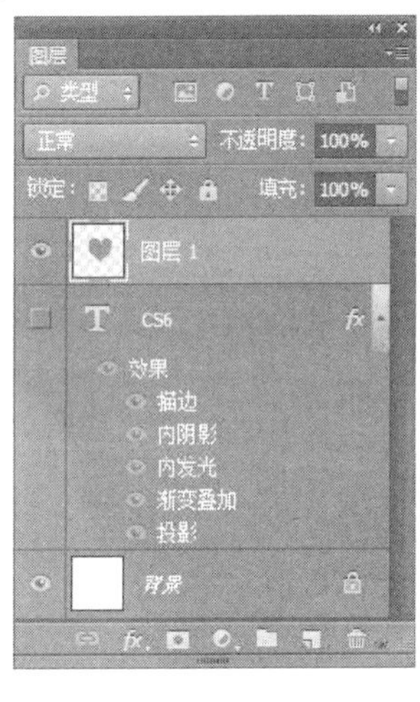

（a）

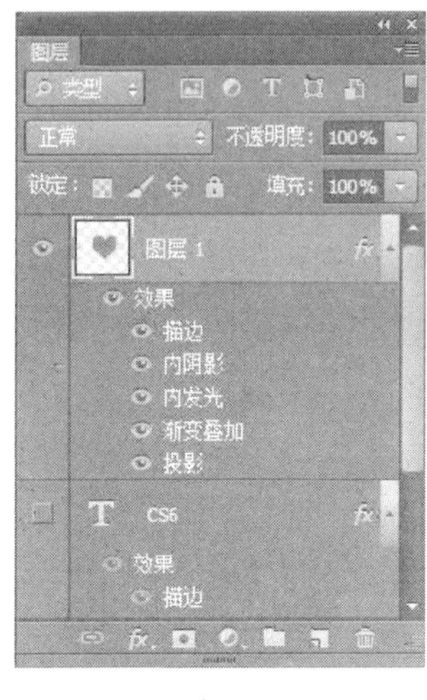

（b）

图 4-4-44 粘贴图层样式

2. 使用鼠标拖移复制图层样式

在【图层】面板中，按住【Alt】键再拖移图层效果到另一个图层上，即可在图层间复制图层样式。

知识点 7：清除图层样式

可以通过以下三种方式删除图层样式：

方法一：选择要删除样式的图层，将该图层右侧的 fx 拖动到【删除样式】图标上（图 4-4-45）。

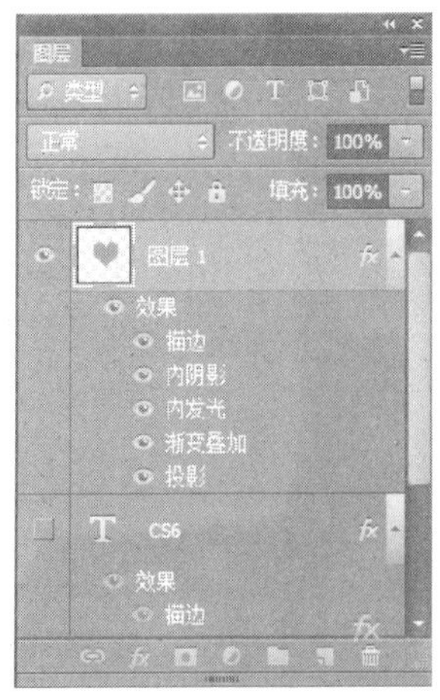

图 4-4-45 拖动 fx 到【删除样式】图标上

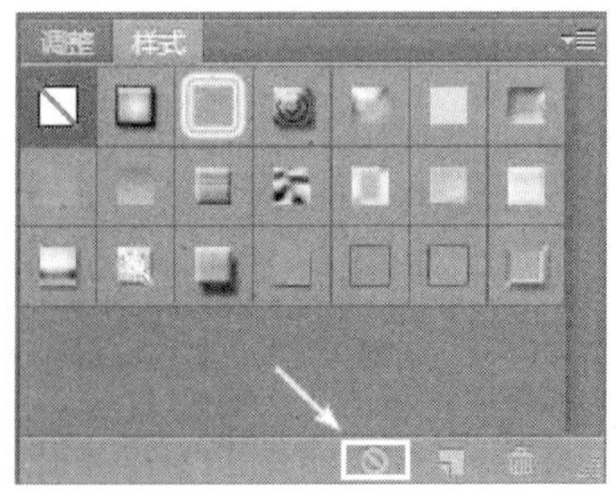

图 4-4-46 单击【清除样式】按钮

方法二：选择图层，执行【图层】→【图层样式】→【清除图层样式】菜单命令，或右击图层，在弹出的快捷菜单中选择【清除图层样式】命令。

方法三：选择图层，单击【样式】面板底部的【清除样式】按钮 (图 4-4-46)。

任务五 给小狗换衣服

【任务引入】

朋友给自己的宠物小狗拍了张照片，可是适合小狗穿的衣服太少了。你能给小狗换件漂亮的衣服吗？

【任务分析】

巧用图层混合模式给可爱的小狗换件衣服。

【任务实施】

原图如图 4-5-1 所示，处理后的效果图如图 4-5-2 所示。

图 4-5-1 原图

图 4-5-2 处理后的图形

① 打开素材文件夹中的图像文件“可爱小狗. jpg”。

② 利用【魔棒工具】或【磁性套索工具】将小狗的衣服转换为选区(图 4-5-3)。

③ 执行【选择】→【存储选区】菜单命令，打开【存储选区】对话框，并将选区的名称确定为【衣服】(图 4-5-4)。

图 4-5-3　创建选区

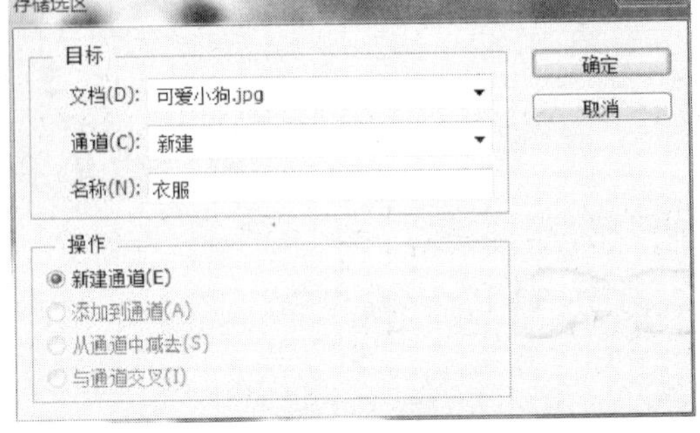

图 4-5-4　【存储选区】对话框

④ 打开素材文件夹中的图像文件“花纹.jpg”，并将之拖放到小狗的图层上面，图层关系如图 4-5-5 所示。

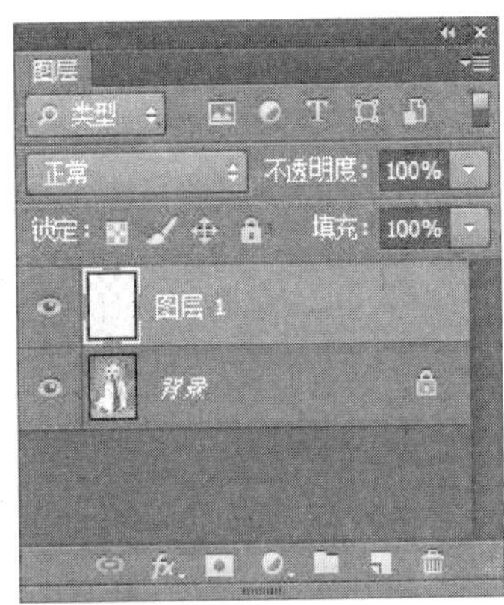

图 4-5-5　图层关系

图 4-5-6　调整花纹大小和位置

⑤ 执行【编辑】→【变换】菜单命令或按下【Ctrl】+【T】快捷键，对花纹的大小、位置进行调整（图 4-5-6）。

⑥ 执行【选择】→【载入选区】菜单命令，在打开的【载入选区】对话框的【通道】选项中选择【衣服】项，单击【确定】按钮。这时，刚刚存储的选区就被重新载入到文件中（图 4-5-7）。

⑦ 这时，要将【衣服】选区之外的内容去除，按住【Ctrl】+【Shift】+【I】快捷键进行反选，按下【Del】键删除（图 4-5-8）。

⑧ 按下【Ctrl】+【D】键取消选区，并在【图层】面板中，单击面板左侧的【设置图层的混合模式】下拉列表框，选择【正片叠底】选项（图 4-5-9）。

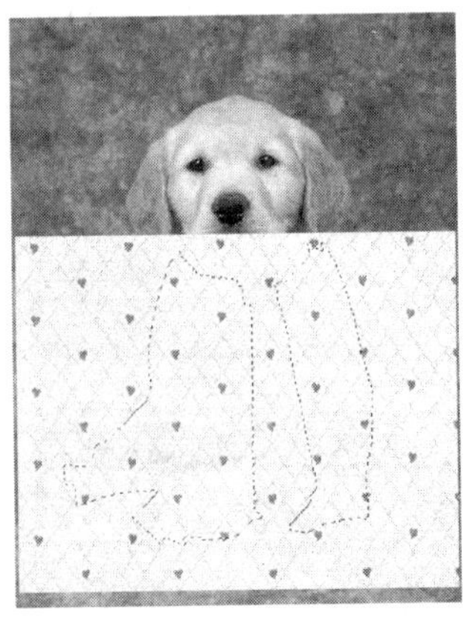

图 4-5-7　载入选区

图 4-5-8　删除多余内容

图 4-5-9　选择【正片叠底】选项

【相关知识】

图层的混合模式是指叠加的图层中位于上层的图层像素与其下层像素进行混合的方式，在两个叠加的图层上使用不同的混合模式，叠加后的最终效果也不同。因此，可使用不同的混合模式为图像创建特殊效果。

知识点 1：设置图层的混合模式

如图 4-5-10 所示，选择【图层 2】，单击【图层】面板左侧的【设置图层的混合模式】下拉列表框，弹出混合模式下拉列表，如图 4-5-11 所示，从中选择相应的混合模式。

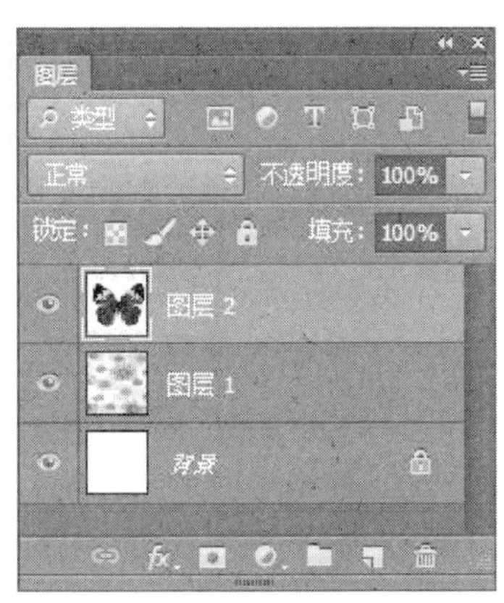

图 4-5-10　选择图层 2

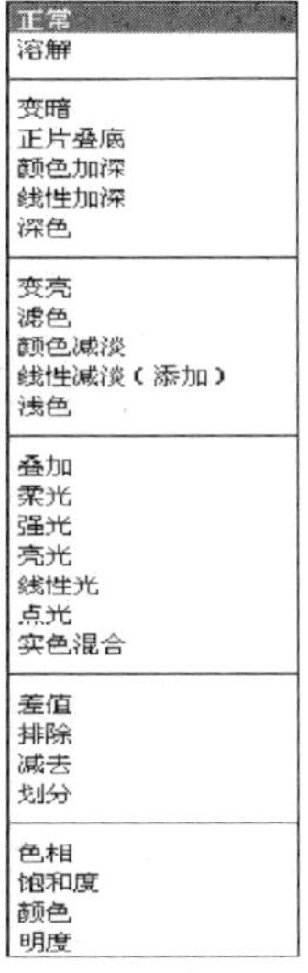

图 4-5-11　混合模式下拉列表

知识点 2：混合模式选项

Photoshop CS6 提供了 27 种图层混合模式，下面介绍各种模式的特点。

1.【正常】模式

这是系统默认的状态，上层图层的内容覆盖下层图层的内容（图4-5-12）。

图4-5-12 【正常】模式

2.【溶解】模式

根据像素位置的不透明度，结果色由基色或混合色的像素随机替换。选择此模式可创建点状效果，具体效果由设置的图层不透明度决定，降低图层的不透明度时，点状效果越明显。图层的不透明度设为100%时，与【正常】模式没有区别。

3.【变暗】模式

比较绘制的颜色与底色之间的亮度，较亮的像素被较暗的像素取代，而较暗的像素不变。选择此模式的结果是图像整体变暗（图4-5-13）。

图4-5-13 【变暗】模式

4.【正片叠底】模式

查看每个通道中的颜色信息，并将基色与混合色进行正片叠底，结果色总是较暗的颜色。任何颜色与黑色复合产生黑色，任何颜色与白色复合保持原来的颜色不变。简单地说，正片叠底模式就是突出黑色的像素。

5.【颜色加深】模式

查看每个通道中的颜色信息，通过增加对比度，使底色的颜色变暗以反映绘图色，和白色混合没有变化。

6.【线性加深】模式

查看每个通道中的颜色信息，通过降低对比度，使底色的颜色变暗以反映绘图色，和白色混合没有变化。

7.【深色】模式

比较混合色和基色的所有通道值的总和并显示值较小的颜色。深色不会生成第三种颜色，因为它将从基色和混合色中选择最小的通道值来创建结果色。

8.【变亮】模式

与【变暗】模式相反，选择基色或混合色中较亮的颜色作为结果色，较暗的像素被较亮的像素取代，而较亮的像素不变。

9.【滤色】模式

作用模式与【正片叠底】模式正好相反，将混合色的互补色与基色进行正片叠底，结果色总是较亮的颜色。通常执行【滤色】模式后的颜色都较浅。用黑色过滤时颜色保持不变，用白色过滤时将产生白色，而用其他颜色过滤时都会产生漂白的效果。

10.【颜色减淡】模式

查看每个通道中的颜色信息，并通过降低对比度，使基色变亮以反映混合色，与黑色混合没有变化。

11.【线性减淡（添加）】模式

查看每个通道中的颜色信息，通过增加亮度，使基色变亮以反映混合色，与黑色混合没有变化。

12.【浅色】模式

比较混合色和基色的所有通道值的总和并显示值较大的颜色。利用【浅色】模式可以对一幅图片的局部而不是整幅图片进行变亮处理。

13.【叠加】模式

图案或颜色在现有像素上叠加,保留基色的暗调和高光。基色不被替换,与混合色相混以反映原图的亮度或暗度。

14.【柔光】模式

使颜色变暗或变亮,具体取决于混合色。当混合色(光源)比50%灰色亮,则图像变亮,就像被减淡了一样;如果混合色(光源)比50%灰色暗,则图像变暗,就像被加深了一样。如果基色是白色或黑色,则没有任何效果。

15.【强光】模式

对颜色进行正片叠底或过滤,具体取决于混合色。当混合色(光源)比50%灰色亮,则图像变亮,就像过滤后的效果,这对于向图像添加高光非常有用;当混合色(光源)比50%灰色暗,则图像变暗,就像正片叠底后的效果,这对于向图像添加阴影非常有用。

16.【亮光】模式

通过增加或减小对比度来加深或减淡颜色,具体取决于混合色。当混合色(光源)比50%灰色亮,则通过减小对比度使图像变亮;当混合色(光源)比50%灰色暗,则通过增加对比度使图像变暗。

17.【线性光】模式

通过减小或增加亮度来加深或减淡颜色,具体取决于混合色。当混合色(光源)比50%灰色亮,则通过增加亮度使图像变亮;当混合色(光源)比50%灰色暗,则通过减小亮度使图像变暗。

18.【点光】模式

根据混合色替换颜色。当混合色(光源)比50%灰色亮,则替换比混合色暗的像素,比混合色亮的像素不变化;当混合色(光源)比50%灰色暗,则替换比混合色亮的像素,比混合色暗的像素不变化。

19.【实色混合】模式

将混合颜色的红色、绿色、蓝色通道值添加到基色的RGB值。如果通道的结果总和大于或等于255,则值为255;如果小于255,则值为0。因此,所有混合像素的红色、绿色、蓝色通道值要么是0,要么是255。这会将所有像素更改为原色:红色、绿色、蓝色、青色、黄色、洋红、白色或黑色。

图4-5-14 【差值】模式

20.【差值】模式

查看每个通道中的颜色信息,并从基色中减去混合色,或从混合色中减去基色,具体取决于哪一个颜色的亮度值更大。与白色混合将反转基色值,与黑色混合则不产生变化(图4-5-14)。

21.【排除】模式

与【差值】模式类似,但是比【差值】模式生成的颜色对比度小,因而颜色较柔和。与白

色混合将使基色反相，与黑色混合则不产生变化（图 4-5-15）。

图 4-5-15 【排除】模式

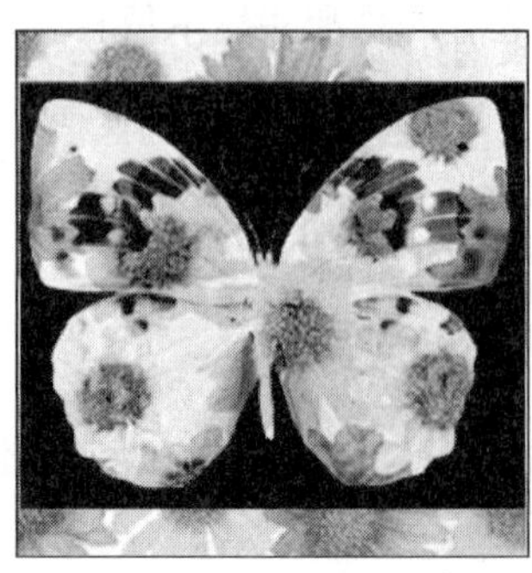

图 4-5-16 【减去】模式

图 4-5-17 【划分】模式

22.【减去】模式

查看每个通道中的颜色信息，并从基色中减去混合色。在 8 位和 16 位图像中，任何生成的负片值都会剪切为零（图 4-5-16）。

23.【划分】模式

查看每个通道中的颜色信息，并从基色中分割混合色（图 4-5-17）。

24.【色相】模式

用基色的亮度、饱和度以及混合色的色相来创建最终色。

25.【饱和度】模式

用基色的亮度和色相以及混合色的饱和度创建结果色。

26.【颜色】模式

用基色的亮度以及混合色的色相、饱和度来创建结果色。这样可以保护原图的灰阶层次，对图像的色彩微调、给单色和彩色图像着色都非常有用。

27.【明度】模式

与【颜色】模式相反，用基色的色相、饱和度以及混合色的亮度来创建结果色。

知识点 3：【图层复合】面板

所谓图层复合，就是将图层的位置、透明度、样式等布局信息存储起来，之后可以通过切换来比较几种布局的效果。也就是说，使用图层复合，可以在单个 Photoshop 文件中创建、管理和查看版面的多个版本。图层复合是【图层】面板状态的快照，图层复合记录以下三种类型的图层选项：

- 图层的可见性：图层显示、隐藏及不透明度设定的状态。
- 图层位置：在文档中的位置。
- 图层外观：是否将图层样式应用于图层和图层的混合模式。

打开素材文件夹中的文件“蝴蝶飞. psd”。执行【窗口】→【图层复合】菜单命令，打开【图层复合】面板，如图 4-5-18 所示。

(a)

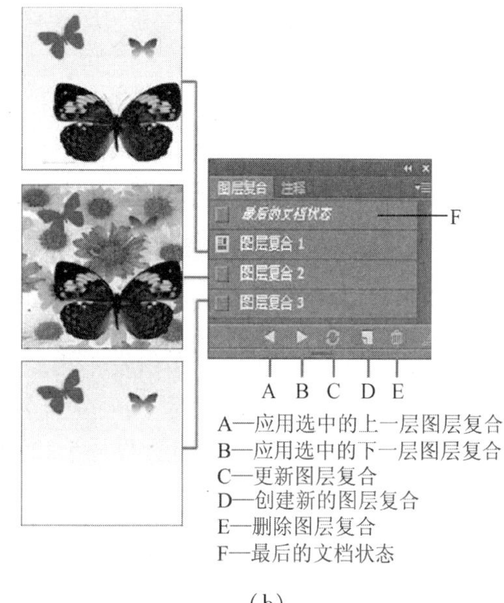

(b)

图 4-5-18 【图层复合】面板

知识点 4：创建图层复合

如果想要记录【图层】面板中图层的当前状态，如图 4-5-19 所示，单击【图层复合】面板底部的【创建新的图层复合】按钮 ，打开【新建图层复合】对话框（图 4-5-20）。设置选项后，即可创建一个图层复合（图 4-5-21）。

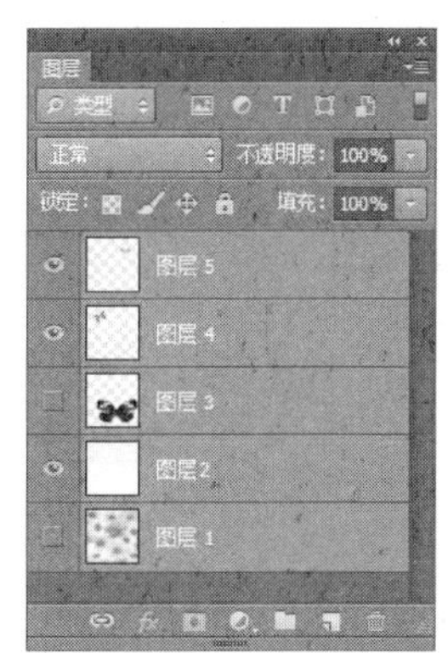

图 4-5-19 设置图层关系

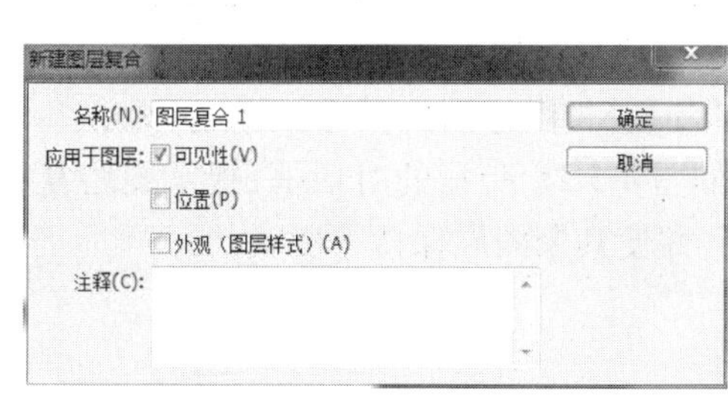

图 4-5-20 【新建图层复合】对话框

图 4-5-21 创建图层复合效果

知识点 5：应用并查看图层复合

要查看图层复合，首先需要应用它，单击【应用图层复合】图标 。

要循环查看所有图层复合，单击面板底部的【上一个】按钮 和【下一个】按钮 （要循环查看特定的复合，要先选中）。

要将文档恢复到在选取图层复合之前的状态，单击面板顶部的【最后的文档状态】旁边的【应用图层复合】图标 ，即可恢复到最后的文档状态。

知识点6：更改和更新图层复合

如果更改了图层复合的配置，如移动了图层的位置，或者修改了图层样式等，则需要更新图层复合。

在【图层复合】面板中选择需要更新的图层复合，单击面板底部的【更新图层复合】按钮 ，即可将修改后的图层状态保存到图层复合中。

知识点7：清除图层复合警告

创建了图层复合后，某些操作会引发不再能够恢复图层复合的情况。例如，删除图层、合并图层、将图层转换为背景。这时，图层复合名称旁边会显示一个无法完全恢复图层复合的警告图标 。例如，删除【图层5】（图4-5-22），【图层复合】面板出现变化，如图4-5-23所示。

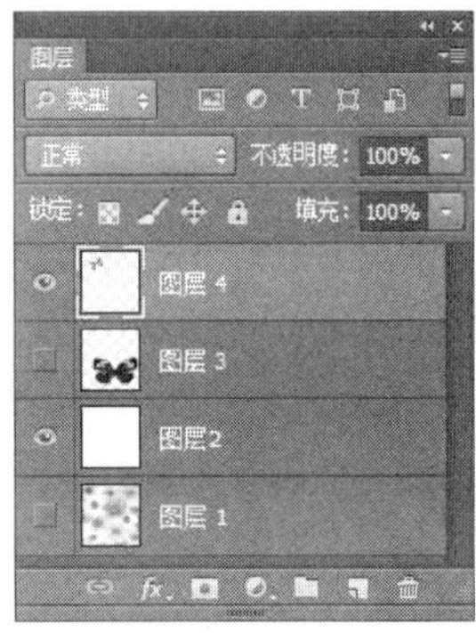

图4-5-22　删除【图层5】

图4-5-23　出现警告图标

对于这样的警告图标，可以执行下列操作之一：

- 忽略警告，这可能导致丢失一个或多个图层，其他已存储的参数可能会保留下来。
- 更新图层复合，单击面板底部的【更新图层复合】按钮 ，这将导致以前捕捉的参数丢失，但可使复合保持最新，同时警告图标消失，如图4-5-24所示。
- 单击警告图标，弹出如图4-5-25所示的对话框，提示图层复合无法正常恢复。单击【清除】按钮可移去警告图标，并使其余图层保持不变。

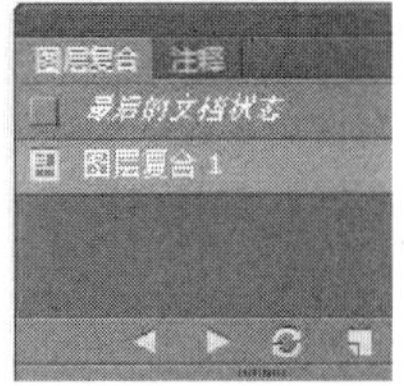

图4-5-24　更新图层复合

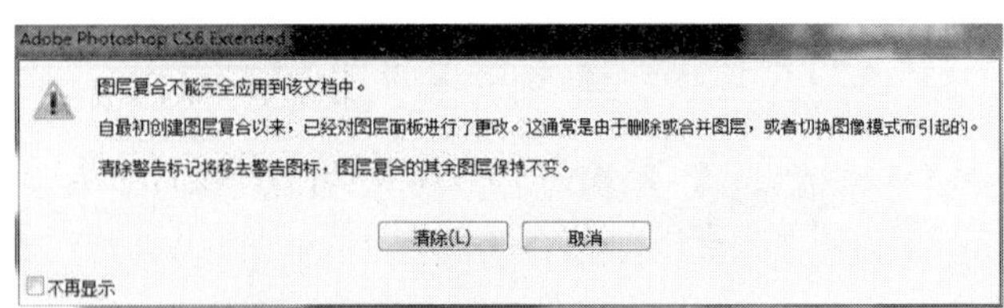

图4-5-25　提示对话框

- 右击警告图标，在弹出的快捷菜单中选择【清除图层复合警告】或【清除所有图层复合警告】命令，即可清除警告图标。

知识点8：删除图层复合

选择图层复合，单击面板底部的【删除图层复合】按钮 ，或从面板菜单中选择【删除图层复合】命令，可以删除图层复合。也可以直接将需要删除的图层复合拖至【删除图层复合】按钮 上进行删除。

知识点9：导出图层复合

执行【文件】→【脚本】菜单命令，可将图层复合导出到单独的文件或图层复合的Web照片画廊，如图4-5-26所示。

- 图层复合导出到文件：将所有图层复合导出到单独的文件，每个复合为一个文件。
- 图层复合导出到WPG：在计算机上必须安装可选的Web照片画廊增效工具。可以在安装盘上的【实用组件】文件夹中找到该增效工具。

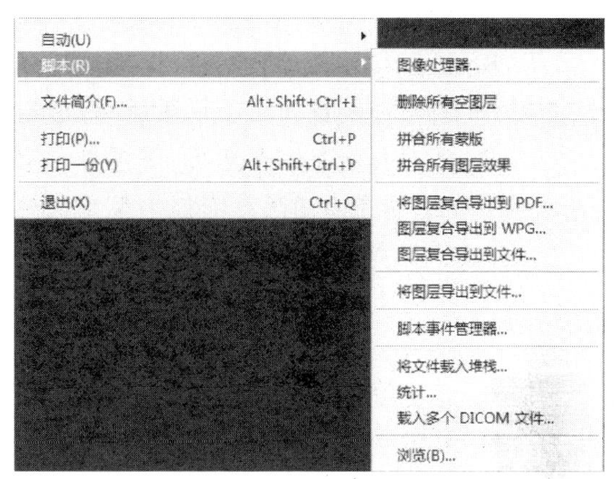

图4-5-26 【脚本】子菜单

复习与思考

一、选择题

1. 在使用【绘画工具】修改图像时，如果要保证透明区域不受影响，应单击【图层】面板上的(　　)按钮。

   A. 锁定透明像素　　B. 锁定图像像素
   C. 锁定位置　　D. 锁定全部

2. 一个JPEG格式的图像在Photoshop中打开后，存在着(　　)个图层。

   A. 2　　B. 3　　C. 0　　D. 1

3. 将两个图层创建了链接，下列说法正确的是(　　)。

   A. 对一个图层添加模糊，另一个也会被添加
   B. 对一个图层进行移动，另一个也会随之移动
   C. 对一个图层使用样式，另一个也会被使用
   D. 对一个图层进行删除，另一个也会被删除

4. 如果一个图层被锁定，下列说法不正确的是(　　)。

   A. 此图层可以被移动　　B. 可以对此图层进行任何编辑
   C. 此图层不可能被编辑　　D. 此图层像素可以被改变

5. (　　)可将一个图像中所有图层合并到一个图层中，而其他图层没有发生任何变化。

   A. 向下合并图层　　B. 合并可见图层

C. 盖印可见图层　　D. 合并图像

6. 在【图层】面板中,双击一个图层,在打开的对话框中我们可以对该图层的(　　)进行设置。

A. 图层样式　　B. 图层混合模式

C. 图层的排列顺序　　D. 图层的合并

7. 下列对图层样式的说法不正确的是(　　)。

A. 对一个图层使用图层样式后,不能将其中的一个图层样式取消

B. 对图层添加了多个图层样式后,不能将其中的一个图层样式合并

C. 两个图层都作用了图层样式,若两个图层合并,那么图层样式也合并

D. 图层样式与图层无关,不依赖图层而存在

8. 下列选项中对图层之间混合模式的说法正确的是(　　)。

A. 图层混合模式实际上就是在当前图层添加了某种图层样式

B. 图层混合模式实际上就是在当前图层与当前图层之下的图层均添加了某种图层样式

C. 图层混合模式实际上就是两个图层之间的特殊的叠加效果

D. 图层混合模式对图层有不可恢复的损伤

9. 在【路径】面板中单击【从选区建立工作路径】按钮,即创建一条与选区相同形状的路径,利用【直接选择工具】对路径进行编辑,路径区域中的图像将(　　)。

A. 随着路径的编辑而发生相应的变化

B. 没有变化

C. 位置不变,形状改变

D. 形状不变,位置改变

10. 下列关于图层混合模式的说法不正确的是(　　)。

A. 图层混合模式的【变暗】模式,就是将当前图层与下一个图层进行比较,只允许下一个图层中比当前图层暗的区域显示出来

B. 图层混合模式的【变亮】模式,就是将当前图层与下一个图层进行比较,只允许下一个图层中比当前图层亮的区域显示出来

C. 图层混合模式的【溶解】模式,可以使当前图层的完全不透明区域和半透明区域的图像像素散化

D. 图层混合模式的【颜色】模式,就是将当前图层中的颜色信息(色相和饱和度)应用到下面的图像中

二、填空题

1. 背景图层是一种特殊的图层,它永远位于【图层】面板________,而且很多针对图层的操作在背景图层都不能进行。

2. ____________主要用来控制色调和色彩的调整,它存放的是图像的色调和色彩,而不存放图像。

3. 图层的填充不透明度________对该图层样式的不透明度产生影响。

三、操作题

1. 打开素材文件夹中的“复习与思考4-1.jpg”图片，打造唯美海边风景照(图1)。

(a) 原图

(b) 效果图

图1　海边风景照

2. 制作水晶按钮(图2)。

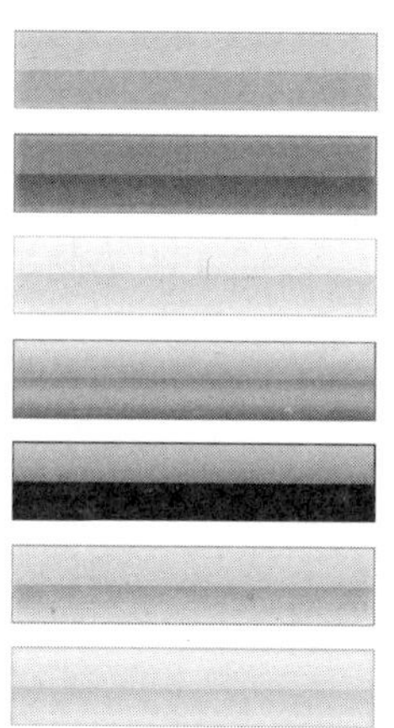

图2　效果图

3. 打开素材文件夹中的“复习与思考4-2.jpg”图片，给黑白图片上色(图3)。

(a) 原图

(b) 效果图

图3　黑白图片和彩色图片

项目五　路径

路径是 Photoshop CS6 图像处理的基础之一,其主要用于进行光滑图像选择区域及辅助抠图,绘制光滑线条,定义画笔等工具绘制的轨迹,输出、输入路径以及和选择区域之间转换。通过本项目的学习,应重点掌握各种路径工具的设置及使用方法,灵活应用路径实现特殊效果。

任务一　绘制可爱的企鹅

【任务引入】

学习 Photoshop 已经有一段时间了,怎样才能绘制出光滑圆润的线条与图形呢?请你试着绘制出可爱的企鹅图。

【任务分析】

本任务利用【钢笔工具】,结合【路径】面板,绘制出憨态可掬的企鹅图。

【任务实施】

具体操作步骤如下:

① 打开素材文件夹中的图像文件"企鹅.jpg"。

② 在背景层上新建图层,用白色填充该图层,并将不透明度设置为77%,如图5-1-1所示,使之能够隐约显示背景层的内容。

图 5-1-1　新建图层

图 5-1-2　【钢笔工具】的使用

③ 选择【钢笔工具】,将鼠标定位到起点位置,按住鼠标左键进行拖拉,释放鼠标即可形成曲线,效果如图 5-1-2 所示。

④ 沿着企鹅的轮廓开始绘制,直到回到起点位置。这时,【路径】面板出现新的工作路径,如图 5-1-3 所示。

⑤ 双击该路径,将路径重新命名为【外形】,如图 5-1-4 所示。

图 5-1-3 【路径】面板

图 5-1-4 重命名路径

⑥ 单击【路径】面板下方的【创建新路径】按钮,新建路径并命名为【肚皮】,如图 5-1-5 所示。

⑦ 利用【钢笔工具】再次进行路径的绘制,直至【肚皮】部分绘制完成。

⑧ 重复执行步骤⑥、⑦,直至所有部件全部绘制完成,效果如图 5-1-6 所示。

图 5-1-5 创建新路径

图 5-1-6 【路径】面板效果

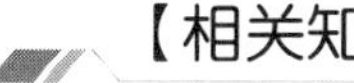

【相关知识】

知识点 1:路径的概念

路径是由一条或几条相交或不相交的直线或曲线组合而成的。也就是说,路径可以是封闭的,没有起点的,如图 5-1-7 所示;也可以是开放的,有两个不同的端点,如图 5-1-8 所示。

路径由以下几部分组成,如图 5-1-9 所示。

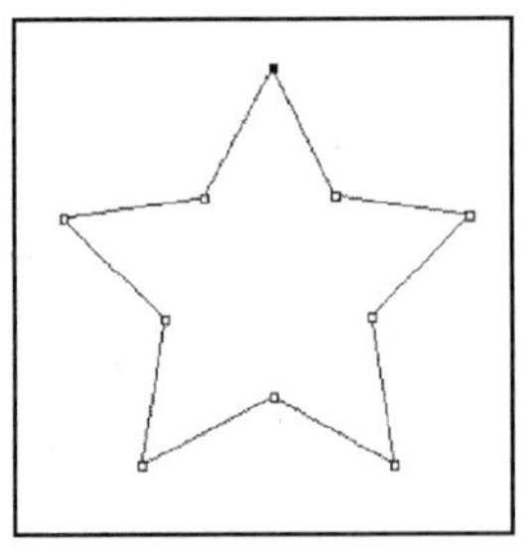

图 5-1-7　封闭路径

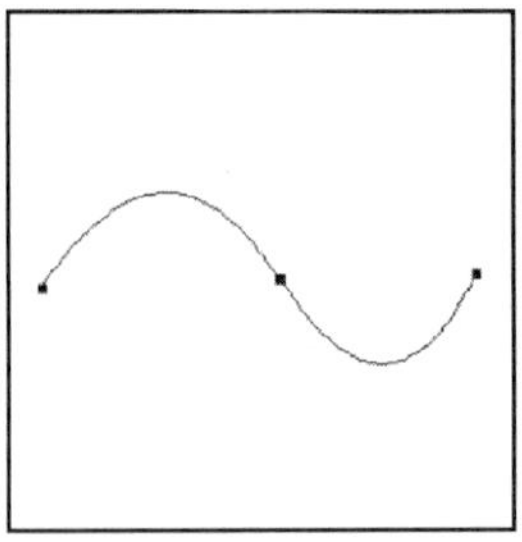

图 5-1-8　不封闭路径

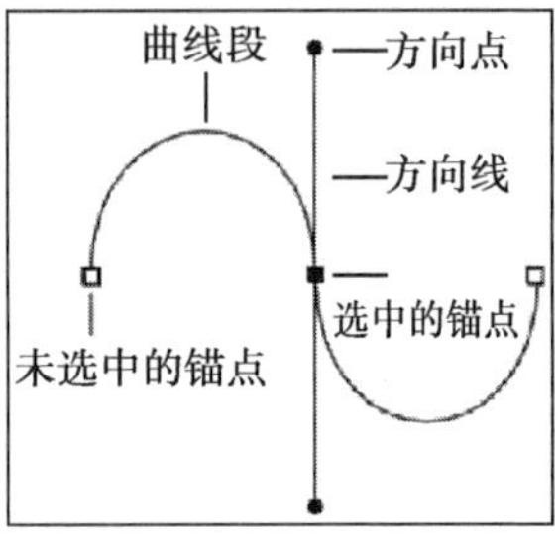

图 5-1-9　路径的组成

- 锚点。锚点是定义路径中每条线段的开始和结束的点，通过它们来固定路径。
- 线段。锚点间的线条称为线段。路径是由一条或多条直线段或曲线段组成的。
- 方向点和方向线。方向点和方向线的位置决定了曲线段的大小和形状，移动它们将改变路径中曲线的形状。

提示：路径不必是由一系列线段连接起来的一个整体，它也可以包含多个彼此完全不同而且相互独立的路径组件。图 5-1-10 所示为选择图形路径，图 5-1-11 所示为选择星形路径。

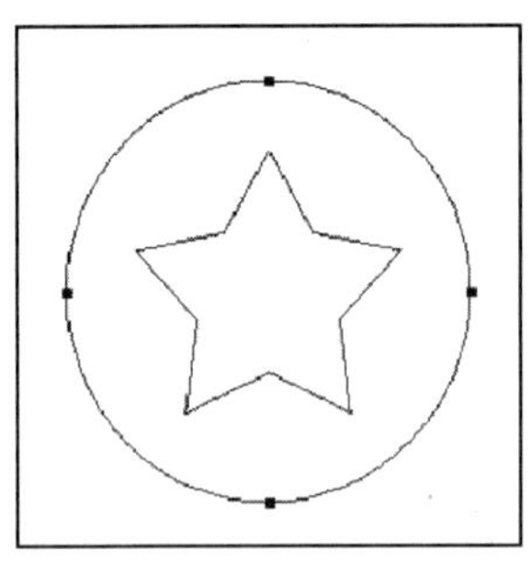

图 5-1-10　选择图形路径

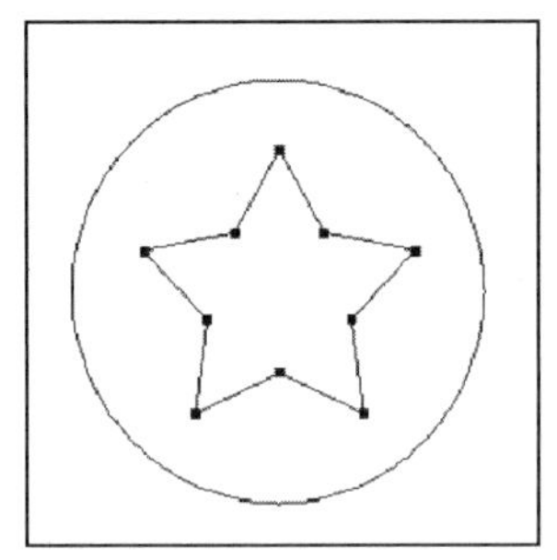

图 5-1-11　选择星形路径

知识点 2：认识【路径】面板

执行【窗口】→【路径】菜单命令，打开【路径】面板，如图 5-1-12 所示，面板中列出了每条存储的路径、当前工作路径和当前矢量蒙版的名称和缩略图。

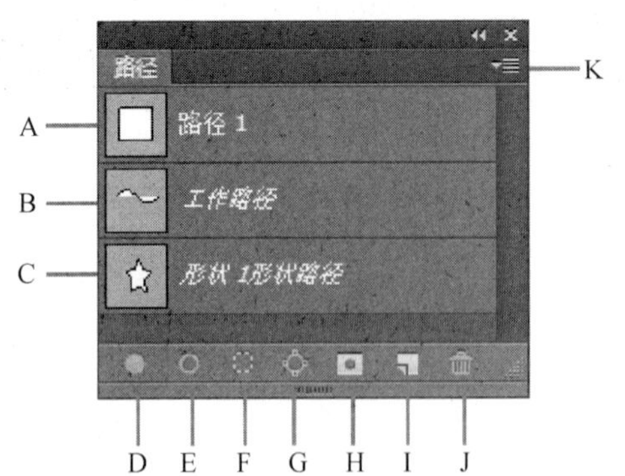

A—存储的路径
B—临时工作路径
C—矢量蒙版路径
D—用前景色填充路径
E—用画笔描边路径
F—将路径作为选区载入
G—从选区生成工作路径
H—添加蒙版
I—创建新路径
J—删除当前路径
K—路径面板弹出式菜单

图 5-1-12　【路径】面板

知识点3：路径编辑工具

Photoshop CS6 中提供了一组用于生成、编辑、设置路径的工具组，它们位于工具箱中，默认情况下，其图标呈现为【钢笔工具】及【路径选择工具】。使用鼠标左键单击此处图标保持两秒钟，将会弹出隐藏的工具组，如图 5-1-13、图 5-1-14 所示即为钢笔图标与选择图标隐藏工具组。

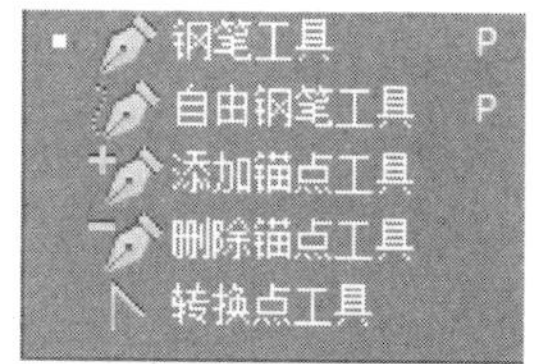

图 5-1-13 钢笔图标隐藏工具组

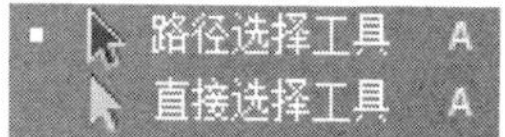

图 5-1-14 选择图标隐藏工具组

- 【钢笔工具】：是最主要的路径创建工具，特点是精确与自动，利用【钢笔工具】可以绘制出直线段或曲线段，这两种线段可以混合连接。
- 【自由钢笔工具】：主要用于随意绘图，以自由拖动的方式绘制路径线段，系统会自动沿鼠标经过的路线生成路径和锚点。
- 【添加锚点工具】：在现有的路径上增加一个锚点。
- 【删除锚点工具】：在现有的路径上删除一个锚点。
- 【转换点工具】：点选锚点，在平滑曲线转折点和直接转折点之间转换。
- 【路径选择工具】：用于选择整个路径及移动路径。
- 【直接选择工具】：用于选择路径锚点和改变路径的形状。

知识点4：使用【钢笔工具】创建路径

1.【钢笔工具】属性栏

【钢笔工具】是具有最高精度的绘图工具，利用它可以绘制直线和平滑的曲线。图 5-1-15 所示为【钢笔工具】属性栏。

图 5-1-15 【钢笔工具】属性栏

【钢笔工具】属性栏中各图标和选项的功能如下：

- 【形状】下拉列表项：可以创建形状图层。形状图层包含使用前景色或者所选样式填充的填充图层，以及定义形状轮廓的矢量蒙版，填充图层与蒙版之间为链接状态，如图 5-1-16 所示。形状轮廓是路径，它出现在【路径】面板中，如图 5-1-17 所示。
- 【路径】下拉列表项：可以创建工作路径。工作路径是出现在【路径】面板中的临时路径，用于定义形状的轮廓，如图 5-1-18 所示。
- 【像素】下拉列表项：可以直接在当前图层上绘制栅格化的图形，与绘图工具组的功

能非常类似。在此模式中，创建的是栅格图像，而不是矢量图形，如图 5-1-19 所示。可以像处理任何栅格图像一样来处理绘制的形状，但此模式只能用于形状工具组，不能用于【钢笔工具】。

图 5-1-16　创建【形状 1】图片

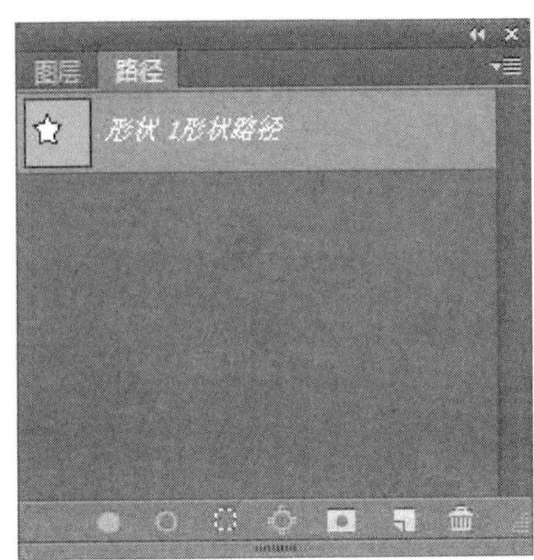

图 5-1-17　形状 1 轮廓

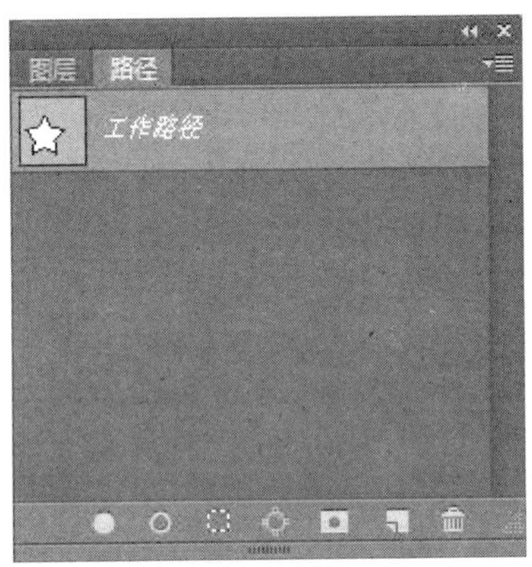

图 5-1-18　【路径】选项效果

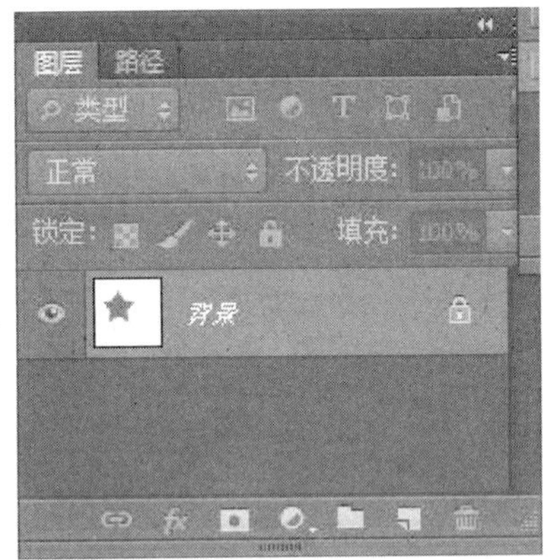

图 5-1-19　【像素】选项效果

- 自动添加/删除：选中此复选框后，使用【钢笔工具】在路径上单击可以添加一个锚点，如图 5-1-20 所示；在锚点上单击时，则可以删除该锚点，如图 5-1-21 所示。
- 橡皮带：选中此复选框后，在拖动鼠标时，可以预览两次单击之间的路径段，如图 5-1-22 所示。

图 5-1-20　添加锚点

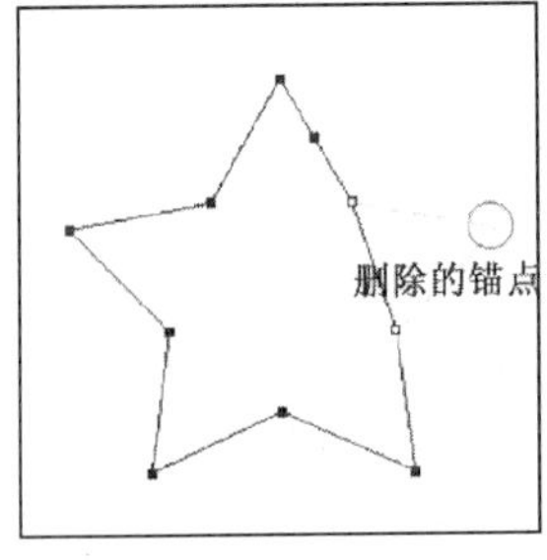

图 5-1-21　删除锚点

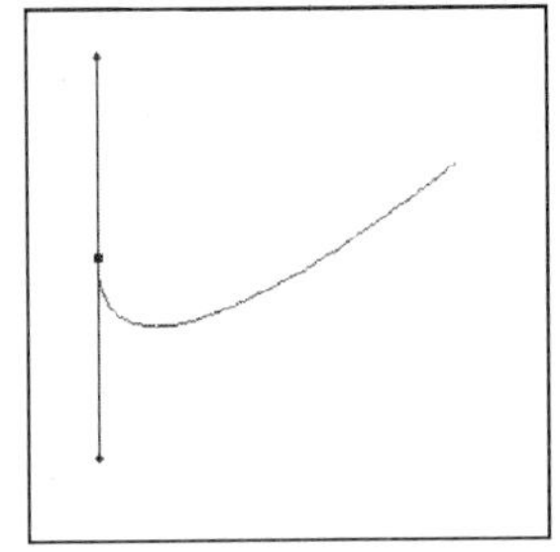

图 5-1-22　【橡皮带】效果

- 【路径操作】按钮如图 5-1-23 所示。

图 5-1-23 【路径操作】按钮

◆【合并形状】图标：可以将新绘制的区域添加到现有形状或路径中。例如，已有如图 5-1-24 所示的路径，新绘制路径后的效果如图 5-1-25 所示。

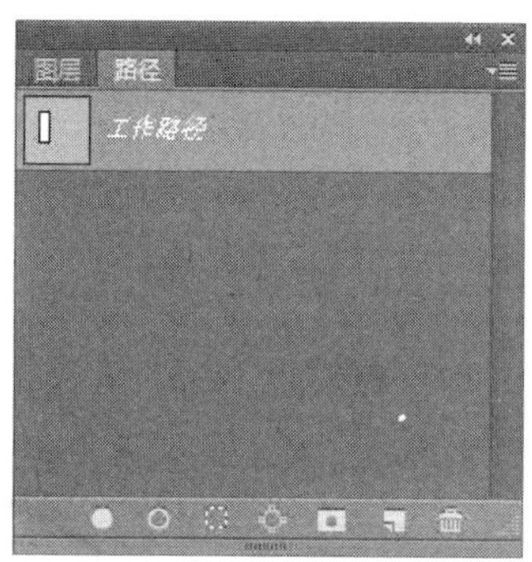

图 5-1-24 单条路径

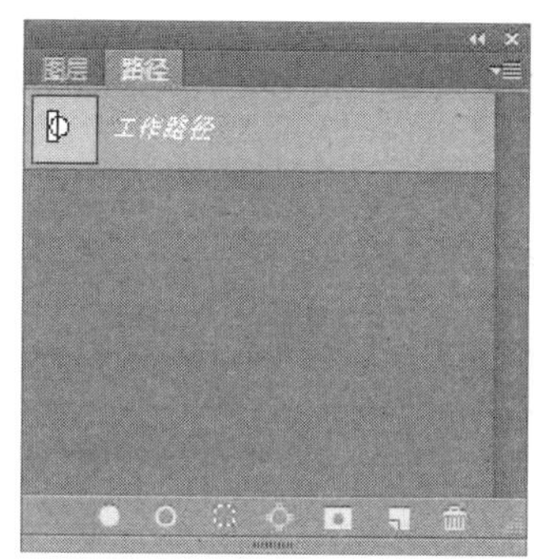

图 5-1-25 合并形状

◆【减去顶层形状】图标：可以将重叠区域从现有开头或路径中移去，如图 5-1-26 所示。

◆【与形状区域相交】图标：可以将区域限制为新区域与现有形状或路径的交叉区域，如图 5-1-27 所示。

图 5-1-26 减去顶层形状

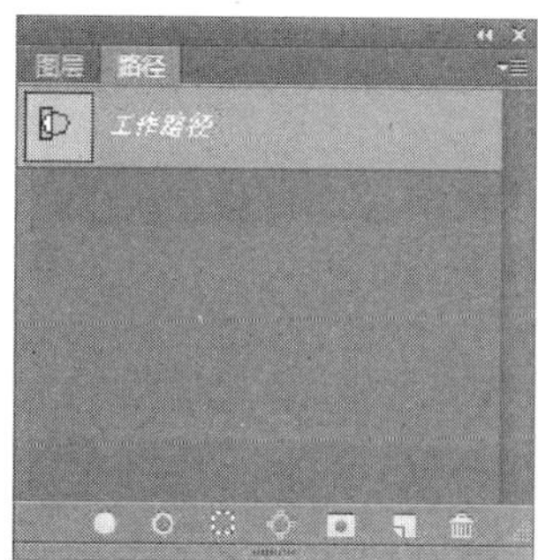

图 5-1-27 与形状区域相交

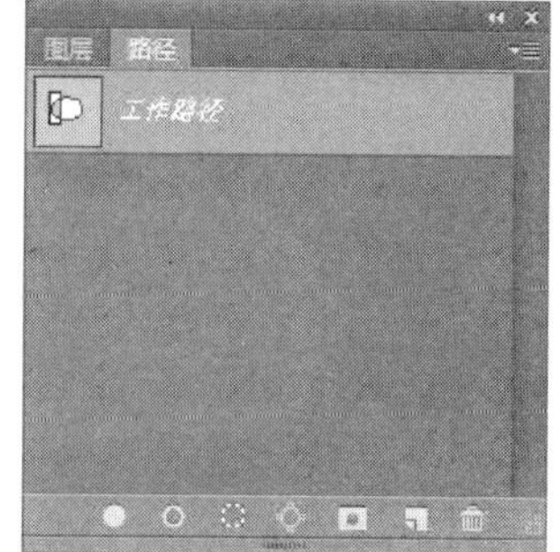

图 5-1-28 排除重叠形状

◆【排除重叠形状】图标：可以从新区域和现有区域的合并区域中排除重叠区域，如图 5-1-28 所示。

• 【路径对齐方式】按钮如图 5-1-29 所示。

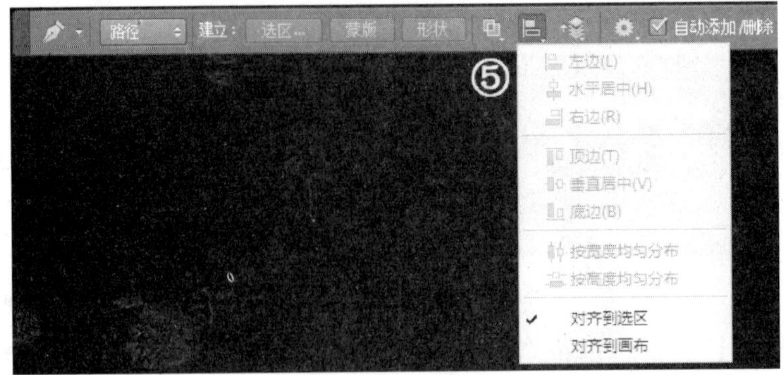

图 5-1-29 【路径对齐方式】按钮

利用【路径选择工具】选中需要操作的路径，如图 5-1-30 所示，选择对齐方式中的【顶边】命令，效果如图 5-1-31 所示。

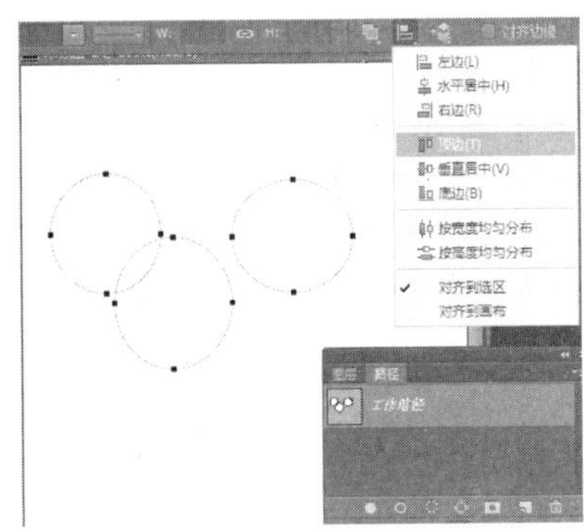

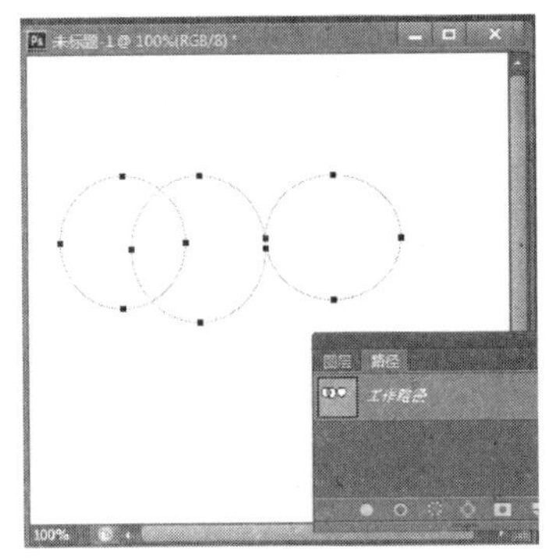

图 5-1-30 选择路径　　图 5-1-31 【顶边对齐】效果

路径对齐的效果与“图层的对齐”原理相同，其他对齐效果可参考项目四任务三知识点 2。

- 【路径排列方式】按钮如图 5-1-32 所示。

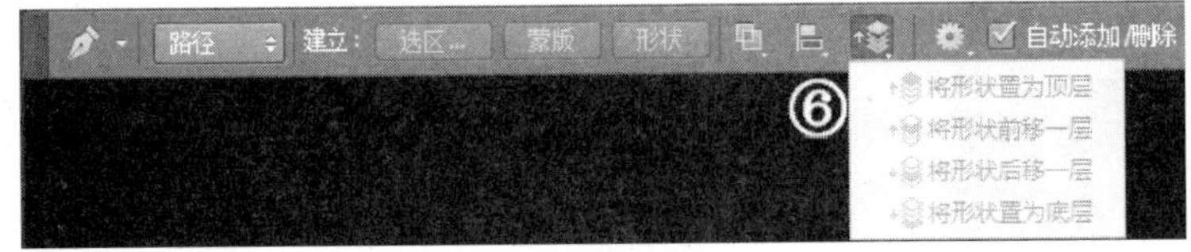

图 5-1-32 【路径排列方式】按钮

利用【路径选择工具】选中需要操作的路径，可以改变当前路径的叠放顺序。

2. 绘制直线

使用【钢笔工具】可以绘制的最简单路径是直线，方法是通过单击【钢笔工具】创建两个锚点，继续单击，可创建由角点连接的直线段组成的路径。

操作步骤如下：

① 将【钢笔工具】定位到直线起点并单击，以定义第一个锚点，如图 5-1-33 所示。这里不需要拖动鼠标。

② 移动【钢笔工具】的位置，再次单击鼠标，从而绘制出路径的第二点，两点之间将自动以直线连接，如图 5-1-34 所示。若按住【Shift】键并单击，可以将直线的角度限制为 45°的倍数。

③ 同理,绘制出其他锚点。最后添加的锚点总是显示为实心方形,表示已选中状态。当添加新的锚点时,以前定义的锚点会变成空心并被取消选择,如图 5-1-35 所示。

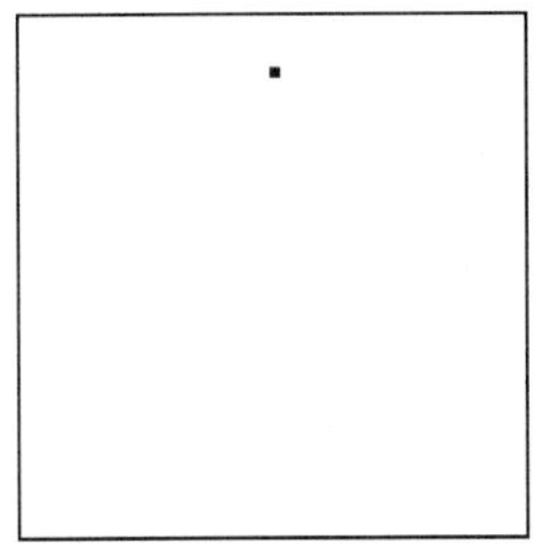

图 5-1-33　定义第一个锚点

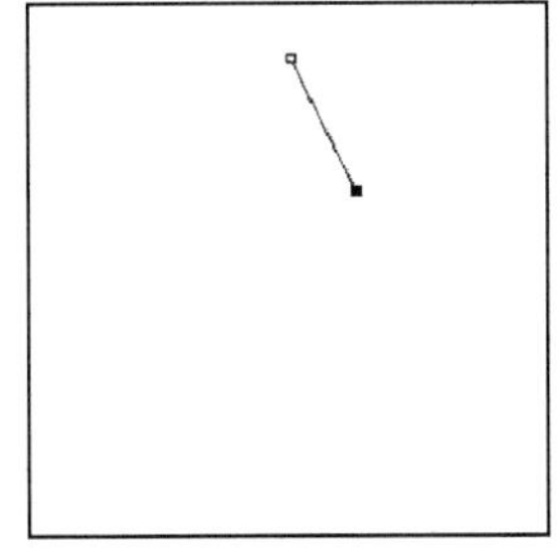

图 5-1-34　两点之间直线连接

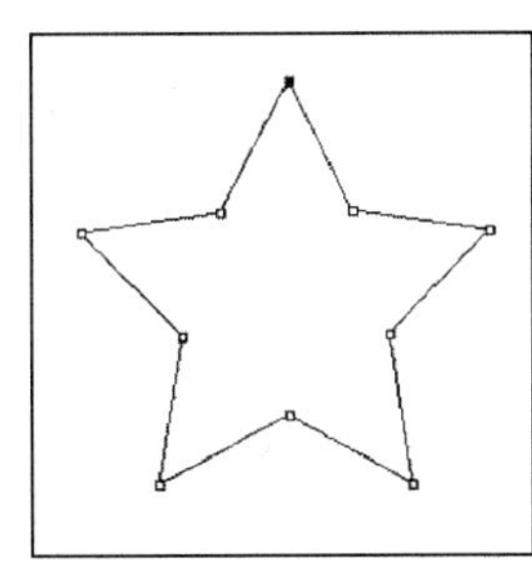

图 5-1-35　闭合路径

3. 绘制曲线

选择【钢笔工具】,在单击鼠标时不松开鼠标,而是拖动鼠标,可以拖动出一条方向线,每一条方向线的斜率决定了曲线的弯度,每一条方向线的长度决定了曲线的高度或者深度。

连续弯曲的路径即是一条连续的波浪形状,是通过平滑点来连接的;非连续弯曲的路径是通过角点连接的,如图 5-1-36 所示。

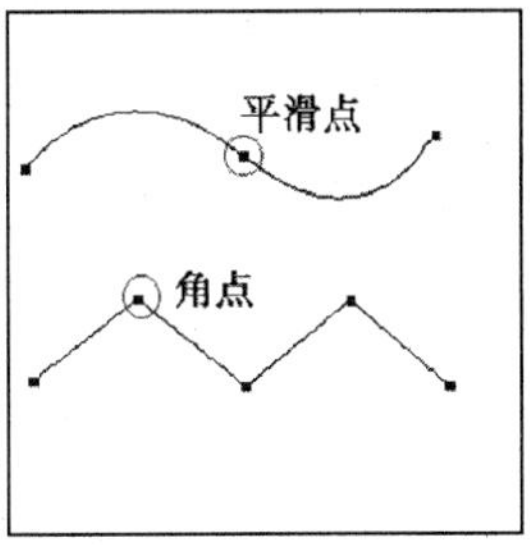

平滑点

角点

图 5-1-36　连续弯曲和非连续弯曲的路径

具体操作步骤如下:

① 将【钢笔工具】定位到曲线的起始点,按住鼠标左键进行拖拉,释放鼠标即可形成第一个曲线锚点。

② 将鼠标移动到下一个位置,按下并拖动鼠标,即创建平滑的曲线。根据鼠标拖动方向的不同,创建的曲线形状也有区别:若要创建 C 形曲线,需向与前一条方向线相反的方向拖动,如图 5-1-37 所示;若要创建 S 形曲线,需向与前一条方向线相同的方向拖动,如图 5-1-38 所示。

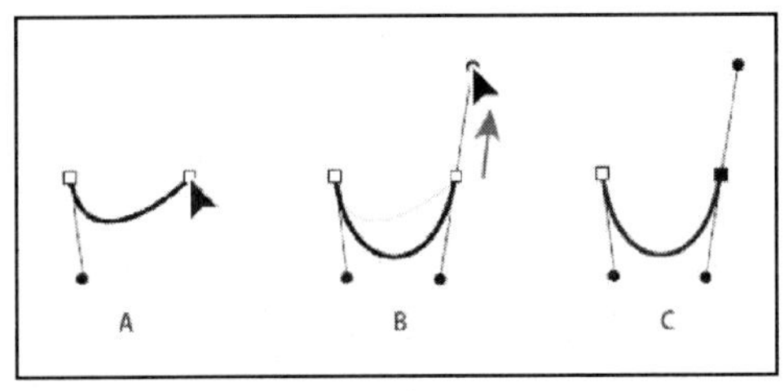

图 5-1-37　绘制 C 形曲线

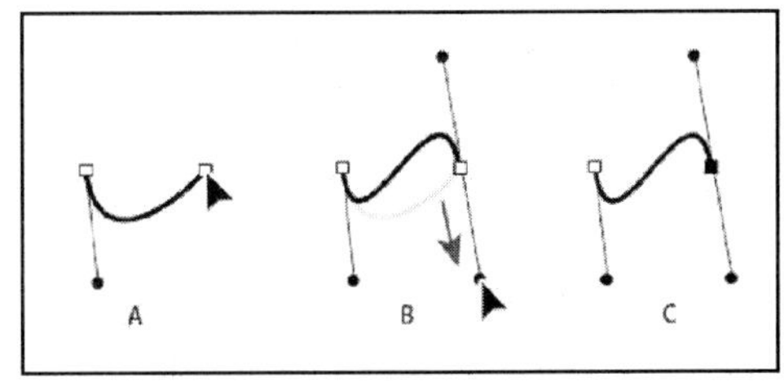

图 5-1-38　绘制 S 形曲线

③ 继续在不同的位置单击并拖动鼠标,可以创建一系列平滑的曲线。

④ 如果要闭合路径,可将【钢笔工具】定位在第一个锚点上,这时钢笔的右下角会出现一个小圆圈,单击鼠标即可封闭路径。如果要保持路径开放,按住【Ctrl】键单击路径以外的任意位置。

知识点 5:使用【自由钢笔工具】创建路径

【自由钢笔工具】可用于随意绘图,就像用铅笔在纸上绘图一样。绘图时,将自动在光标经过处生成路径和锚点,无须确定锚点的位置,完成路径后还可以进一步对其进行调整。

如图 5-1-39 所示为【自由钢笔工具】属性栏，其选项内容与【钢笔工具】基本相同。

图 5-1-39 【自由钢笔工具】属性栏

- 曲线拟合：数字范围为 0.5～10 像素，代表曲线上锚点数量。数字越大，代表路径上锚点越多，也就越符合路径的边缘。
- 宽度：数字范围为 1～256 像素，用来定义【磁性钢笔工具】检索的距离范围。数字越大，寻找的范围越大，也就越有可能导致边缘的准确度降低。
- 对比：数字范围为 1%～100%，用来定义【磁性钢笔工具】对边缘的敏感程度。如果输入的数字较大，则【磁性钢笔工具】只能检索到和背景对比度较大的物体的边缘；反之，可以检索到低对比度的边缘。
- 频率：数字范围为 0～100，用来控制【磁性钢笔工具】生成固定点的多少。频率越高，越能快速地固定路径边缘。

知识点 6：使用【磁性钢笔工具】创建路径

【磁性钢笔工具】是【自由钢笔工具】的选项，可以绘制与图像中定义区域的边缘对齐的路径。

具体操作步骤如下：

① 选择【自由钢笔工具】，在如图 5-1-39 所示的属性栏中选中【磁性的】复选框，鼠标变为 ，并在【自由钢笔选项】中分别设置宽度、对比和频率。

② 在图像中单击，设置第一个锚点，如图 5-1-40 所示。

③ 沿对象边缘拖动鼠标，路径段会与图像中对比度最强烈的边缘对齐，类似于使用【磁性套索工具】，如图 5-1-41 所示。

④ 按【Enter】键结束开放路径；双击鼠标闭合路径。

图 5-1-40 设置第一个锚点

图 5-1-41 【自由钢笔工具】的使用

知识点 7：使用【形状工具】创建路径

在工具箱中提供了 6 种形状工具，包括【矩形工具】、【圆角矩形工具】、【椭圆工具】、【多边形工具】、【直线工具】和【自定义工具】。可以直接使用它们绘制出方形、圆形、多边形以及其他形状的各种路径。

具体操作步骤如下：

① 在工具箱中任选一种形状工具，并在如图 5-1-42 所示的属性栏中选择【路径】选项。

图 5-1-42　选择【路径】选项

② 拖动鼠标，即可绘制路径，如图 5-1-43 所示。若选择【形状】选项，则可绘制形状图层。形状图层包含填充图层和矢量蒙版，如图 5-1-44 所示。

图 5-1-43　【路径】选项效果

图 5-1-44　【形状】选项效果

知识点 8：存储工作路径

当使用【钢笔工具】或【形状工具】创建工作路径时，新的路径以工作路径的形式出现在【路径】面板中，如图 5-1-45 所示。该工作路径是临时的，必须存储它以免丢失其内容。如果没有存储便取消选择了工作路径，当再次绘图时，新的路径将取代现有路径。可以通过以下方法存储路径：

方法一：在【路径】面板中选择路径，并拖动到面板底部的【创建新路径】图标上，可以存储路径。

方法二：执行【路径】面板菜单中的【存储路径】命令，然后在【存储路径】对话框中输入新的路径名即可。

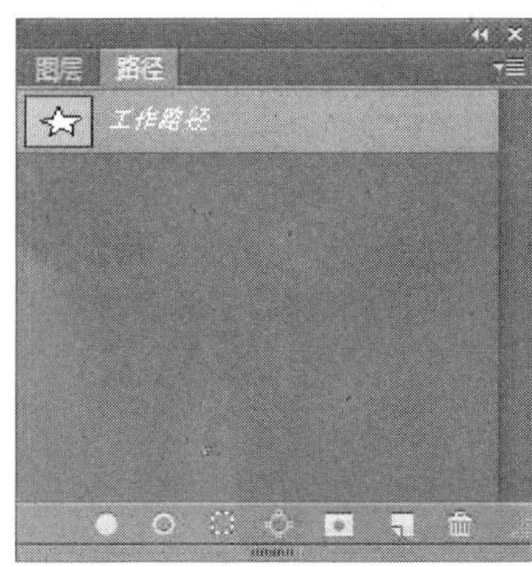

图 5-1-45　工作路径

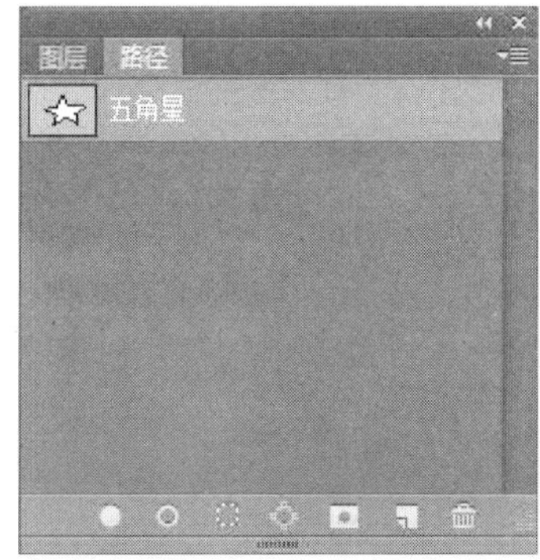

图 5-1-46　存储后的路径

方法三：在【路径】面板中双击路径，在【存储路径】对话框中输入新的路径名即可。存储后的路径如图 5-1-46 所示。

知识点 9：重命名存储的路径

双击【路径】面板中的路径名，输入新的名称，即可重命名路径。

知识点 10：复制和删除路径

可以通过以下方法复制路径：

方法一：使用【路径选择工具】选择路径后，按住【Alt】键拖动鼠标可以复制路径。此时，【路径】面板中并没有创建新路径，而是将原路径与新路径放在一个路径文件中，如图 5-1-47 所示。

方法二：在【路径】面板中选择路径，并拖动到面板底部的【创建新路径】图标上。此时，【路径】面板中会新建一个路径文件，如图 5-1-48 所示。此方法适用于已存储的路径，而不是临时路径。

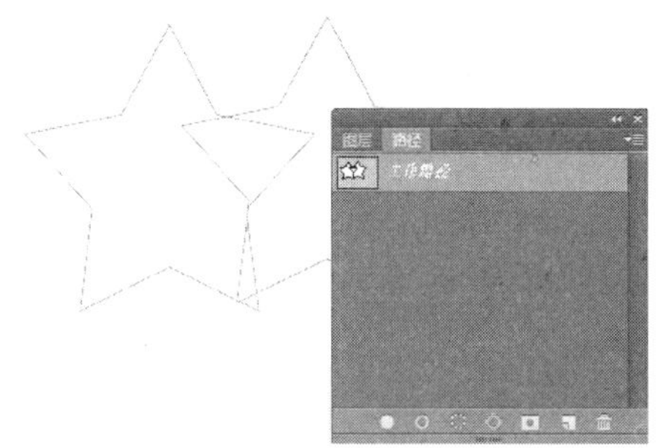

图 5-1-47　复制路径 1

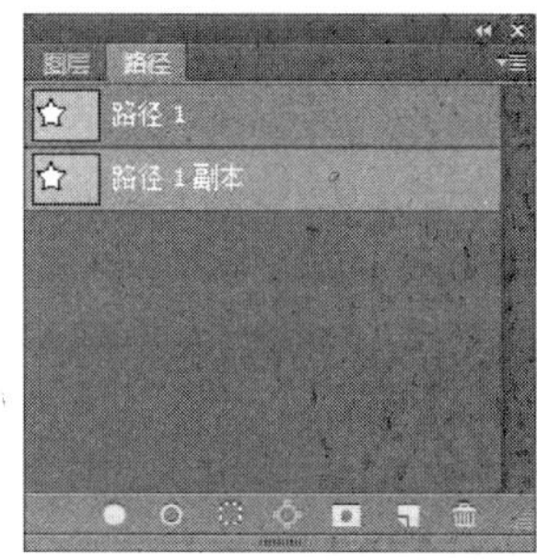

图 5-1-48　复制路径 2

方法三：使用【路径选择工具】选择路径后，执行【编辑】→【拷贝】菜单命令，或按住【Ctrl】+【C】键，复制路径；再执行【编辑】→【粘贴】菜单命令，或按住【Ctrl】+【V】键，粘贴路径。此方法适用于两个文件之间复制路径。

要删除路径，只需右击某一路径文件，在弹出的快捷菜单中选择【删除路径】命令。

知识点 11：隐藏和显示路径

如果要在文档中查看路径，必须在【路径】面板中选择此路径，如图 5-1-49 所示。如果要隐藏路径，可在面板的空白处单击，取消选择路径，此时可以隐藏画面中的路径，如图 5-1-50 所示。

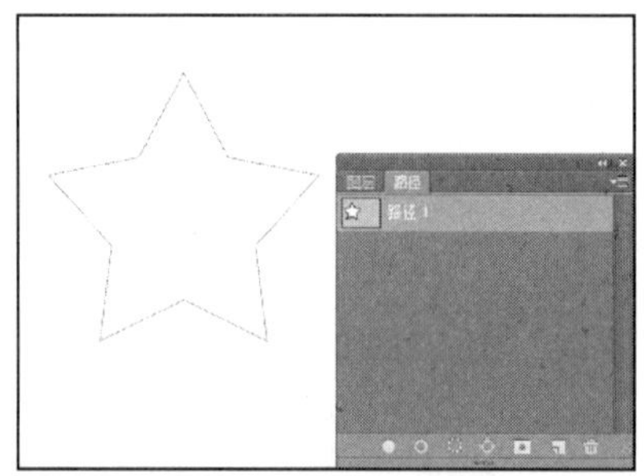

图 5-1-49　显示路径

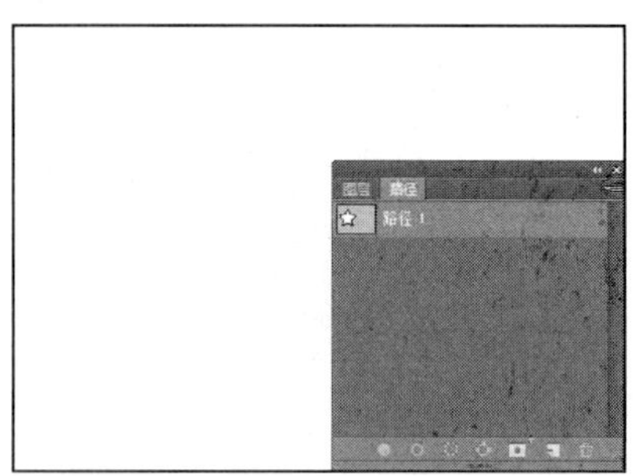

图 5-1-50　隐藏路径

任务二 打造邮票效果

【任务引入】

小明出门旅游,拍摄了一张非常漂亮的风景照。现在想对照片进行个性化的处理,使它显得更加有意义。请你帮助他对照片进行邮票效果的处理。

【任务分析】

本任务利用【描边路径】命令及【画笔工具】,打造逼真的邮票效果。

【任务实施】

具体操作步骤如下:

① 打开素材文件夹中的图像文件"风景. jpg"。

② 执行【图像】→【画布大小】菜单命令,弹出【画布大小】对话框,如图 5-2-1 所示。勾选【相对】复选框,并将【宽度】、【高度】均设为 0.5 厘米。

③ 在背景层之上,新建【图层 1】。

④ 选择背景层,按【Ctrl】+【A】组合键,选择整个图像文件。

⑤ 单击【路径】面板下方的【从选区生成路径】按钮,如图 5-2-2 所示。

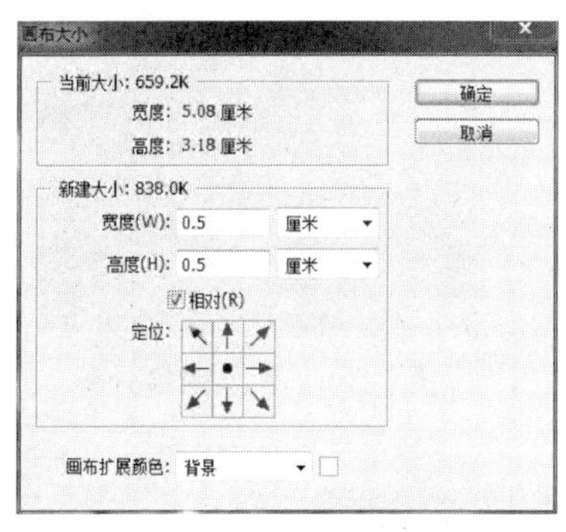

图 5-2-1 【画布大小】对话框

图 5-2-2 单击【从选区生成路径】按钮

⑥ 选择工具箱中的【画笔工具】,并执行【窗口】→【画笔】菜单命令或按【F5】键,打开【画笔】面板,如图 5-2-3 所示,设置画笔参数。

⑦ 将前景色设置为【黑色】,并选中【图层 1】。

⑧ 在【路径】面板中,选择路径,单击鼠标右键,在弹出的快捷菜单中选择【描边路径】命令(图 5-2-4),打开【描边路径】对话框,效果如图 5-2-5 所示。

⑨ 值得注意的是,边缘上的黑点是加在【图层 1】上,而不是背景层上,如图 5-2-6 所示。

⑩ 双击背景层解锁,将之转化为图层 0。

⑪ 选择【图层 1】,执行【选择】→【载入选区】菜单命令,打开【载入选区】对话框,随之隐

藏【图层 1】,效果如图 5-2-7 所示。

⑫ 选择【图层 0】,按【Del】键删除选区部分,效果如图 5-2-8 所示。

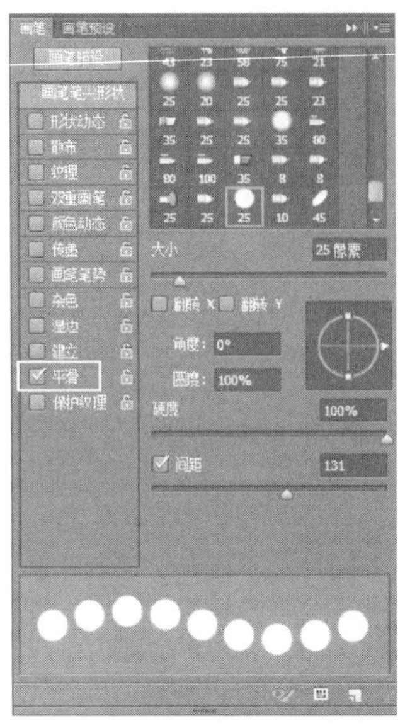

图 5-2-3 【画笔】面板参数设置

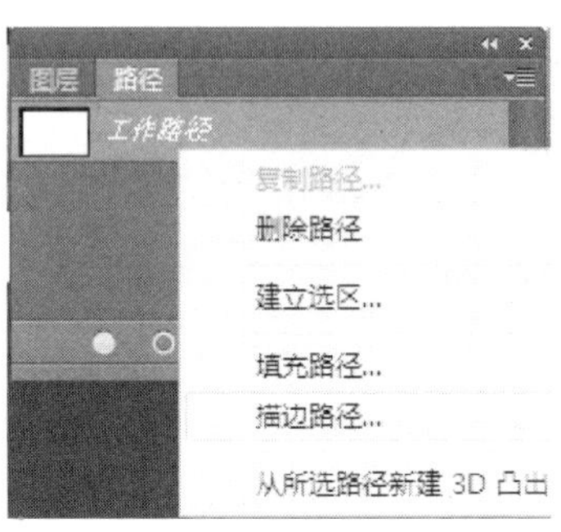

图 5-2-4 选择【描边路径】命令

图 5-2-5 执行【描边路径】命令后的效果图

图 5-2-6 图层效果分析

图 5-2-7 创建选区

图 5-2-8 删除选区部分

⑬ 可以对【图层 0】添加图层样式，使之呈现立体阴影效果，最终效果如图 5-2-9 所示。

图 5-2-9 最终效果图

【相关知识】

知识点 1：选择和调整路径

利用路径选择工具组可以对路径进行选择、移动或调整形状。选择路径组件或路径段，将显示选中部分的所有锚点，包括全部的方向线和方向点。路径选择工具组包括【路径选择工具】和【直接选择工具】。

1. 路径选择工具

利用【路径选择工具】，可以选择一个或几个路径，并显示选中部分的所有锚点，包括全部的方向线和方向点。还可以对选择的路径进行移动、复制、组合、排列、分布和变换等操作。

（1）选择【路径选择工具】，单击路径组件中的任何位置，路径上的所有锚点全部显示为黑色，表示该路径已被选中，如图 5-2-10 所示。如果路径由几个子路径构成，则只有单击点的路径被选中，如图 5-2-11 所示。

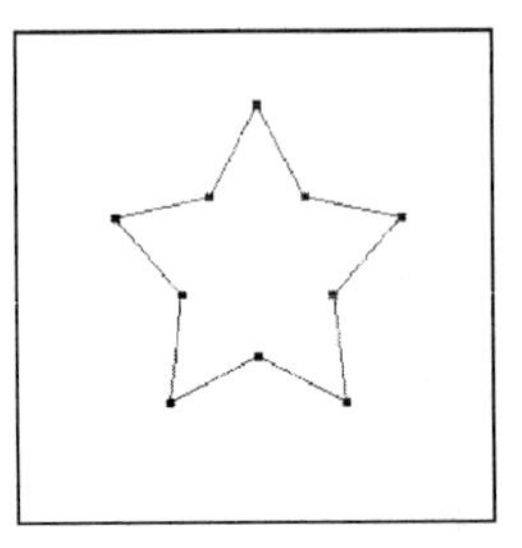
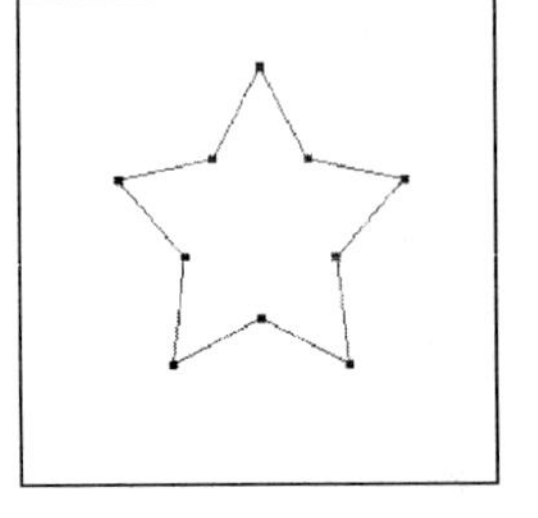
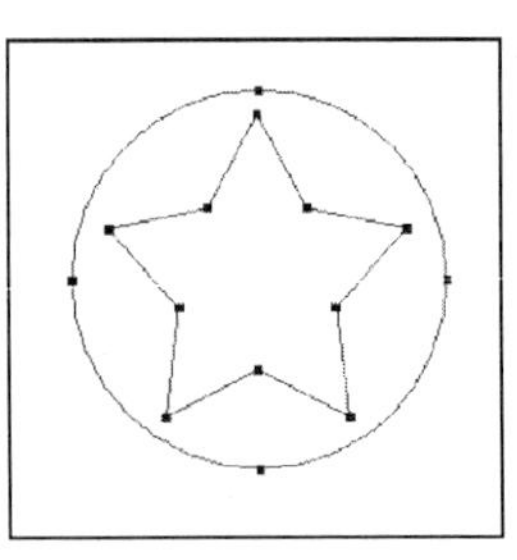

图 5-2-10　选中路径　　图 5-2-11　选中单个路径　　图 5-2-12　选中全部路径

（2）拖动鼠标，即可将选中路径移动到新位置。

如果要添加其他内容，可以按住【Shift】键再单击其他路径或路径段，如图 5-2-12 所示。

2. 直接选择工具

利用【直接选择工具】，可以选择一个或多个锚点，移动所选的路径段或改变所选路径段的形状。

（1）选择【直接选择工具】，单击路径段上的某个锚点，如图 5-2-13 所示，或拖动鼠标进行框选，选择多个锚点，如图 5-2-14 所示。

（2）如果选中的是直线段，直接拖动鼠标即可移动所选直线段，如图 5-2-15 所示；如果选中的是曲线段，可单击所要调整的锚点，并拖动鼠标对其形状进行调整，如图 5-2-16 所示。

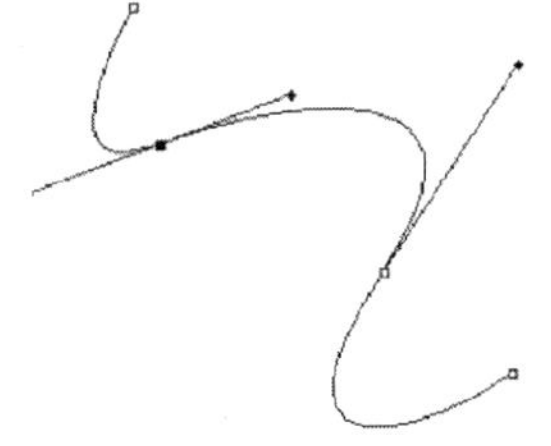
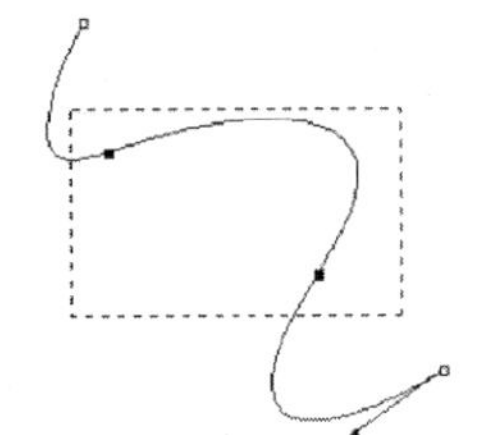
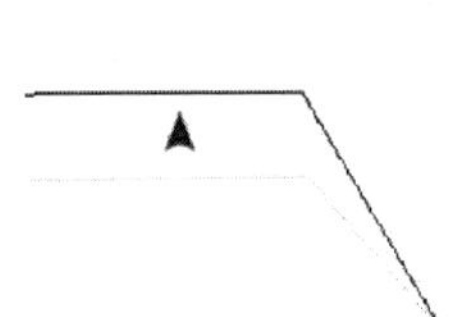
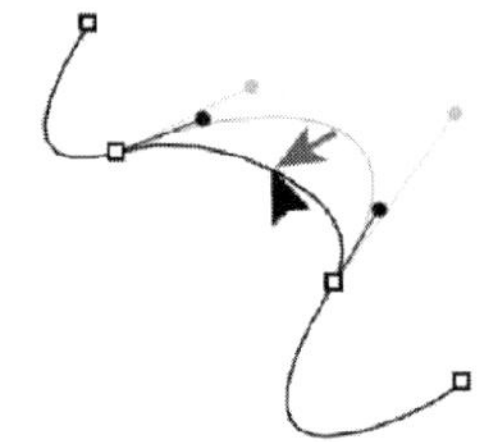

图 5-2-13　选择单个锚点　　图 5-2-14　选择多个锚点　　图 5-2-15　选择直线段　　图 5-2-16　选择曲线段

知识点 2：锚点编辑工具

1. 添加或删除锚点

添加锚点可以增强对路径的控制，也可以扩展开放路径，但最好不要添加多余的锚点。可以通过删除不必要的锚点来降低路径的复杂性。

使用【添加锚点工具】，在路径上单击，可以添加一个锚点，如图 5-2-17 所示。

使用【删除锚点工具】，单击锚点，可以删除该锚点，如图 5-2-18 所示。

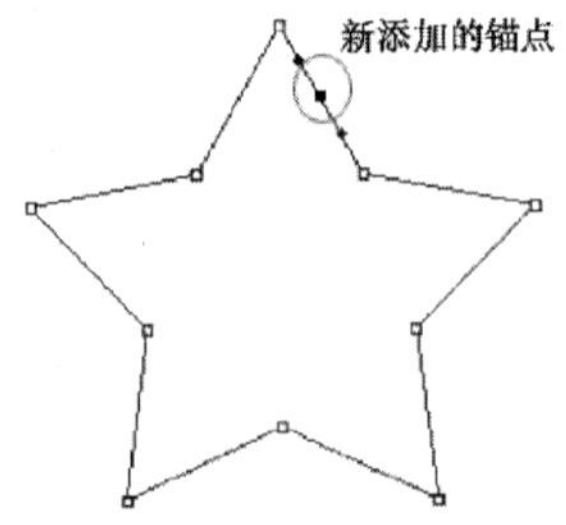

图 5-2-17　添加锚点

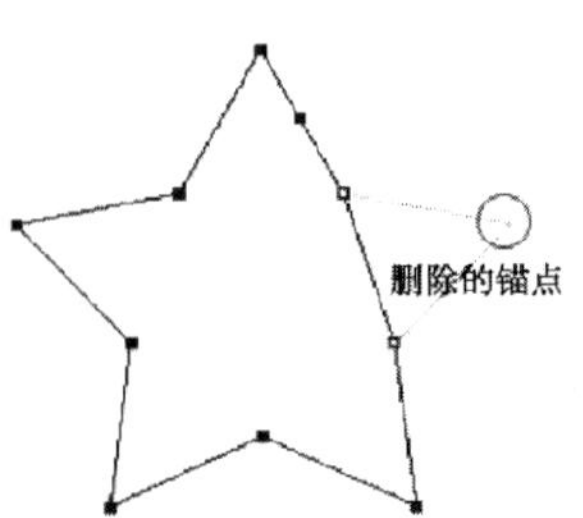

图 5-2-18　删除锚点

如果在【钢笔工具】属性栏中选中【自动添加/删除】复选框，则使用【钢笔工具】在路径上单击时，也可以添加一个锚点；在锚点上单击，可以删除锚点。

2. 转换锚点

创建路径后，可以使用【转换点工具】将平滑点转换为角点，或者将角点转换为平滑点。

- 将角点转换为平滑点：选择【转换点工具】，单击角点并向外拖动鼠标，出现方向线，即转换为平滑点，如图 5-2-19、图 5-2-20 所示。
- 将平滑点转换为角点：选择【转换点工具】，单击平滑点，但不拖动鼠标，即可将平滑点转换为没有方向线的角点；如果单击该平滑点的某个方向点并拖动鼠标，即可将平滑点转换为具有方向线的角点，如图 5-2-21 所示。

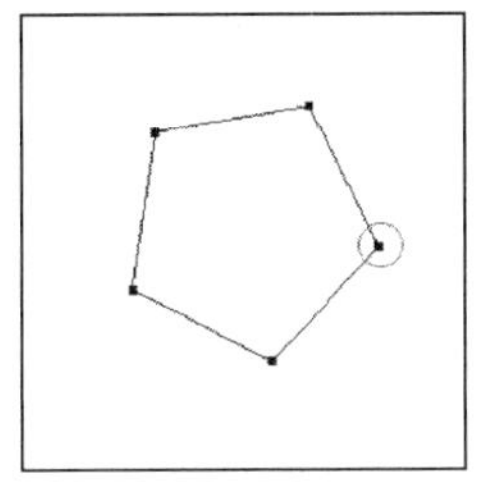

图 5-2-19　选择角点

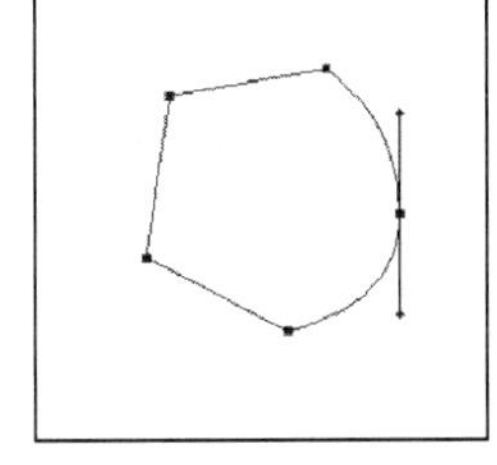

图 5-2-20　将角点转换为平滑点

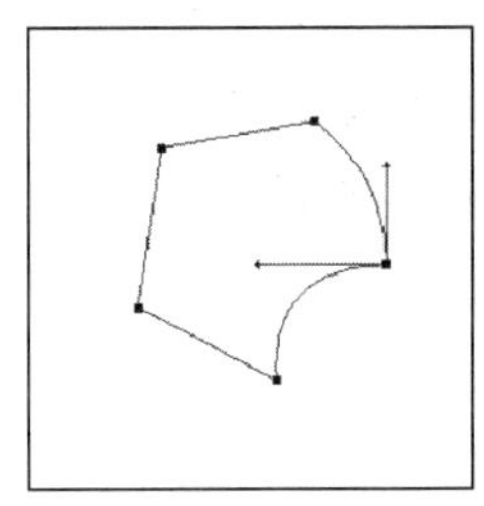

图 5-2-21　将平滑点转换为角点

知识点 3：变换路径

执行【编辑】→【变换路径】菜单命令，或按住【Ctrl】+【T】键，可以对当前路径进行缩放、旋转、斜切、扭曲等操作。如图 5-2-22、图 5-2-23 所示即为变换前路径和变换后路径。

图 5-2-22　变换前路径

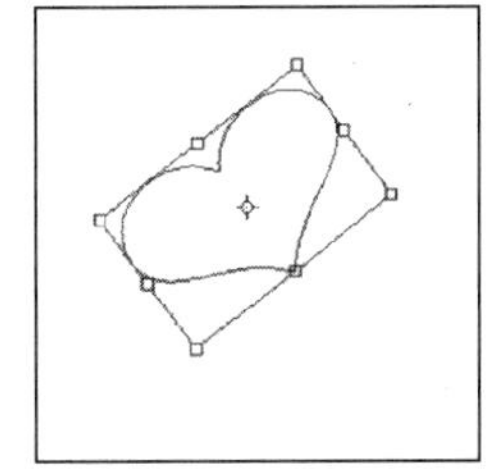

图 5-2-23　变换后路径

知识点 4：扩展开放式路径

创建了开放的路径后，如果想要在此基础上继续绘制路径，操作步骤如下：

① 选择【钢笔工具】，将光标定位到该路径的端点，如图 5-2-24 所示，光标显示为形状。

② 单击该端点，即可以继续绘制路径，如图 5-2-25 所示。

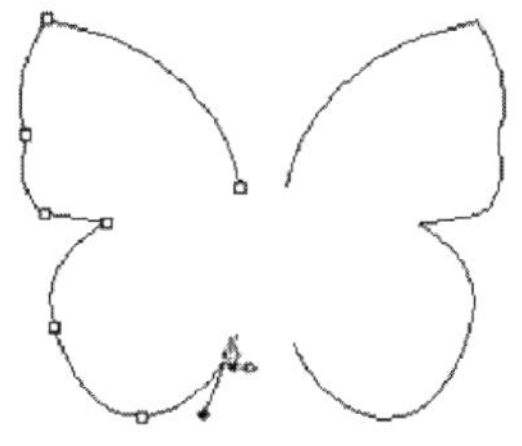

图 5-2-24　选择某端点

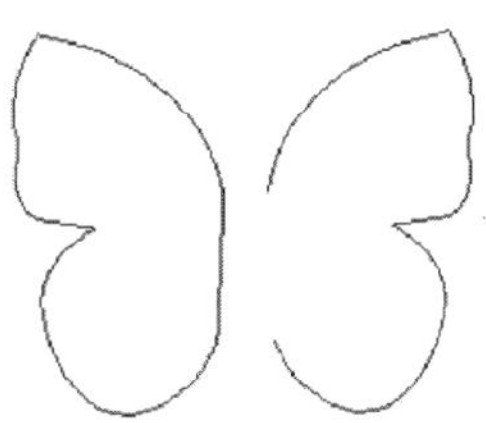

图 5-2-25　继续绘制路径

知识点5：连接两条开放路径

使用【钢笔工具】可以将两条独立的开放式路径连接为一条路径，操盘步骤如下：

① 选择【钢笔工具】，将光标定位到一条路径的端点，光标显示为状。

② 单击该端点，再单击另一条路径的端点，即可将两条路径连接起来，如图5-2-26所示。

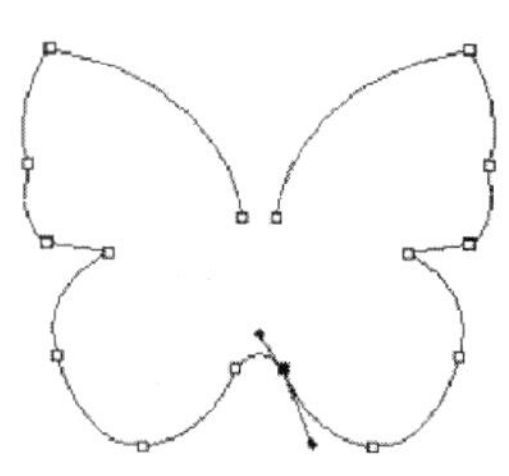

图5-2-26　连接路径

知识点6：填充路径

使用【钢笔工具】创建的路径只有在经过描边或填充处理后才会成为图形。对路径区域进行填充，填充颜色将出现在当前选择的图层中，如图5-2-27所示。

图5-2-27　路径填充后的效果显示

可以通过以下方法实现填充路径：

方法一：在【路径】面板中选择相关路径，单击面板底部的【用前景色填充路径】图标，可以使用前景色填充当前路径。

方法二：在【路径】面板中选择相关路径，按住【Alt】键，单击面板底部的【用前景色填充路径】图标，或者执行【路径】面板菜单中的【填充路径】命令，打开【填充路径】对话框，如图5-2-28所示，进行参数设置，完成路径的填充。

【填充路径】对话框中各选项组的功能如下：

在【使用】选项下拉列表中可以选择填充的内容，包括前景色、背景色、其他颜色、黑色、50%灰色、白色、图案。如果选择【图案】，则【自定图案】选项为可用状态，可以选择一种图案来填充路径，如图5-2-29所示。

在【混合】选项组中可以设置填充的混合模式和不透明度。

在【渲染】选项组中可以设置填充的羽化半径和消除锯齿。

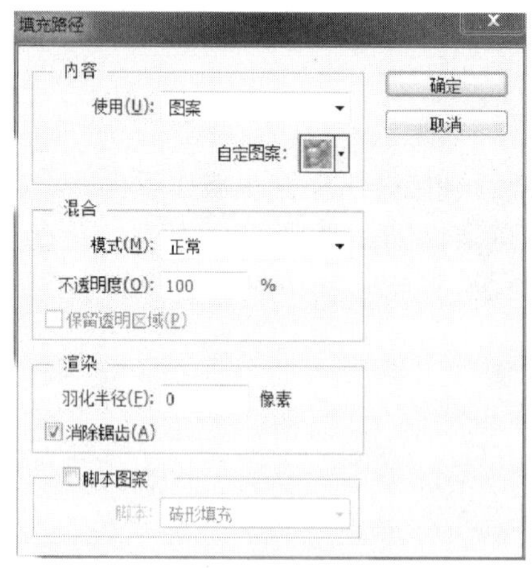

图5-2-28　【填充路径】对话框

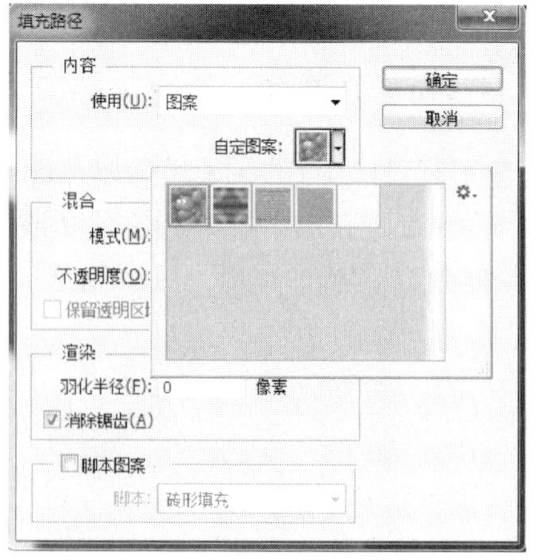

图5-2-29　用自定图案填充路径

知识点7：描边路径

利用【描边路径】命令可绘制路径的边框。可以沿任何路径创建绘画描边。对路径进行描边时，颜色值会出现在当前图层上，如图 5-2-30 所示。

可以通过以下方法实现描边路径：

方法一：在【路径】面板中选择相关路径，单击面板底部的【用画笔描边路径】图标，可以使用【画笔工具】描边当前路径。

方法二：在【路径】面板中选择相关路径，按住【Alt】键，单击面板底部的【用画笔描边路径】图标，或者执行【路径】面板菜单中的【描边路径】命令，打开【描边路径】对话框，如图 5-2-31 所示，进行参数设置，完成路径的描边。

在【描边路径】对话框中的【工具】选项的下拉列表中可以选择多种工具，如【铅笔】、【画笔】、【橡皮擦】、【涂抹】等描边路径，如图 5-2-32 所示。如果选中【模拟压力】复选框，则描边的线条会产生粗细的变化。

图 5-2-30　路径描边后的效果显示

图 5-2-31　【描边路径】对话框

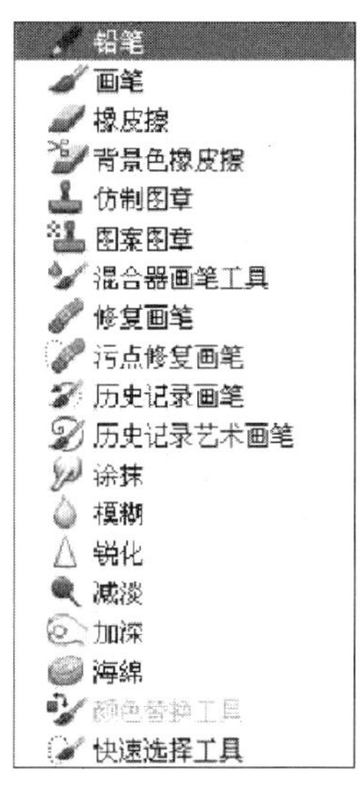

图 5-2-32　【工具】选项下拉列表

任务三　绘制百事可乐图标

【任务引入】

小明在制作海报时需要用到百事可乐的图标，可是网络下载的文件都不符合要求。请你帮助小明绘制出百事可乐的图标效果。

【任务分析】

本任务使用【钢笔工具】及选区与路径之间的相互转换，绘制百事可乐的图标效果。

【任务实施】

具体操作步骤如下：

① 新建一个 400 ×400 像素的文件，白色背景。

② 执行【视图】→【显示】→【网格】命令，并拖动标尺上的【参考线】，力求将整个画布的中心位置确定下来，效果如图 5-3-1 所示。

③ 选择工具箱中的【椭圆选框工具】，绘制直径为 300 ×300 像素的正圆形，并将图形拖放到文件的中心，效果如图 5-3-2 所示。

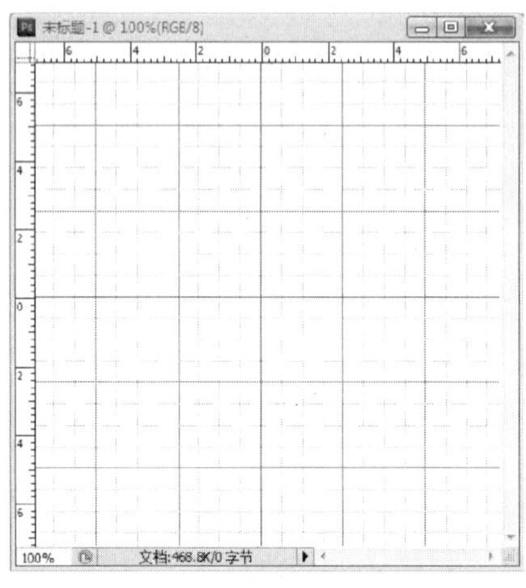

图 5-3-1　设置风格与网格线

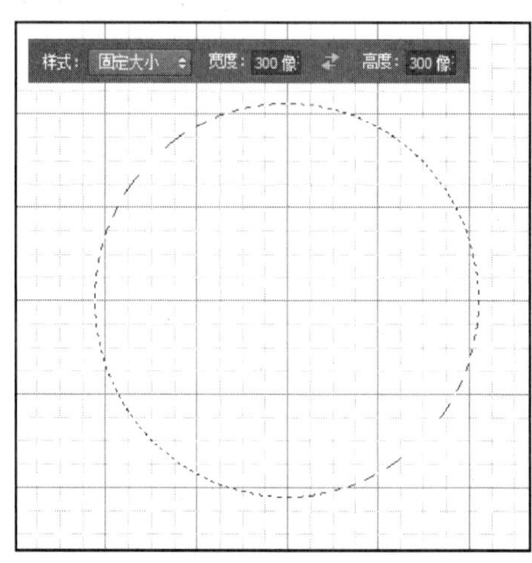

图 5-3-2　绘制圆形选区

④ 新建【图层 1】，将前景色设置为“红色”，按【Shift】+【F5】组合键进行颜色填充，效果如图 5-3-3 所示。

⑤ 单击【图层 1】，选择【矩形选框工具】，按照网格的指示，截取圆形的下半部分，效果如图 5-3-4 所示。

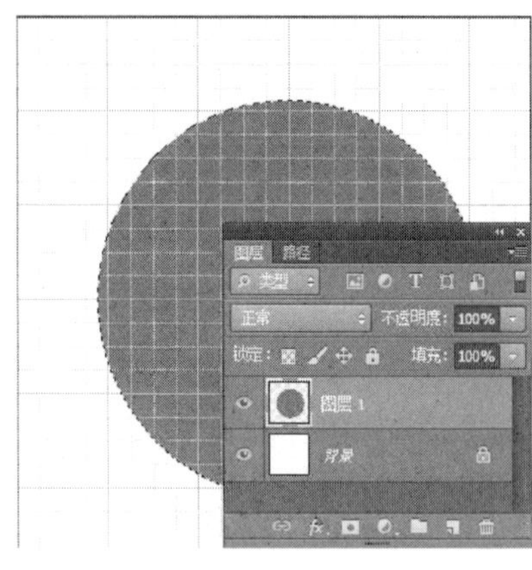

图 5-3-3　颜色填充

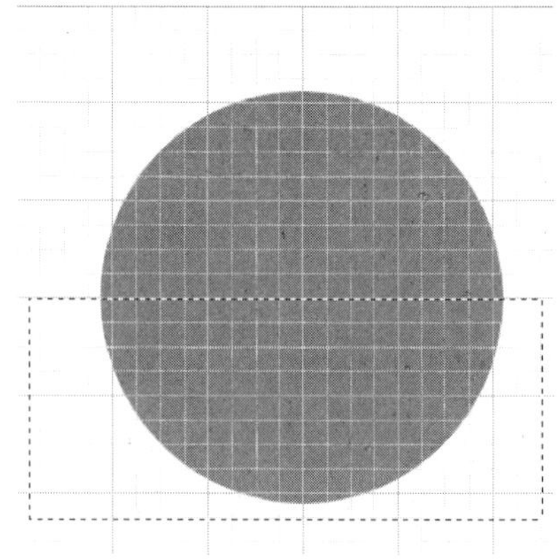

图 5-3-4　选取下半圆

⑥ 按下【Ctrl】+【X】组合键剪切，再按下【Ctrl】+【V】组合键粘贴，自动生成【图层 2】，将【图层 2】拖放到【图层 1】的下方，效果如图 5-3-5 所示。

⑦ 将前景色设置为“蓝色”，选择【图层 2】，并单击【图层】面板上的【锁定透明像素】按钮，再利用【Shift】+【F5】组合键进行颜色填充。调整半圆形的位置，效果如图 5-3-6 所示。

图 5-3-5 图层效果

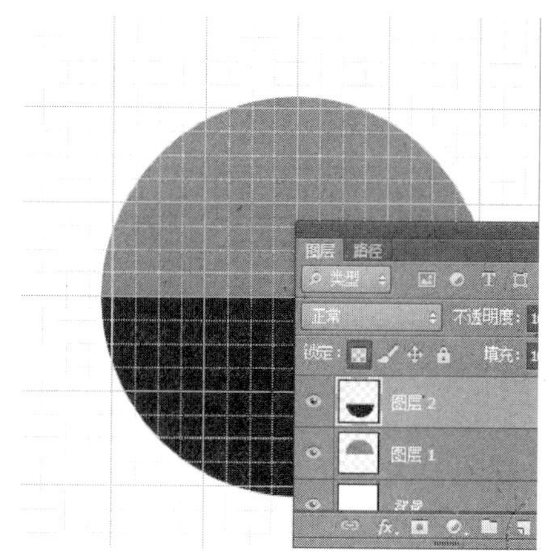

图 5-3-6 填充图层

⑧ 选择工具箱中的【矩形工具】，并在【矩形工具】属性栏中选择【路径】选项。按照网格的指示，在图像中央绘制矩形路径，效果如图 5-3-7 所示。

⑨ 使用工具箱中的【路径选择工具】，选择当前路径，效果如图 5-3-8 所示。

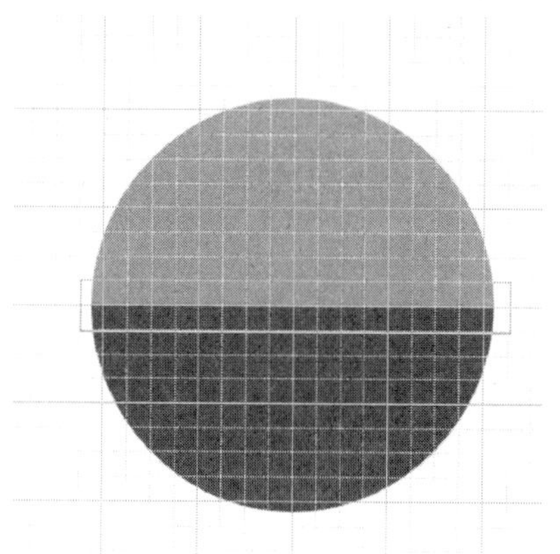

图 5-3-7 绘制矩形路径

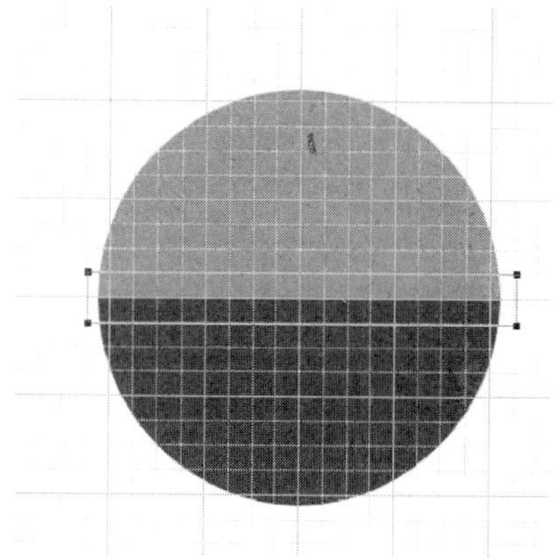

图 5-3-8 选择矩形路径

⑩ 选择【钢笔工具】，在当前路径的中心部位添加锚点并拖动鼠标，最终效果如图 5-3-9 所示。

⑪ 单击【路径】面板中【将路径作为选区载入】按钮，生成选区。

⑫ 选择【图层 1】，按【Del】键删除；再选择【图层 2】，按【Del】键删除，效果如图 5-3-10 所示。

⑬ 将【视图】→【显示额外内容】菜单命令前的【√】取消，即可去掉网格线及参考线。

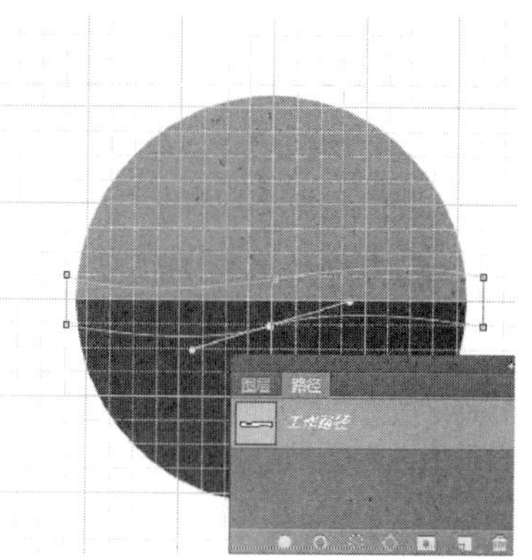

图 5-3-9 添加锚点并拖动鼠标

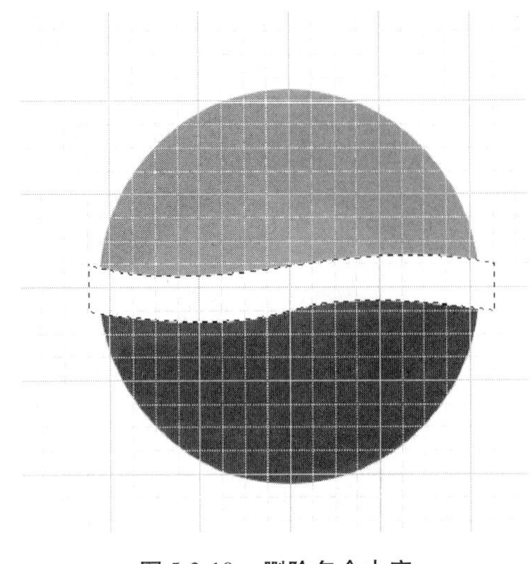

图 5-3-10　删除多余内容

图 5-3-11　最终效果图

⑭ 分别对【图层 1】、【图层 2】进行图层样式的应用，可以产生立体感。合并图层，保存文件，最终效果如图 5-3-11 所示。

【相关知识】

知识点 1：路径与选区之间的转换

1. 将路径转换为选区

路径提供平滑的轮廓，可以将它们转换为精确的选区。任何闭合路径都可以转换为选区，如图 5-3-12 所示；如果当前路径是开放的，则转换的选区将是路径的起点和终点连接后形成的封闭的区域，如图 5-3-13 所示。

（a）封闭的路径

（b）转换后的路径

图 5-3-12　将闭合路径转换为选区

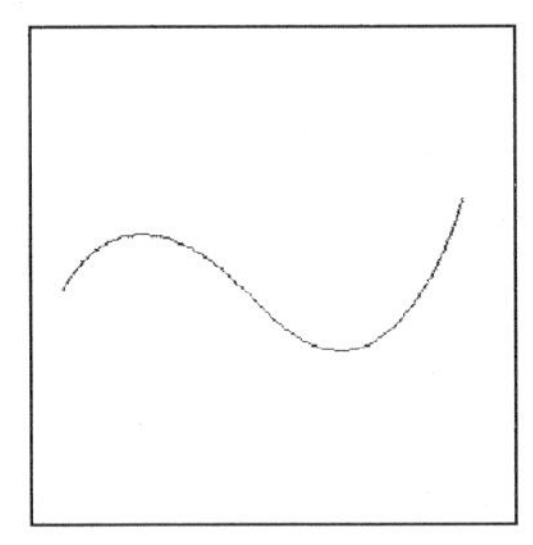

（a）开放的路径

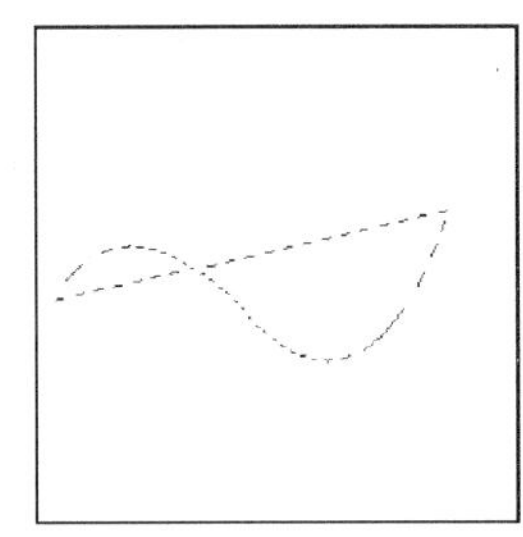

（b）转换后的选区

图 5-3-13　将开放路径转换为选区

可以通过以下方法将路径转换成选区：

方法一：在【路径】面板中选择相关路径，单击面板底部的【将路径作为选区载入】图标 ，可以将路径转换为选区。

方法二：按住【Ctrl】键，单击【路径】面板中的路径缩略图，也可以载入选区。

方法三：在【路径】面板中选择相关路径，按住【Alt】键，单击面板底部的【将路径作为选区载入】图标 ，或者执行【路径】面板菜单中的【建立选区】命令，打开【建立选区】对话框，如图 5-3-14 所示，进行参数设置，完成选区的转换。

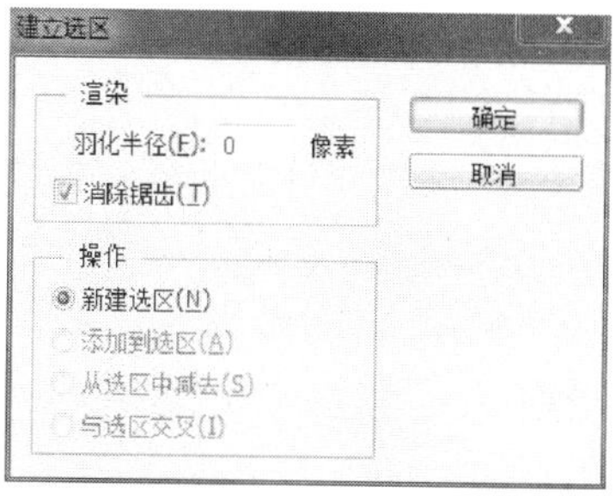

【建立选区】对话框中【渲染】选项组的功能如下：

- 羽化半径：定义羽化边缘在选区边框内外的伸展距离，输入以像素为单位的值。
- 消除锯齿：在选区中的像素与周围像素之间创建精细的过渡效果。

【操作】选项组的功能如下：

图 5-3-14 【建立选区】对话框

- 新建选区：只选择路径定义的区域。
- 添加到选区：将路径定义的区域添加到原选区中。
- 从选区中减去：从当前选区中移去路径定义的区域。
- 与选区交叉：选择路径和原选区的共有区域。如果路径和选区没有重叠，则不会选择任何内容。

2. 将选区转换为路径

使用选择工具创建的任何选区都可以定义为路径。利用【建立工作路径】命令可以消除选区上应用的所有羽化效果。

可以通过以下方法将选区转换成路径：

方法一：创建选区后，单击面板底部的【从选区生成工作路径】图标，可以将选区转换为路径。

方法二：创建选区后，执行【路径】面板菜单中的【建立工作路径】命令，打开【建立工作路径】对话框，如图 5-3-15 所示，设置容差值后完成路径的转换。

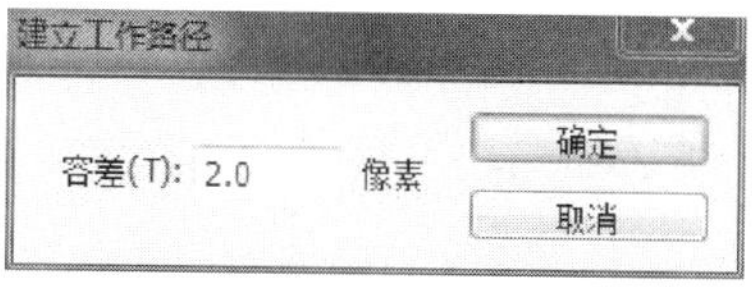

图 5-3-15 【建立工作路径】对话框

容差：范围在 0.5 ~ 10 像素之间，容差值越高，用于绘制路径的锚点越少，路径也越平滑。当容差值分别为 1 和 8 时，选区转换为路径的情况分别如图 5-3-16 和图 5-3-17 所示。

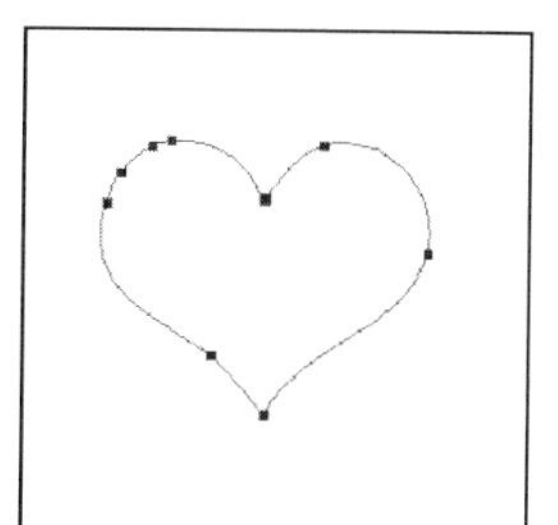

图 5-3-16 容差为 1 的转换效果

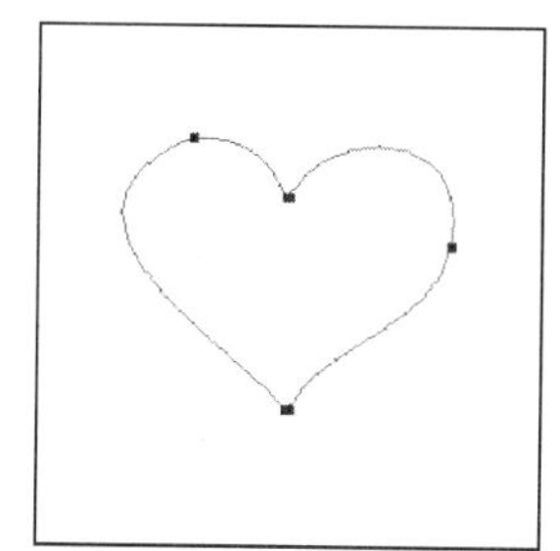

图 5-3-17 容差为 8 的转换效果

知识点 2：输出剪贴路径

剪贴路径可以将图像与背景分离，并在打印图像或将图像置入其他应用程序中时使背景变为透明。

输出剪贴路径的步骤如下：

① 选择合适的工具绘制图像路径，产生临时路径，如图 5-3-18 所示。

② 将此工作路径拖放到【路径】面板中的【创建新路径】图标上，存储临时路径。

③ 执行【路径】面板菜单中的【剪贴路径】命令，打开【剪贴路径】对话框，如图 5-3-19 所示。

【剪贴路径】对话框中各选项的功能如下：

- 路径：在此选项的下拉列表中可以选择要存储的路径。
- 展平度：范围为 0.2～100，展平度值越低，用于绘制曲线的直线数量就越多，曲线也越精确。

图 5-3-18　临时路径

图 5-3-19　【剪贴路径】对话框

④ 选项设置完成后，存储文件。如果使用 PostScript 打印机打印文件，应用 EPS、DCS 或 PDF 格式存储文件；如果要使用不支持 PostScript 的打印机打印文件，应以 TIFF 格式存储并将其导出到 Adobe InDesign 或者 Adobe PageMaker 5.0 或更高版本。

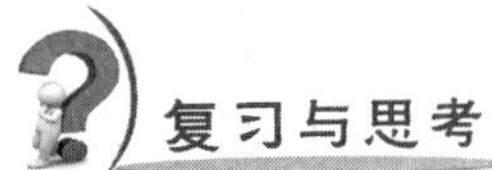

复习与思考

一、选择题

1. 路径是一种灵活创建(　　)的工具。

A. 图层　　B. 选区　　C. 图形文件　　D. 通道

2. 使用【路径】面板可以把闭合的路径作为(　　)载入。

A. 图形　　B. 图层　　C. 选区　　D. 通道

3. 在创建路径的过程中，要改变曲线中平滑点两端的方向线的角度，应配合(　　)进行操作。

A.【Ctrl】键　　B.【Shift】键　　C.【Alt】键　　D.【Ctrl】+【T】组合键

4.【剪贴路径】对话框中的【展平度】用来(　　)。

A. 定义曲线由多少个节点组成　　B. 定义曲线由多少个直线片段组成
C. 定义曲线由多少个端点组成　　D. 定义曲线边缘由多少个像素组成

5. 若将曲线点转换为直线点，应(　　)

A. 使用【选择工具】单击曲线点　　B. 使用【钢笔工具】单击曲线点
C. 使用【转换工具】单击曲线点　　D. 使用【铅笔工具】单击曲线点

6.【路径】面板的路径名称在(　　)用斜体字表示。

A. 当路径是【工作路径】的时候　　B. 当路径被存储以后
C. 当路径断开、未连接的情况下　　D. 当路径是剪贴路径的时候

7. 若将当前使用的【钢笔工具】切换为【选择工具】,须按住(　　)

A.【Shift】键　　B.【Alt】键

C.【Ctrl】键　　D.【CapsLock】键

二、填空题

1. 路径是一种绘制________的工具,同时路径还是一种灵活创建________的工具。

2.【路径】面板中以蓝色条显示的路径为____________。

3.【路径创建工具】包括【钢笔工具】和____________,【路径编辑工具】包括【添加锚点工具】、____________和____________,【路径选择工具】包括【路径组件选择工具】和____________。

三、操作题

1. 绘制可爱小企鹅(图1)。

图1　效果图

2. 文字与路径的应用(图2)。

图2　效果图

3. 绘制有光泽的网页banner(图3)。

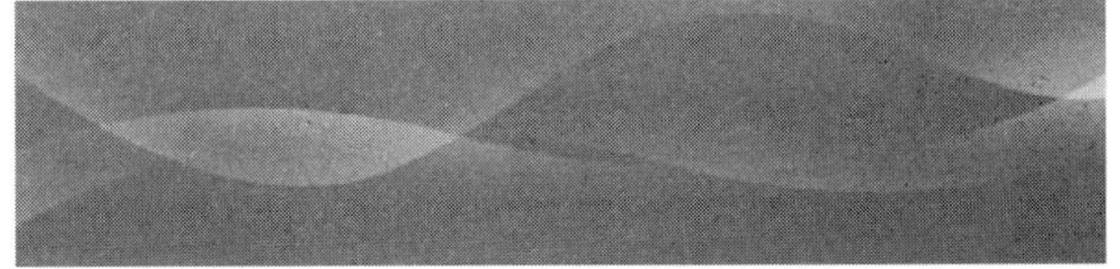

图3　效果图

项目六 文字

文字工具是Photoshop CS6的重要工具，利用文字工具，可以在图像中加入文字，并且可以在字符面板中对文字的字体、大小、颜色及字体间距等进行调整。在广告、印刷品、主页等作品中也可以用文字的形式直观地将信息传达给观众，将这样的文字以丰富多彩的方式加以表现也是设计领域中十分重要的创作途径。

任务一 制作文字与封面效果

【任务引入】

不管在什么地方，我们都能看到各种各样的海报，有的给人一目了然的感受，有的给人赏心悦目的感受，那么有什么方法能实现呢？

【任务分析】

使用【文字工具】输入需要的文字，使用【自定形状工具】输入需要的形状，利用【文字面板工具】设置相应的格式。

【任务实施】

利用【文字工具】，制作出海报效果，如图6-1-1所示。

图6-1-1 效果图

图6-1-2 素材文件

① 打开素材文件,如图 6-1-2 所示,选择【横排文字工具】,打开【字符】面板,各项参数如图 6-1-3所示。

② 输入白色文字“探索奇妙的自然”,选择文字“奇”,字体大小选择“100”,选择文字图层,打开图层样式,为文字添加描边,颜色为青白色(#a5c1cd),大小为 3 个像素,效果如图 6-1-4 所示。

③ 选择【椭圆工具】,填充像素,画一个红色(#b30125)椭圆,输入白色文字“赠送光盘包含 50 幅高清图像 20 个摄影技巧”,效果如图 6-1-5 所示。

④ 依照山石一半高度输入灰色(#7f7f7f)文字“1”,如图 6-1-6 所示。

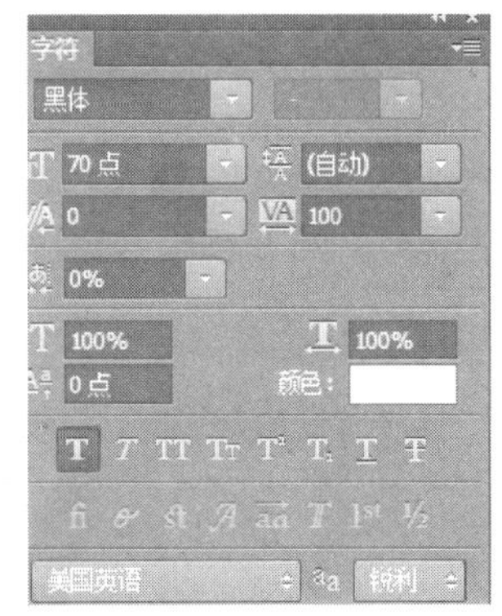

图 6-1-3 【字符】面板

图 6-1-4 添加描边效果

图 6-1-5 添加红色椭圆背景

图 6-1-6 加文字“1”后的效果

⑤ 选择【圆角矩形工具】,各项参数如图 6-1-7 所示。画一个圆角矩形,如图 6-1-8 所示。利用【橡皮擦工具】擦去右下角部分,再利用硬画笔画一个硬边圆,效果如图 6-1-9 所示,或者用【钢笔工具】直接勾画“10”形状,填充灰色。

像素 模式: 正常 不透明度: 100% 消除锯齿 半径: 25 像素 对齐边缘

图 6-1-7 【圆角矩形工具】属性栏

图 6-1-8 添加圆角矩形后的效果

图 6-1-9 添加硬边圆后的效果

⑥ 选择【文字工具】,分别输入白色文字“月”和灰色文字“刊”,如图 6-1-10 所示。

图 6-1-10　添加文字“月”和“刊”后的效果

⑦ 打开条码图形与光盘图形,利用【移动工具】将之放到图示位置,如图 6-1-11 所示。

⑧ 在工具箱中选择【横排文字工具】,各项参数如图 6-1-12 所示,输入白色文字“漂浮的岛屿”“神秘的百慕大三角”“奇妙的自然之旅”“探访西部原貌”“楼兰之谜”“中国十大神秘之地”“赠送 CD 包含”,最终效果如图 6-1-13 所示。

图 6-1-11　添加图形

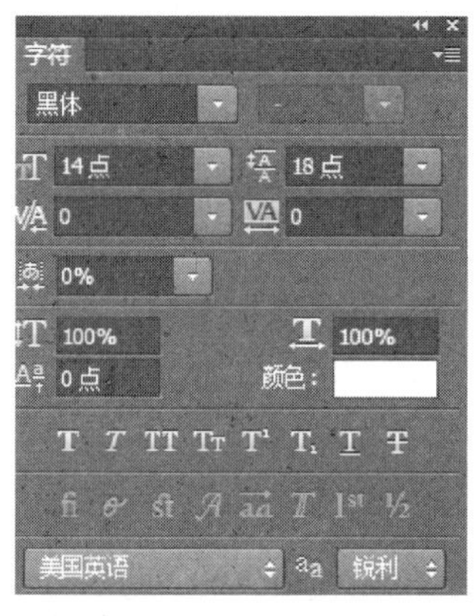

图 6-1-12　【字符】面板

图 6-1-13　最终效果图

【相关知识】

知识点 1：横排文字工具

1. 创建文本图层

单击工具箱中的【横排文字工具】按钮 T ,再单击画布,即可在当前图层的上边创建一个新的文字图层,同时画布内鼠标单击处会出现一个竖线光标,表示可以输入文字。输入文字时,按【Ctrl】键可以切换到移动状态。拖动鼠标可以移动文字,另外也可以使用剪贴板粘贴文字。

2. 文本属性栏

文本属性栏如图 6-1-14 所示。

A：当前选中的文字工具；B：改变文字排列方向（直排或横排）；C：在弹出菜单中选择字体；D：设定字形，如粗体、斜体等；E：设定字号，可在弹出菜单中选择，也可直接输入数字；F：设定消除锯齿的选项；G：文字左对齐；H：文字居中；I：文字右对齐；J：设置文字颜色；K：创建文字变形；L：切换字符和段落调板；M：取消所有当前编辑；N：提交所有当前编辑

图 6-1-14 【横排文字工具】属性栏

知识点 2：设置字符格式

【字符】面板提供了用于设置字符格式的选项，可以通过执行下列操作之一来显示【字符】面板：选择【窗口】→【字符】命令，或者单击【字符】面板选项卡（如果该面板可见但不是现用面板），也可以在文字工具处于选定状态的情况下，单击选项栏中的【面板】按钮，如图6-1-15所示。

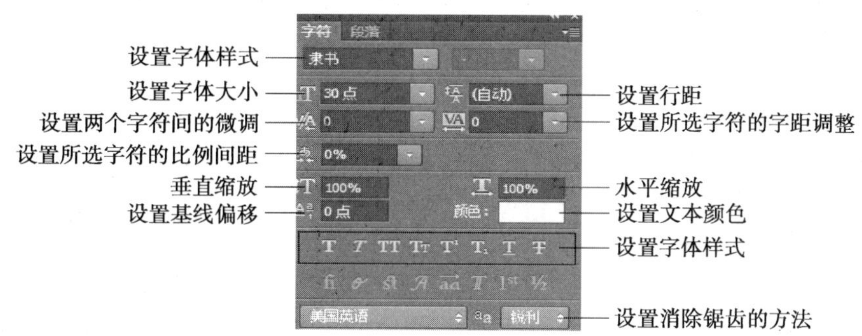

图 6-1-15 【字符】面板

若要设置文本格式，可以在输入文字前在选项栏中设置，也可以在输入文字后用【文字工具】选中文字，再在弹出的【字符】面板中设置。对于具有数字值的选项，可以使用向上或向下箭头来设置值，也可以直接在文本框中编辑值。

- 设置行间距：设置文字的行间距，单击按钮可以在下拉列表中选择行间距，也可以直接输入数值。默认设置为自动。

（a）行间距：自动

（b）行间距：30

（c）行间距：80

图 6-1-16 设置行间距

- 设置所选字符的字间距：缩小或放大文字的字间距。字间距的默认值为 0，值越大，字间距越宽。

（a）字间距：0　（b）字间距：100　（c）字间距：－100

图 6-1-17　设置字符的间距

• 垂直缩放：在垂直方向上调整文字的高度，可以应用此项。默认值为100，如果值比默认值大，文字就会被拉长。

（a）垂直缩放：100　（b）垂直缩放：50　（c）垂直缩放：200

图 6-1-18　设置垂直缩放

• 设置基线偏移：调整文字的基线。默认值为0，值越大，基线上移，反之则下移。

（a）基线偏移：30　（b）基线偏移：0　（c）基线偏移：－30

图 6-1-19　设置基线偏移

• 设置字体样式：将文字设置为粗体或斜体，也可将文字设置为上标或下标。

（a）原文字　（b）设置为粗体　（c）设置为斜体

（d）将文字全部设置为大写字母　（e）将文字全部设置为小型大写字母　（f）将文字设置为上标

(g) 将文字设置为下标

(h) 给文字添加下划线

(i) 给文字添加删除线

图 6-1-20　设置字体样式

知识点 3：输入段落文字

当用户进行画册、样本设计时，经常需要输入较多的段落文字，这时我们就可以把大段的文字输入在文本框里，以便对文字进行更多的控制。

具体操作步骤如下：

① 打开素材文件，选择工具箱中的【直排文字工具】，其工具属性栏如图 6-1-21 所示。

图 6-1-21　【直排文字工具】属性栏

② 将光标移至图像窗口中，按住鼠标左键不放绘制一个文本框，当达到所需的位置后松开鼠标。

③ 此时文本框的左上角出现闪烁的光标，随后即可输入文字。

④ 若输入的文字过多，文本框的右下角控制点呈田字形状，这表明文字超过文本框范围，文字被隐藏了，想要显示隐藏的字，可以将鼠标移至文本框的边线外侧，当鼠标呈田字状时，拖动鼠标即可。

⑤ 文字输入完成后，按【Ctrl】+【Enter】组合键可确认输入，如图 6-1-22 所示。

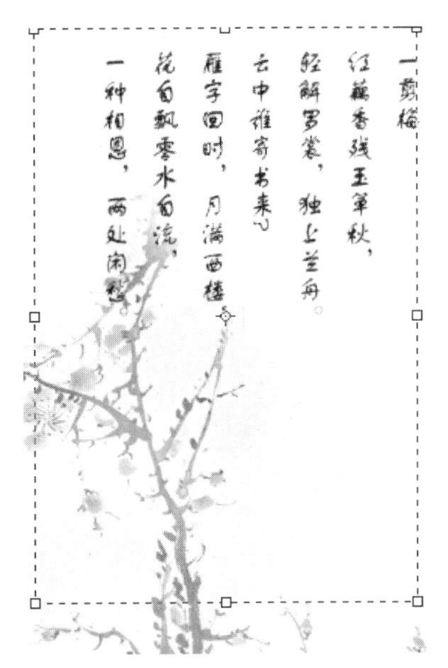

图 6-1-22　输入段落文字

知识点 4：设置段落格式

选中段落文本所在的图层，在【段落】面板中可以控制文字的段落格式。选择文字工具后，单击工具属性栏中的按钮 ，在打开的面板中单击“段落”选项卡，可打开【段落】面板，如图 6-1-23 所示。

- 左对齐文本：默认的对齐方式，单击该按钮，文本左对齐，如图 6-1-24 所示。
- 居中对齐文本：单击该按钮，文本居中对齐。
- 右对齐文本：单击该按钮，文本右对齐，如图 6-1-25 所示。
- 最后一行左对齐：单击该按钮，文本左右对齐，最后一行左对齐。

- 最后一行居中对齐：单击该按钮，文本左右对齐，最后一行居中对齐，如图 6-1-26 所示。
- 全部对齐：单击该按钮，文本左右全部对齐。

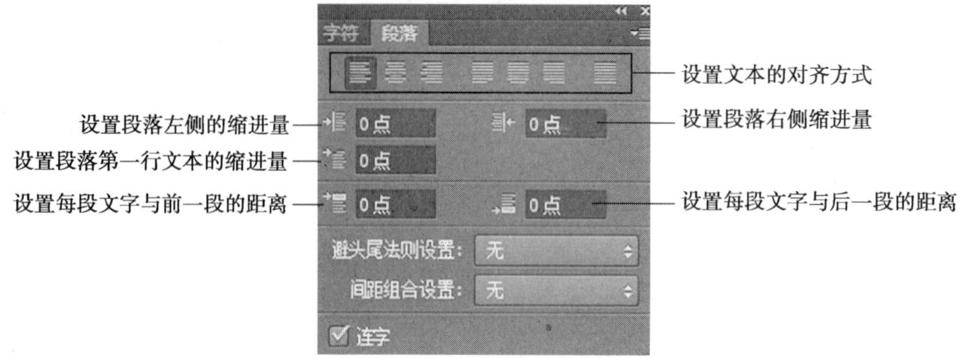

图 6-1-23 【段落】面板

图 6-1-24 左对齐文本

图 6-1-25 右对齐文本

图 6-1-26 最后一行居中对齐

知识点 5：创建变形文字样式

应用变形文字面板可以对文字进行多种多样的变形。例如，扇形、旗帜、波浪、膨胀、扭转等。在图像中输入文字，单击文字工具栏中的【创建文字变形】按钮，弹出【变形文字】对话框，在样式选项的下拉列表中包含多种文字的变形效果，如图 6-1-27 所示，根据需要可以对文字进行各种变形。

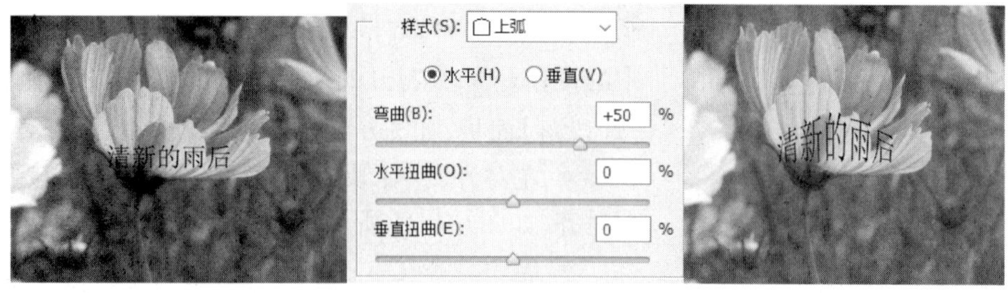

图 6-1-27 创建变形文字效果

任务二 制作沿轮廓线排列文字效果

【任务引入】

在日常生活中我们经常看到一些文字沿路径显示。请你完成沿轮廓线排列文字的制作。

【任务分析】

本任务可使用【钢笔】命令、【路径选择工具】命令、【直接选择工具】命令、【文字】命令来制作。

【任务实施】

操作步骤如下：

① 执行【文件】→【打开】命令，在弹出的对话框中选择要打开的枫叶图片将之打开，如图 6-2-1 所示。

② 在工具箱中选择【钢笔工具】，在选项栏上单击【路径】按钮，如图 6-2-2 所示。

③ 选择【钢笔工具】，在图像中按住鼠标不放，向上移动，绘制曲线路径，连续绘制一条曲线，如图 6-2-3 所示。

图 6-2-1 素材图片

图 6-2-2 单击【路径】按钮

图 6-2-3 绘制曲线

图 6-2-4 更改曲线方向

④ 在工具箱中选择【直接选择工具】，单击要修改路径处的锚点，此时会出现调整曲线形状的控制柄，拖动控制柄可以看到路径的形状发生了变化。通过拖动锚点可以调整控制柄的位置，路径也会发生变化，如图 6-2-4 所示。

⑤ 选择工具箱中的【横排文字工具】，各项参数如图 6-2-5 所示，然后移动光标到路径上，待光标呈 形状后单击，输入文本“2Butterfly of autumn day Butterfly of autumn”，如图6-2-6所示。

图 6-2-5 【横排文字工具】属性工具栏

图 6-2-6 输入文字

图 6-2-7 绘制蝴蝶

⑥ 新建图层，在工具箱中选择【自定义形状工具】，在选项中单击 按钮，再选择蝴蝶图案，单击【填充像素】，在图像中绘制一个蝴蝶形状，调整图案大小和方向，如图 6-2-7 所示。

⑦ 选择【横排文字工具】，设置字体、大小，如图 6-2-8 所示，输入“Butterfly”，最终效果如图 6-2-9 所示。

图 6-2-8 设置文字属性工具栏

图 6-2-9 最终效果

【相关知识】

知识点1：创建路径文本

可以输入沿着用【钢笔工具】或【形状工具】创建的工作路径的边缘排列的文字。当沿着路径输入文字时，文字将沿着锚点被添加到路径的方向排列。在路径上输入横排文字会导致字母与基线垂直，如图6-2-10所示；在路径上输入直排文字会导致文字与基线平行，如图6-2-11所示。

在闭合路径内输入文字，当文字到达闭合路径的边界时，会发生换行。在闭合路径上输入横排文字，会使文字与基线垂直，如图6-2-12所示；在闭合路径上输入直排文字，会使文字与基线平行，如图6-2-13所示。

当移动路径或更改其形状时，相关的文字将会适应新的路径位置或形状。

图6-2-10　横排文本

图6-2-11　直排文本

图6-2-12　闭合路径上的横排文本

图6-2-13　闭合路径上的直排文本

在路径内输入文字的操作步骤如下：

① 选择【横排文字工具】，将光标放置在该路径内。

② 当【文字工具】周围出现虚线括号时，单击即可插入文本，如图6-2-14所示。

图6-2-14　在路径内放置文本

知识点2：查找和替换文本

操作步骤如下：

① 执行下列操作之一：

A. 选择包含要查找和替换的文本的图层，将插入点置入要搜索的文本的开头。

B. 如果有多个文字图层并且要搜索文档中的所有图层，选择一个非文字图层。

注：在【图层】面板中，确保要搜索的文字图层可见且未被锁定。【查找和替换文本】命令不检查已隐藏或锁定图层中的拼写。

② 选取【编辑】→【查找和替换文本】命令，打开【查找和替换文本】对话框。

③ 在【查找内容】框中键入或粘贴想要查找的文本。要更改该文本，在【更改为】文本框中键入新的文本。

④ 选择一个或多个选项以细调搜索。

- 搜索所有图层：搜索文档中的所有图层。在【图层】面板中选定了非文字图层时，此选项将可用。
- 向前：从文本中的插入点向前搜索。取消选中此复选框，可搜索图层中的所有文本，不管插入点放在何处。
- 区分大小写：搜索与【查找内容】文本框的文本大小写完全匹配的一个或多个字。例如，在【区分大小写】复选框处于选定状态的情况下，如果搜索“PrePress”，则找不到“Prepress”或“PREPRESS”。
- 全字匹配：忽略嵌入在更长字中的搜索文本。例如，如果要以全字匹配方式搜索“any”，则会忽略“many”。

⑤ 单击【查找下一个】按钮，开始搜索。

⑥ 单击以下按钮之一：

- 更改：用修改后的文本替换找到的文本。要重复该搜索，选择【查找下一个】按钮。
- 更改全部：搜索并替换所找到文本的全部匹配项。
- 更改/查找：用修改后的文本替换找到的文本，然后搜索下一个匹配项。

知识点3：使用 OpenType 字体

除了 TrueType 之外，常见的还有 PostScript、OpenType 字体标准。其中 TrueType 主要应用于屏幕显示及普通打印上，是最常见的。PostScript 是由 Adobe 开发的用作印刷的精细字体标准，但与应用程序的兼容性稍差。而 OpenType 兼备 TrueType 与 PostScript 的优点，并提供一些新特征，如连笔字、分数字等，可以为文字排版添加新的效果。

在【字符】面板的字体列表中，位于字体名称左方的如果是 O 图标，则表示这是 OpenType 字体；如果是 T 图标，则表示这是 TrueType 字体。下面我们通过具体实例来说明。

① 选择【横排文字工具】，确保所选择的是 OpenType 字体，其工具属性栏如图 6-2-15 所示。

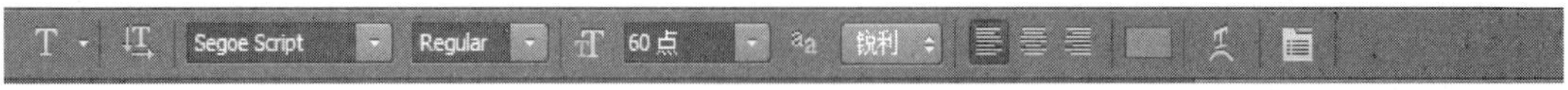

图 6-2-15 【横排文字工具】属性栏

② 输入“opentype”，然后单击【字符】面板右上角的按钮，出现的菜单 OpenType 中标准连字和分数字是可用的，而其他特征是不可用的。有些 OpenType 字体并没有提供特殊特征，那么 OpenType 选项就不可用，如图 6-2-16 所示。

OpenType 的特殊特征：标准连字、上下文替代字、自由连字、花饰边、旧样式、替代文字、标题替代字、花饰字、序数字、分数字。不同的 OpenType 字体提供的可用特征种类也不相同，某些特征可能不可用。

需要注意的是，各个特征都有应用的前提条件。如标准连字和自由连字，并非所有相邻的字母都能产生连字效果。某些特征只能应用于字母或只能应用于数字；某些特征又只能改变部分字母或数字的外观；而某些特征与其他特征之间有冲突（如分数字和序数字）。具体的情况还要看字体文件本身所包含的特征信息量而定。

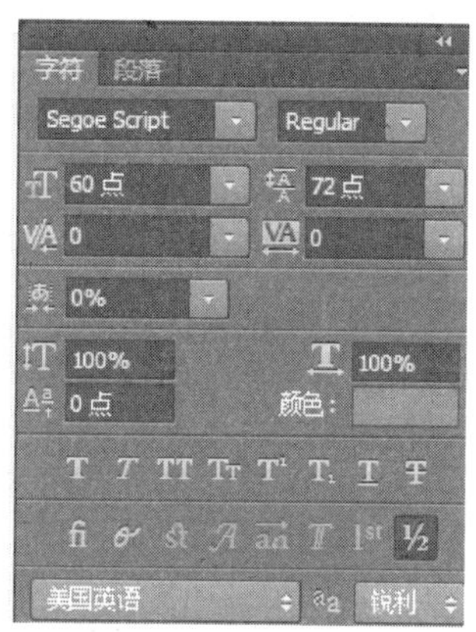

图 6-2-16　输入文字

任务三　制作异型文字

【任务引入】

在许多宣传设计页上我们看到有许多的文字，通过变形会给人一种视觉冲击的效果，这些变形文字是怎么设置出来的？如何使文字变形？

【任务分析】

要制作这类异型变形文字，应首先将文字转换为可自由调整的形状，然后再对其进行变形。

【任务实施】

原图如图 6-3-1 所示，效果图如图 6-3-2 所示。

操作步骤如下：

① 执行【文件】→【打开】命令，打开素材图片，如图 6-3-1 所示。

图 6-3-1 原图

图 6-3-2 效果图

图 6-3-3 素材图片

② 将【文字】图层置于当前操作层，然后选择【文字】→【转换为形状菜单】命令，将文字转换为形状，此时文字边缘上将出现一些毛刺，如图 6-3-4 所示。

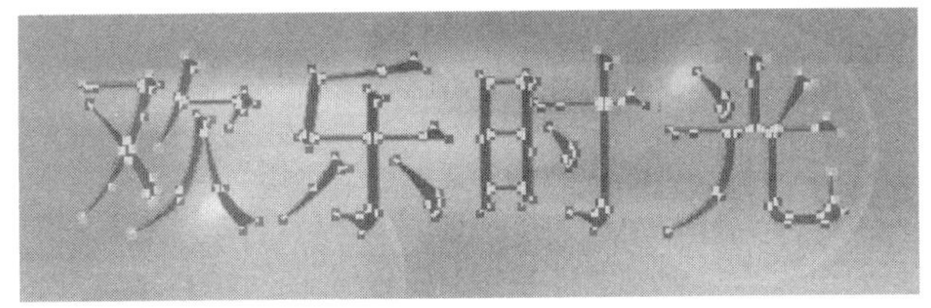

图 6-3-4 将文字图层转换为形状图层

③ 使用【缩放工具】局部放大“欢”字，在工具箱中选择【删除锚点工具】，然后单击字符“欢”，此时该字符上将显示字符形状控制点（又称锚点）。

④ 将光标移至图 6-3-5 所示锚点上，此时光标呈 形状，单击鼠标可将锚点删除，继续单击锚点并删除，得到如图 6-3-6 所示效果。

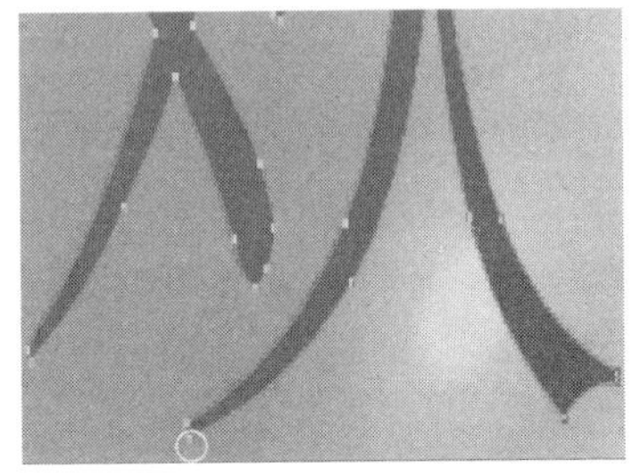

图 6-3-5 局部放大

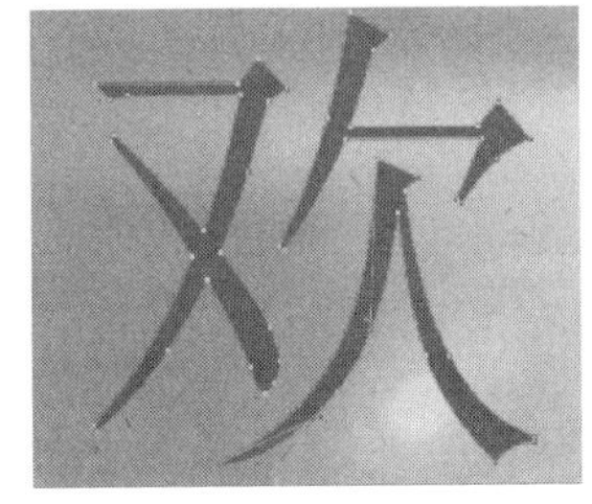

图 6-3-6 删除锚点

⑤ 选择工具箱中的【转换点工具】，将光标移至图 6-3-7 所示锚点上，当光标呈 形状时，单击锚点可将其转换为如图 6-3-7 所示尖状锚点。

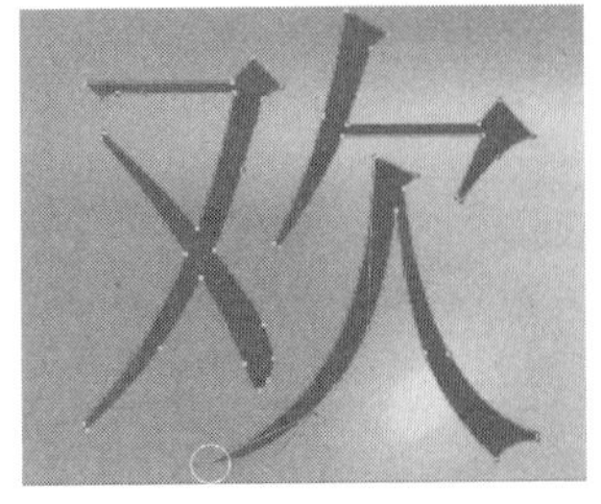

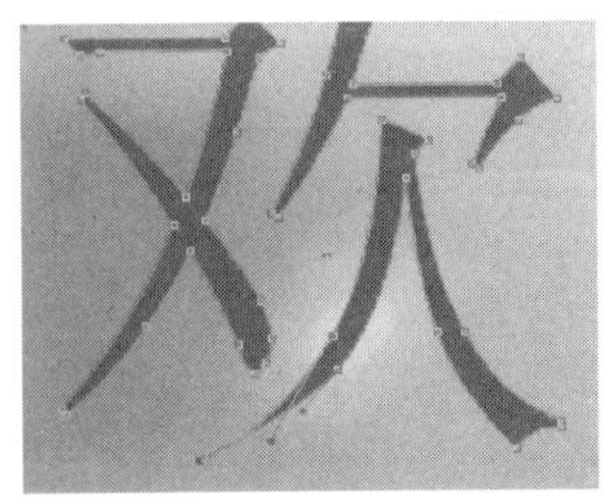

图 6-3-7 转换锚点

⑥ 使用【直接选择工具】拖动锚点两侧的调整杆，通过改变调整杆的长度与方向，从而调整锚点所在位置线条的形状，如图 6-3-8 所示。

⑦ 用【删除锚点工具】将光标移至图 6-3-9 左图所示位置处，将“欢”字的上部调整成图 6-3-9 右图所示效果。

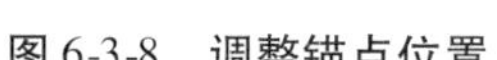

图 6-3-8　调整锚点位置

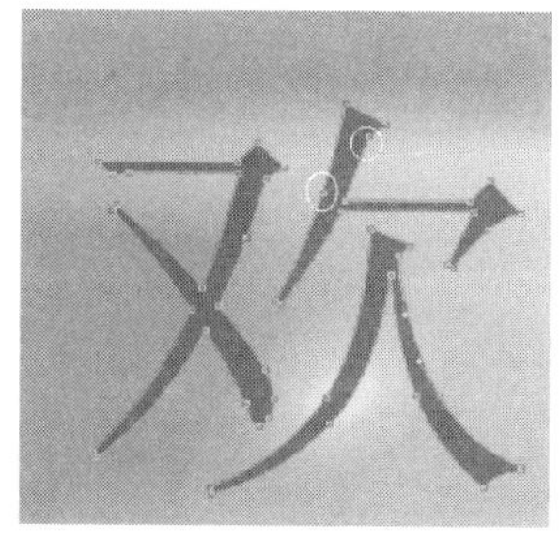

图 6-3-9　删除锚点

⑧ 选择工具箱中的【添加锚点工具】，将光标移至图 6-3-10 左图所示形状边线上，单击并拖动鼠标左键，可在单击处添加一个带调整杆的平滑锚点。然后再用【直接选择工具】和【转换点工具】做进一步调整，将“欢”字调至图 6-3-10 右图所示效果。

图 6-3-10　调整“欢”字

⑨ 继续利用【添加锚点工具】、【删除锚点工具】、【直接选择工具】和【转换点工具】调整“乐”和“光”字，将两个字连接起来，如图 6-3-11 所示。

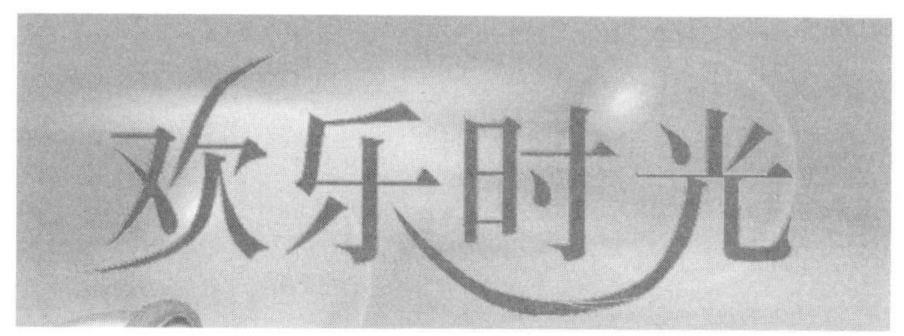

图 6-3-11　调整“乐”和“光”字

⑩ 单击【图层】面板底部的【添加图层样式】按钮，在弹出菜单中选择【描边】项，打开【图层样式】对话框，设置描边参数，如图 6-3-12 所示，其描边效果如图 6-3-13 所示。

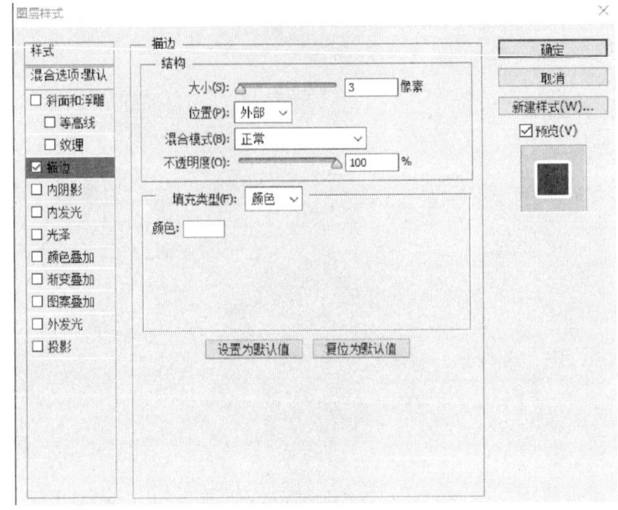

图 6-3-12　设置描边参数

图 6-3-13　最终效果图

【相关知识】

知识点 1：栅格化文字图层

【文字】图层的复制、删除等操作与普通图层完全相同，但【文字】图层不同于普通图层，在将【文字】图层转换为普通图层之前，用户不能对【文字】图层执行大多数的操作，如在文字上绘画、应用滤镜等操作，所以在很多时候都需要将【文字】图层转换为普通图层。

要将【文字】图层转换为普通图层，有如下几种方法：

方法一：选择【文字】→【栅格化文字图层】命令。

方法二：在【文字】图层面板上右击鼠标，在弹出的菜单中选择【栅格化文字】命令。

方法三：选择【文字】图层，在图层下拉列表中选择【栅格化文字】命令。

下面我们通过立体文字的制作来介绍其操作过程。

① 选择【文件】→【新建】命令，打开【新建】对话框，设置宽度为 380 像素，高度为 80 像素，颜色模式为 RGB 模式，画布的背景为绿色，单击【确定】按钮，如图 6-3-14 所示。

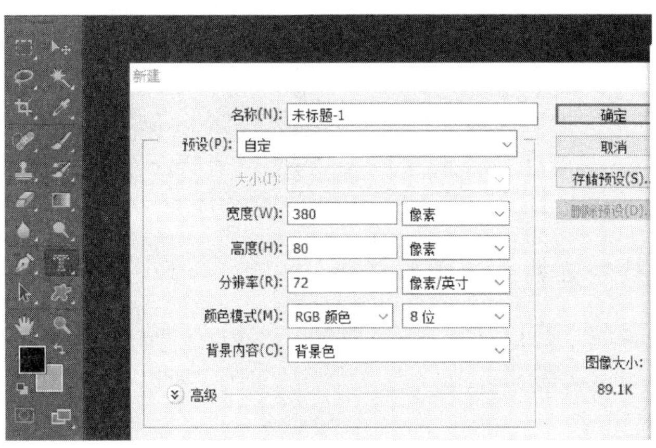

图 6-3-14 【新建】对话框

② 单击文字工具箱中的【横排文字工具】按钮，设置字体为隶书，大小为 80 点，颜色为黄色，如图 6-3-15 所示。

图 6-3-15 【横排文字工具】属性栏

③ 将鼠标指针移动到画布窗口上单击一下，在画布内输入文字“立体文字”，将文字放于画布的中间，如图 6-3-16 所示。

图 6-3-16 输入文字

④ 执行【图层】→【栅格化文字】命令。

⑤ 执行【编辑】→【描边】命令，设置颜色为浅黄色，参数如图 6-3-17 所示。

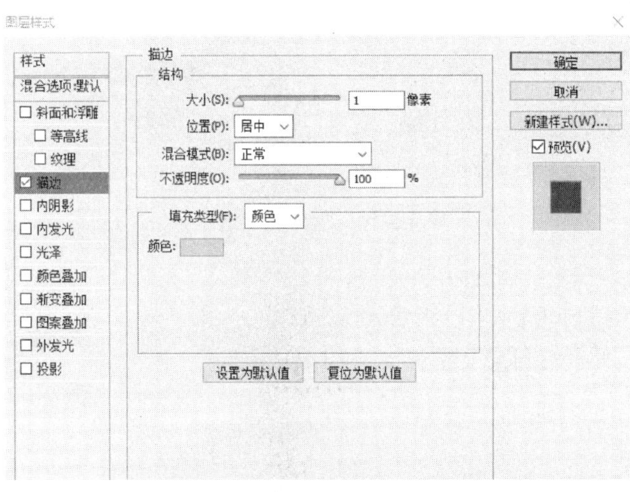

图 6-3-17 设置描边参数

⑥ 按住【Alt】键的同时，多次交替按下移键和右移键，当达到所需效果时，停止按键，效果如图 6-3-18 所示。

图 6-3-18 最终效果图

知识点2：文字转换为形状

尽管用户可以选择变换中的适当选项对文字进行变形、旋转或翻转等操作，但对一些变形文字仍然无能为力。要制作特殊的变形文字，应首先将文字转换成可自由调整的形状。执行【文字】→【转换为形状】命令，然后利用【钢笔工具】的有关操作来实现文字的变形。

知识点3：横排和直排文字蒙版工具

使用【横排文字蒙版工具】和【直排文字蒙版工具】创建的实际上是选区，而非文字，只是选区的形状像文字，建立选区后，就无法对文字修改了，所以在回到标准编辑模式前，一定要确定选区效果已经完成。

操作步骤如下：

① 打开花的图片，在工具箱中选择【横排文字蒙版工具】，在工具属性栏中设置其属性，如图6-3-19所示。

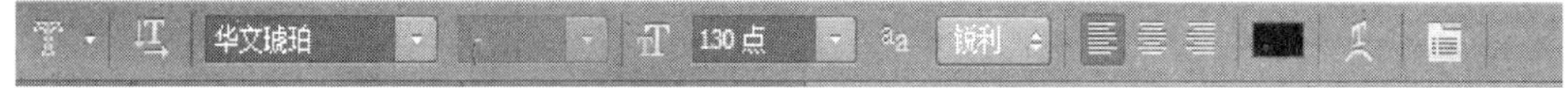

图6-3-19 【横排文字蒙版工具】属性栏

② 在图像窗口中要输入文字的地方单击，此时图像暂时转为快速蒙版模式，出现闪烁的光标后输入“花的海洋”，然后按【Ctrl】+【Enter】组合键确认输入，文字转换成了选区，图像返回到了标准编辑模式，如图6-3-20所示。

图6-3-20 创建文字选区

③ 将背景色设为白色，双击背景图层，将之转换为普通图层，按【Ctrl】+【Shift】+【I】组合键反选，填充白色，得到如图6-3-21所示的图案文字。

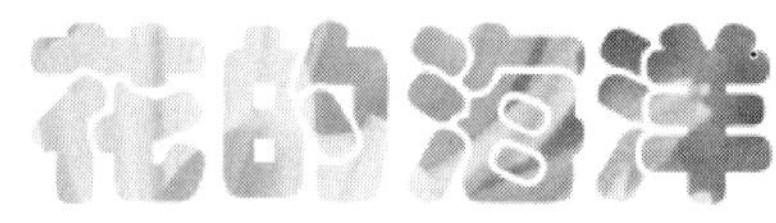

图6-3-21 最终效果图

复习与思考

一、单选题

1. 字符文字可以通过(　　)命令转化为段落文字。

A. 转换为段落文字　　B. 文字

C. 链接图层　　D. 所有图层

2. 当要对文字图层执行滤镜效果时，首先应当(　　)。
   A. 执行【图层】→【栅格化】→【文字】命令
   B. 直接在【滤镜】菜单下选择一个滤镜命令
   C. 确认【文字】图层和其他图层没有链接
   D. 选择这些文字，然后在【滤镜】菜单下选择一个滤镜命令

二、多选题

1.【文字】图层中的(　　)可以进行修改和编辑。
   A. 文字颜色　　　　B. 文字内容，如加字或减字
   C. 文字大小　　　　D. 文字的排列方式
2. 段落文字可以进行(　　)操作。
   A. 缩放　　B. 旋转　　C. 裁切　　D. 倾斜
3. Photoshop CS6 中文字的属性可以分为(　　)部分。
   A. 字符　　B. 段落　　C. 水平　　D. 垂直

三、操作题

1. 制作爱心图案，如图1所示。

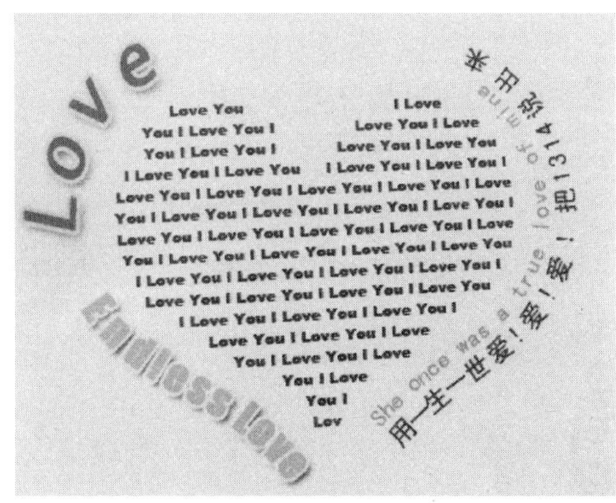

图1　爱心图案

2. 制作变形文字，如图2所示。

图2　制作变形文字

项目七　通道与蒙版

本项目主要讲解图层蒙版以及蒙版的使用方法、通道的分类、通道的基本操作以及计算通道，包括快速蒙版、图层蒙版、矢量蒙版的应用，通过实际应用案例进一步讲解了通道命令的操作方法。通过本项目的学习及任务实施，可以快速地掌握蒙版的使用技巧，制作出独特的图像效果，同时能够合理地利用通道进行图像设计与制作。

任务一　利用快速蒙版制作荷花边缘波纹效果

【任务引入】

平面设计中，经常需要利用快速蒙版对图像选区进行处理，以实现多种不同风格的设计效果。

【任务分析】

本任务可利用 Photoshop 的快速蒙版工具，通过为快速蒙版区域设置波纹滤镜，制作荷花边缘的波纹效果。

【任务实施】

操作步骤如下：

① 按【Ctrl】+【O】组合键，打开素材文件，将图层命名为【荷花】，如图 7-1-1 所示。

图 7-1-1　【荷花】图层

② 用【椭圆工具】选取盛开的荷花区域，如图 7-1-2 所示。

③ 单击工具栏下方的【以快速蒙版模式编辑】按钮，进入快速蒙版编辑模式，此时椭圆选区被蒙上红色，如图 7-1-3 所示。

④ 选择【滤镜】→【扭曲】→【波纹】命令，如图 7-1-4 所示，打开【波纹】对话框，对波纹参数进行调整，如图 7-1-5 所示，此时进入快速蒙版编辑模式的荷花区域便出现波纹效果，如图 7-1-6 所示。

图 7-1-2　用【椭圆工具】选择盛开的荷花区域

图 7-1-3　进入快速蒙版编辑模式

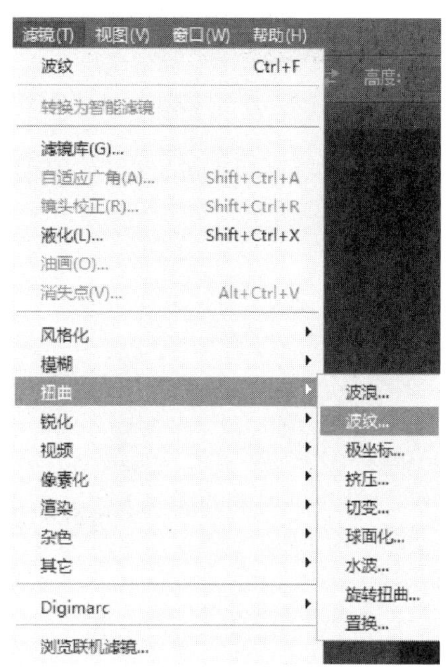

图 7-1-4　选择波纹效果滤镜

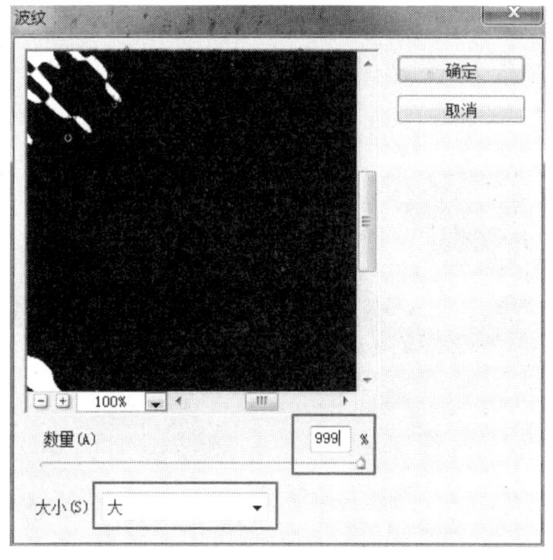

图 7-1-5　调整波纹参数

图 7-1-6　添加波纹滤镜效果

⑤ 单击工具箱下方的【以标准按钮模式编辑】按钮，退出快速蒙版编辑模式，红色区域部分生成选区，如图 7-1-7 所示。按【Ctrl】+【Shift】+【I】组合键进行反选，用【Del】键删除多余区域，如图 7-1-8 所示。

图 7-1-7 红色区域部分生成选区

图 7-1-8 反选删除多余区域

⑥ 在【图层】面板中可根据具体需要添加【背景】图层，并调整荷花图片，以生成不同的效果，如图 7-1-9 所示。

图 7-1-9 荷花边缘波纹效果图

【相关知识】

知识点 1：蒙版的基本概念

蒙版可以用来将图像的某些部分分离开来，以保护这些部分不被编辑。利用蒙版可以将花费很多时间创建的选区存储起来以便今后工作需要。另外，也可以将蒙版用于其他复杂的编辑工作，如对图像执行颜色变换或滤镜效果。

在【通道】面板中，蒙版通道的前景色和背景色以灰度值显示，通常黑色是被保护的部分，白色是不被保护的部分，而灰度部分则根据其灰度值作为透明蒙版使用，图像部分被保护，可以产生各种变化，如图 7-1-10 所示。

蒙版存储在 Alpha 通道中。蒙版和通道都是灰度图像，因此可以使用绘画工具组和滤镜进行编辑。在蒙版上用黑色绘制的区域将会受到保护，而蒙版上用白色绘制的区域是可编辑区域。

A. 用于保护背景并编辑“蝴蝶”的不透明蒙版
B. 用于保护“蝴蝶”并为背景着色的不透明蒙版
C. 用于为背景和部分“蝴蝶”着色的半透明蒙版

图 7-1-10 蒙版示例

知识点 2：快速蒙版

1. 创建快速蒙版

在快速蒙版模式下，可以将选区转换为蒙版。此时，会创建一个临时的蒙版，在【通道】面板中创建一个临时的 Alpha 通道，以后可以使用几乎所有工具和滤镜来编辑修改蒙版。修改好蒙版后，回到标准模式下，即可将蒙版转换为选区。

默认状态下，快速蒙版呈半透明红色，与掏空了选区的红色胶片相似，遮盖在非选区图像的上边。因为蒙版是半透明的，所以可以通过蒙版观察到它下面的图像。创建快速蒙版的具体操作步骤如下：

① 在图像中创建一个选区。

② 用鼠标双击工具箱内的【以快速蒙版模式编辑】按钮，出现【快速蒙版选项】对话框，如图 7-1-11 所示，此时的图像如图 7-1-12 所示。利用该对话框进行设置后，单击【确定】按钮，即可退出该对话框并建立快速蒙版。如果不进行设置，采用图 7-1-8 所示的默认状态，可用鼠标单击工具箱内的【以快速蒙版模式编辑】按钮，即可建立快速蒙版。

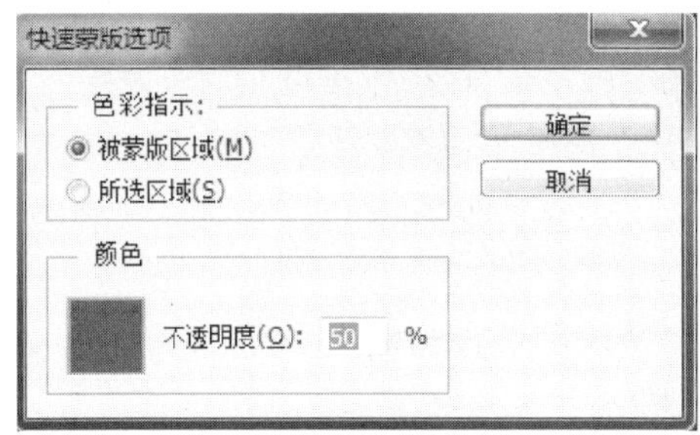

图 7-1-11 【快速蒙版选项】对话框

图 7-1-12 快速蒙版效果

【快速蒙版选项】对话框内各选项的作用如下：

• 【被蒙版区域】单选按钮：选中该单选按钮后，蒙版区域(即非选区)有颜色，非蒙版区域(即选区)没有颜色。

• 【所选区域】单选按钮：选中该单选按钮后，选区(非蒙版区域)有颜色，非选区(即蒙版区域)没有颜色，它与【被蒙版区域】单选按钮的作用正好相反。

• 【颜色】组选项：可在【不透明度】文本框内输入通道的不透明度数值，单击色块，可以出现【拾色器】对话框，用来设置蒙版的颜色，它的默认值是不透明度为 50% 的红色。

若选中【所选区域】单选按钮，颜色改为蓝色，不透明度为 80%，单击【确定】按钮后，图像效果如图 7-1-13 所示。

建立快速蒙版后的【通道】面板如图 7-1-14 所示。可以看出【通道】面板中增加了一个【快速蒙版】通道。

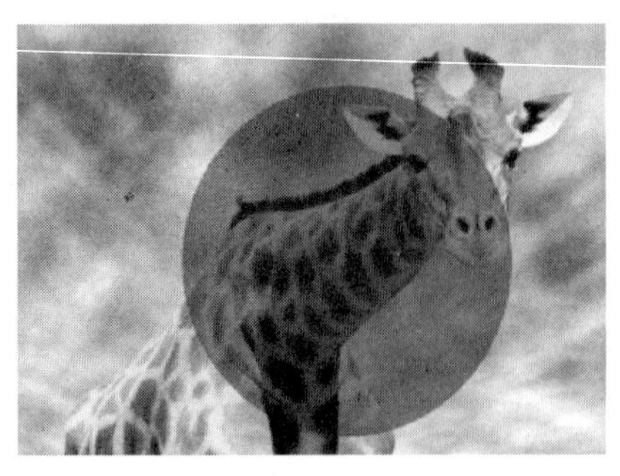

图 7-1-13　改变快速蒙版图像效果

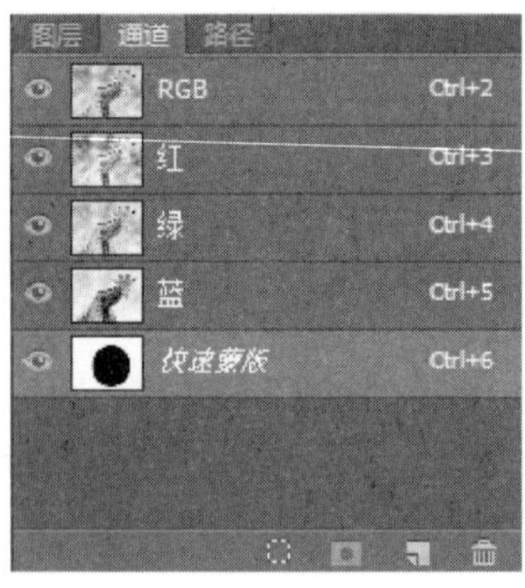

图 7-1-14　快速蒙版通道

2. 编辑快速蒙版

选中【通道】面板中的【快速蒙版】通道，然后可使用各种工具和滤镜对快速蒙版进行编辑修改。改变快速蒙版的大小与形状，也就调整了选区的大小与形状。在用【画笔工具】和【橡皮擦工具】修改快速蒙版时，须遵循以下规则：

① 针对图 7-1-12 所示状态，有颜色区域越大，蒙版越小，选区越小；针对图 7-1-13 所示状态，有颜色区域越大，蒙版越大，选区越大。

② 如果前景色为白色，并在有颜色区域绘图，则会减少有颜色区域；如果前景色为黑色，并在无颜色区域绘图，则会增加有颜色区域。

③ 如果前景色为白色，并在无颜色区域擦除，则会增加有颜色区域；如果背景色为黑色，并在有颜色区域擦除，则会减少有颜色区域。

④ 如果前景色为灰色，则在绘图时会创建半透明的蒙版和选区；如果背景色为灰色，则在擦图时会创建半透明的蒙版和选区。灰色越淡，透明度越高。

对图 7-1-12 所示蒙版进行加工（采用了【波纹】扭曲滤镜处理，数量为 700%，在“大小”下拉列表中选择“中”选项）后的图像如图 7-1-15 所示。

对图 7-1-13 所示蒙版进行加工（采用了【波纹】扭曲滤镜处理，数量为 700%，在“大小”下拉列表框中选择“中”选项）后的图像如图 7-1-16 所示。

图 7-1-15　蒙版加工效果

图 7-1-16　蒙版加工效果

任务二 利用图层蒙版制作图片的融合效果

【任务引入】

平面设计中,我们经常需要将两幅图片进行合成,要求融合过渡自然,效果合理。如何使用 Photoshop 蒙版工具进行图片合成呢?

【任务分析】

本任务可利用 Photoshop 的图层蒙版,通过设置图层蒙版的渐变,来达到图片融合的自然过渡效果。

【任务实施】

利用“蒙版”制作图片的融合效果,如图 7-2-1 所示。

图 7-2-1　效果图

操作步骤如下:

① 打开两张要融合的图片。

② 用【移动工具】将其中一幅图片拖入另一幅图片中(一般将小一点的图片拖入大一点的图片中,这里我们选择了大小一样的两幅图,如图 7-2-2、图 7-2-3 所示)。

图 7-2-2　山水图

图 7-2-3　天空照片

③ 选择【编辑】→【自由变换】命令，调整图片的位置和大小。

④ 单击【图层】面板下面的【添加图层蒙版】按钮 ，为【图层 1】添加蒙版，如图 7-2-4 所示。

⑤ 单击【渐变工具】，在工具属性栏渐变编辑器 中选择黑白颜色，如图 7-2-5、图 7-2-6 所示。

⑥ 在两幅图的交接处拖动鼠标，即可达到融合效果。

图 7-2-4　为【图层 1】添加蒙版

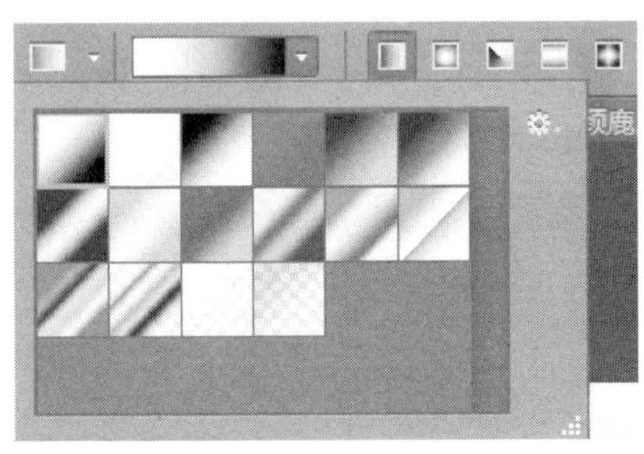

图 7-2-5　渐变编辑器

图 7-2-6　为图层蒙版填充渐变

【相关知识】

知识点 1：图层蒙版

1. 添加图层蒙版

通过图层蒙版，可以控制图层中的不同区域如何被隐藏或显示。通过更改图层蒙版，可以将许多特殊效果应用到图层中，而不会影响原图像上的像素。图层上的蒙版相当于一个 8bit 灰阶的 Alpha 通道。在蒙版中，黑色表示全部被蒙住，图层中的图像不显示；白色表示图像全部显示；不同程度的灰色蒙版表示图像以不同程度的透明度显示。

选中一个图层，单击【图层】面板下方的【添加图层蒙版】按钮，可以在原图层后面加入一个白色的图层蒙版，如图 7-2-7 所示。

如果单击按钮的同时按住【Alt】键，则可以建立一个黑色的图层蒙版，如图 7-2-8 所示。

注意：背景图层不能创建蒙版。

当创建一个图层蒙版时，它是自动和图层中的图像链接在一起的，在【图层】面板中图层和蒙版之间有链接符号出现，此时如果移动图像，则图层中的图像和蒙版将同时移动。用鼠标指针单击链接符号，符号就会消失，如图 7-2-9 所示，此时就可以分别针对图层和蒙版进行移动了。

图 7-2-7　创建白色的图层蒙版

图 7-2-8　创建黑色的图层蒙版

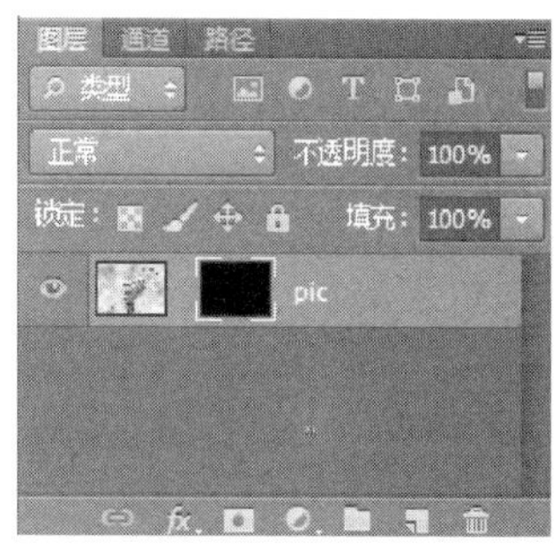

图 7-2-9　取消链接

2. 编辑图层蒙板

按住【Alt】键后双击【图层】面板上的蒙版缩略图，弹出【图层蒙版显示选项】对话框（图 7-2-10）。此对话框用来设定蒙版的表示方法，默认是 50% 不透明度的红色表示。如果要选择其他颜色，可单击【颜色】下面的小色块，在弹出的拾色器中选择颜色。此处的设定只和显示有关，对图像没有任何影响。

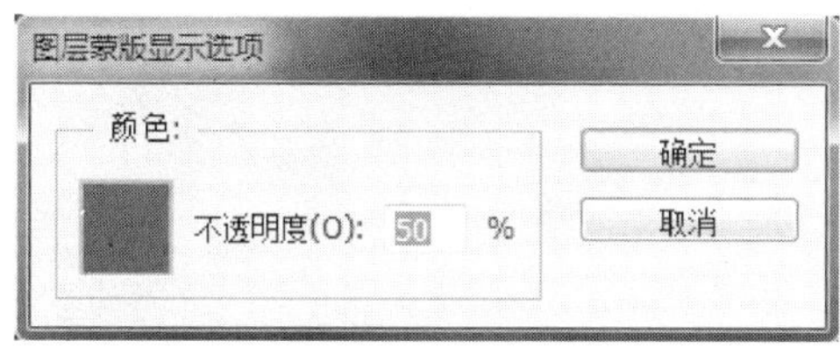

图 7-2-10　【图层蒙版显示选项】对话框

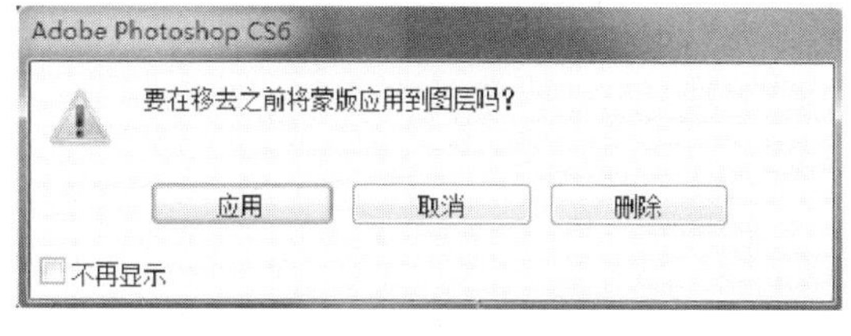

图 7-2-11　提示对话框

3. 删除图层蒙板

如果对所做的蒙版不满意，有两种方法可将其删除。

方法一：执行【图层】→【图层蒙版】→【删除】命令，此时，蒙版直接被删除。

方法二：在【图层】面板中直接拖动蒙版图标到【删除图层】图标🗑上，这时弹出如图 7-2-11 所示的对话框，提示移去蒙版之前是否将蒙版应用到图层。

将【图层】面板的蒙版暂时关闭，可执行【图层】→【图层蒙版】→【停用】命令，此时，蒙版被临时关闭，蒙版图标上出现一个红色的“×”标志，如图 7-2-12 所示。如果想重新显

图 7-2-12　关闭蒙版状态

示蒙版，可以再次在菜单中执行【图层】→【图层蒙版】→【启用】命令，此时蒙版被重新启用。

提示：在【图层】面板中，如果蒙版的图层外框为高亮显示，表示当前选中的是图层，此时所有的编辑操作对图层有效；如果蒙版的外框为高亮显示，表示当前选中的是蒙版，则所有的编辑操作对蒙版有效。

知识点 2：矢量蒙版

矢量蒙版与分辨率无关，由【钢笔工具】或【形状工具】创建在【图层】面板中，图层蒙版和矢量蒙版都显示为图层缩览图右边的附加缩略图。

图 7-2-13　矢量蒙版

1. 添加矢量蒙版

如图 7-2-13 所示，按住【Ctrl】键，同时单击【添加图层蒙版】按钮，即在蒙版上产生矢量蒙版，用如图 7-2-14 所示的【形状工具】绘制路径。

图 7-2-14　选择路径工具

2. 隐藏矢量蒙版

选择需要添加矢量蒙版的图层（除背景层外），执行【图层】→【矢量蒙版】→【显示全部】命令，可添加显示全部内容的矢量蒙版；执行【图层】→【矢量蒙版】→【隐藏全部】命令，则添加隐藏全部内容的矢量蒙版。

3. 删除矢量蒙版

矢量蒙版可在图层上创建锐边形状，若需要添加边缘清晰分明的图像，可以使用矢量蒙版。创建了矢量蒙版图层之后，还可以应用一个或多个图层样式。

具体操作步骤如下：

① 先选中一个需要添加矢量蒙版的图层，使用【形状工具】或【钢笔工具】绘制工作路径。

② 执行【图层】→【矢量蒙版】→【当前路径】命令，创建矢量蒙版。

③ 选择【图层】→【矢量蒙版】→【删除】命令，即可删除矢量蒙版。

④ 若想将矢量蒙版转换为图层蒙版，可以选择要转换的矢量蒙版所在的图层，然后选择【图层】→【栅格化】→【矢量蒙版】命令即可完成转换，如图 7-2-15 所示。需要注意的是，一旦删格化了矢量蒙版，就不能将它改回矢量对象了。

图 7-2-15　栅格化矢量蒙版

4. 矢量蒙板的应用

矢量蒙板的优点是可以随时通过编辑矢量图形来改变矢量蒙版的形状，对当前图层创建矢量蒙板后，在图片（图 7-2-16）中绘制任意形状的路径，即可产生相应的效果，如图 7-2-17 所示。

图 7-2-16 图片

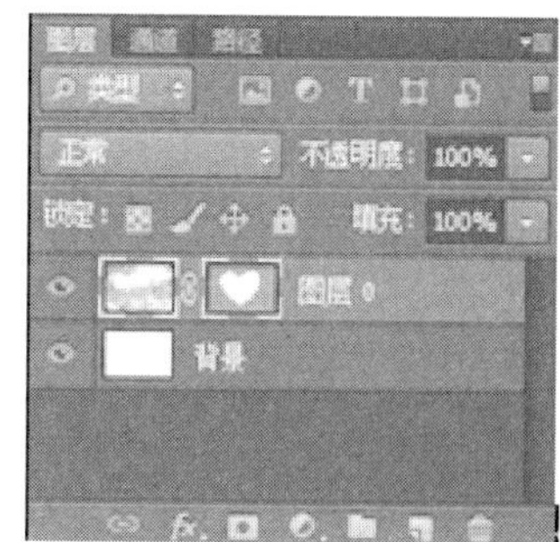

图 7-2-17 矢量蒙版效果图

知识点 3：剪贴蒙版

剪贴蒙版是 Photoshop 中的一条命令，是通过使用处于下方图层的形状来限制上方图层的显示状态，达到一种剪贴画的效果。

要创建剪贴蒙版，必须要有两个以上图层，以图 7-2-18 所示的两个图层为例：选中【形状 1】图层，执行【图层】→【创建剪贴蒙版】命令，图片即产生如图 7-2-19 所示的效果。

可见，相邻的两个图层创建剪贴蒙版后，上面图层所显示的形状或虚实就要受下面图层的控制。画面内容保留上面图层的，形状受下面图层的控制。

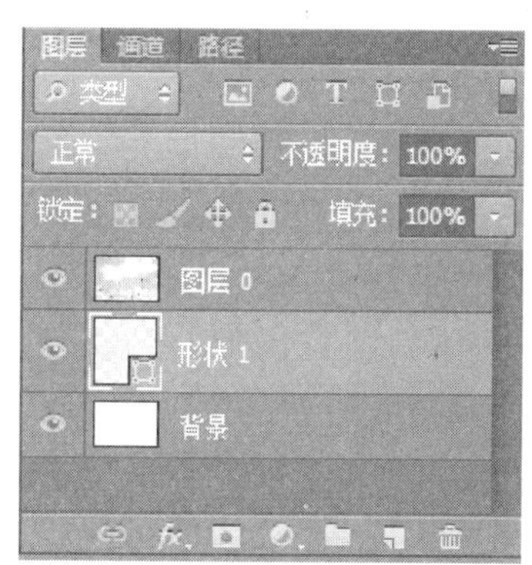

图 7-2-18 案例

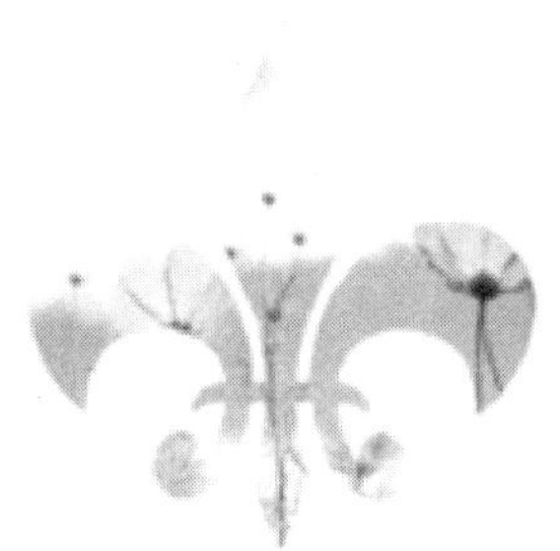

图 7-2-19 剪贴蒙版效果图

任务三 利用通道抠婚纱图

【任务引入】

在平面设计中，抠图是一项非常重要的操作，简单的抠图可以通过魔棒、套索等工具完成，但遇到一些类似于婚纱、头发等复杂的抠图，便需要使用通道工具。

【任务分析】

本任务可利用 Photoshop 的通道工具，通过通道的设置及修改，结合画笔工具的使用，来抠取半透明度的婚纱。

【任务实施】

一张 RGB 模式的图，就是将红、蓝、绿三种原色分别放在三个不同的通道上，每一个通道的颜色是一样的，只是亮度不同，而且每一种通道都是灰色图像。所谓通道抠图，就是利用通道亮度的反差进行抠图。

在“通道”中，黑色代表透明，把背景涂成黑色，背景就是透明的了；白色代表不透明，如果我们想将图中某部分抠下来，就在“通道”里将这一部分描成白色。半透明的地方保持原来的灰度不变即可。

“通道”在抠图中的作用是：利用通道建立选区，用修改通道来选择选区的范围。把图像部分涂成白色，只是确定了选区的范围，图像并未变成白色。

具体操作步骤如下：

① 图像分析。以一张婚纱照作为素材，这张图像的特点是婚纱四周界限分明，可以用【磁性套索工具】选取，用“通道”抠图可以抠出半透明的效果，如图 7-3-1 所示。

② 复制通道。打开【通道】面板，选择反差最大的通道，这里选择绿色通道，如图 7-3-2 所示。

图 7-3-1　婚纱照

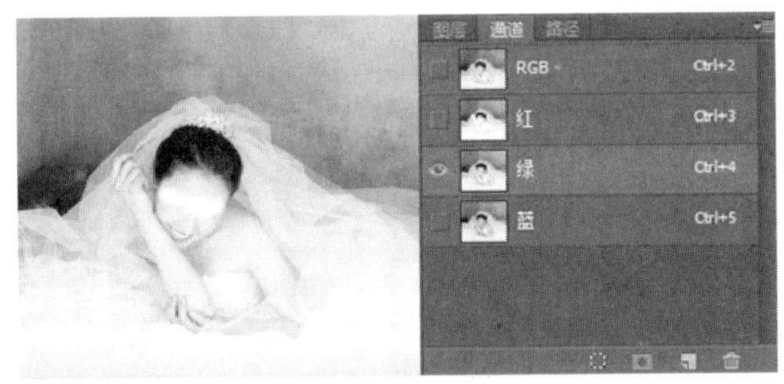

图 7-3-2　选中反差最大的绿色通道

将绿色通道拖到图标上，创建一个绿色通道副本，如图 7-3-3 所示。

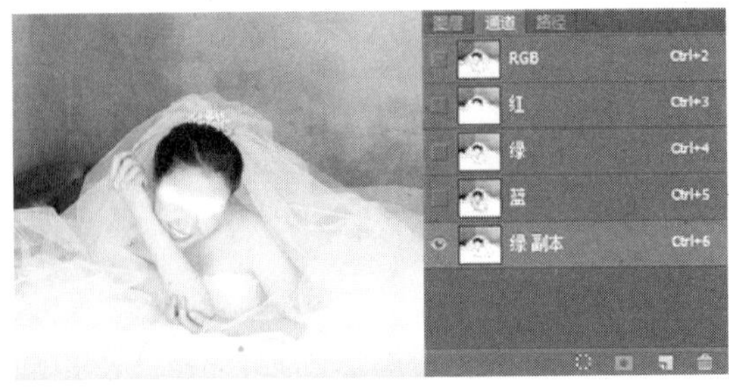

图 7-3-3　创建绿色通道副本

③ 调整色阶。为了增加颜色反差，选择【图像】→【调整】→【色阶】命令，如图 7-3-4 所示，打开【色阶】对话框，把两边的三角形往中间拉，如图 7-3-5、图 7-3-6 所示。

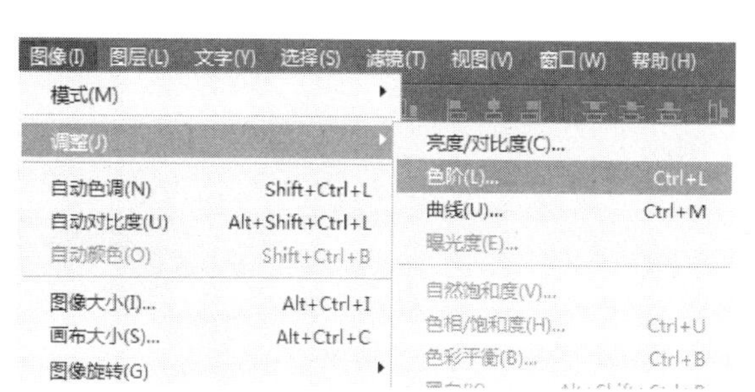

图 7-3-4 【色阶】命令

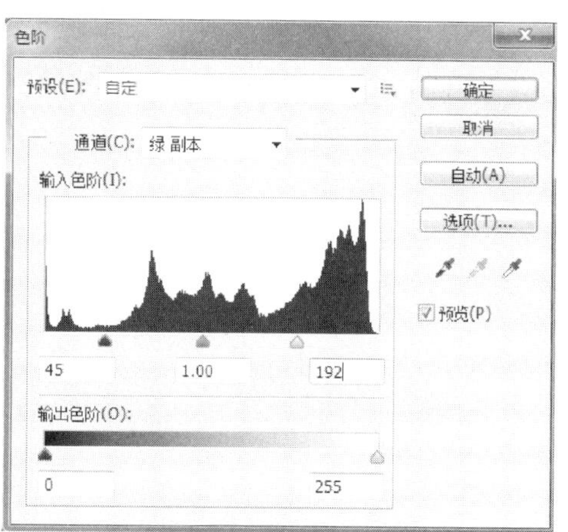

图 7-3-5 【色阶】对话框

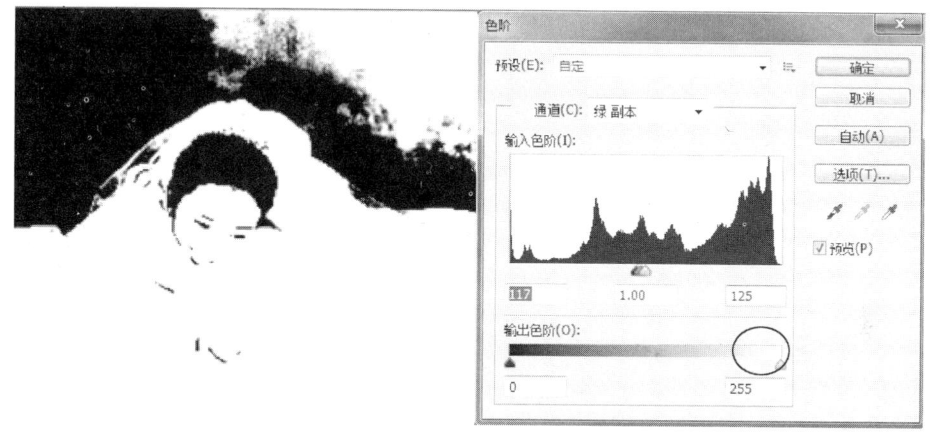

图 7-3-6 进一步调整色阶

④ 将背景填充成黑色。用【磁性套索工具】(图 7-3-7)沿着婚纱的边缘让它自动选择背景，当然也可以选择婚纱，然后选择【选择】→【反向】命令，用油漆桶将背景填充成黑色，或选择【编辑】→【填充】→【黑色】命令。前面已介绍过，黑色是透明的，所以要将背景涂成黑色。

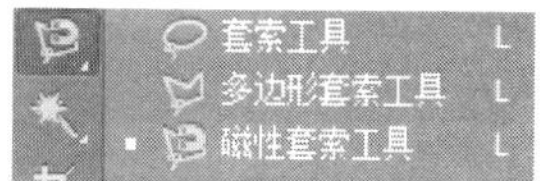

图 7-3-7 磁性套索工具

⑤ 将图像不透明的地方涂成白色。因为白色是不透明的，所以要将图像中不透明的地方涂成白色。选择【选择】→【反向】命令，选定图像，这样可以防止涂抹到背景上，然后将画笔调成白色，沿着人体不透明的地方涂抹，首先把画笔调小，沿着边缘涂抹，如图 7-3-8 所示。再将画笔调大，把不透明的地方全部涂成白色，注意透明的婚纱一定不能涂抹，如图 7-3-9 所示。

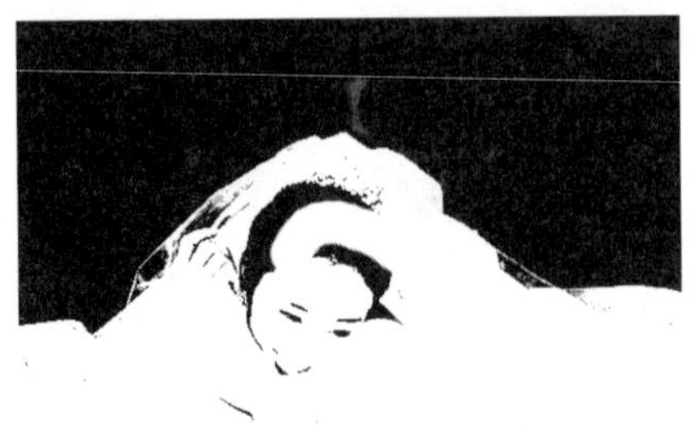

图 7-3-8　用画笔涂抹白色

图 7-3-9　将画笔调大涂抹白色

⑥ 载入选区。选定【RGB】通道，而【绿副本】不选，如图 7-3-10 所示。回到【图层】面板，选择【选择】→【载入选区】命令，打开【载入选区】对话框，选择【绿副本】通道，如图 7-3-11 所示。

⑦ 拷贝粘贴。选择【编辑】→【拷贝】命令，也就是复制选区，新建一个图层，如图 7-3-12 所示。

图 7-3-10　选定 RGB 通道

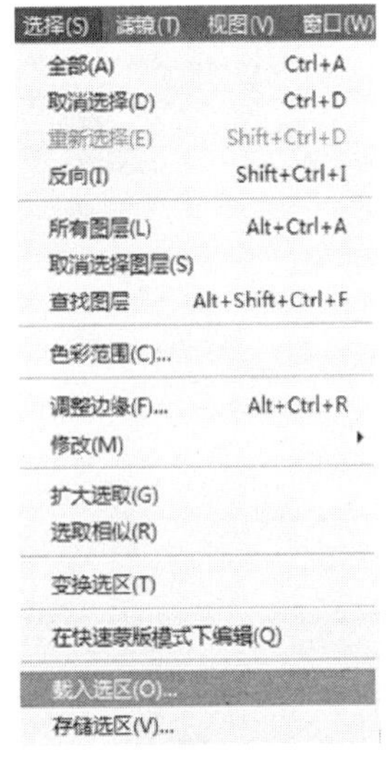

(a)

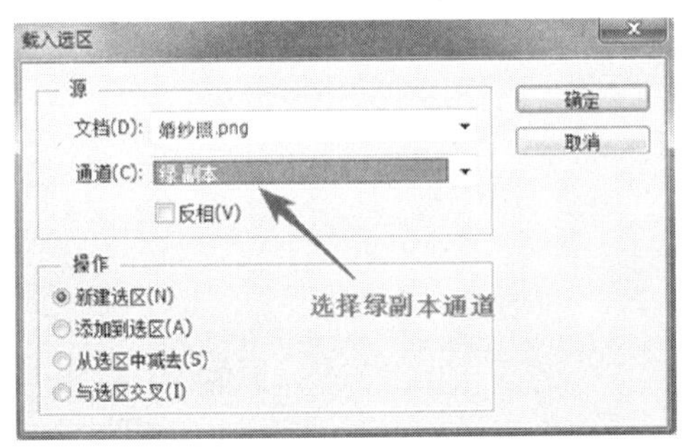

(b)

图 7-3-11　载入选区

图 7-3-12　新建图层

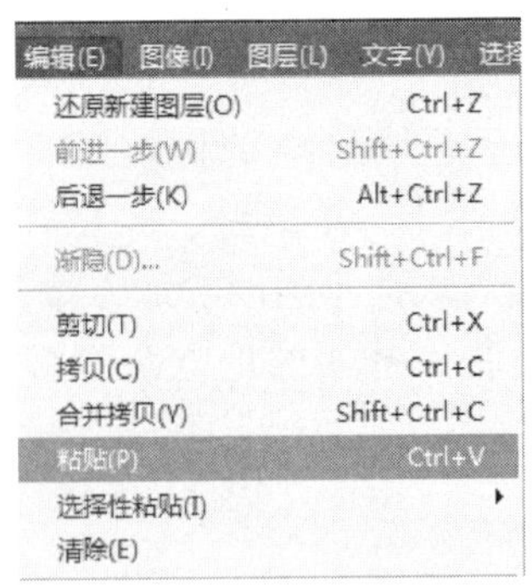

图 7-3-13　选区粘贴到新图层

执行【编辑】→【粘贴】命令(图7-3-13),将选区粘贴到新图层中,如图7-3-14所示。为了看得更清楚,可以添加一个背景层,如图7-3-15所示。

图7-3-14 将选区粘贴到新图层

图7-3-15 添加背景图层

⑧ 最后修饰。如果还有一些缺陷,可以用Photoshop的【橡皮擦工具】、【加深工具】、【减淡工具】等来修饰图片。仔细看,这张图片的不足主要是半透明婚纱中可以看到原图像中的灰色,可以用【减淡工具】来解决(图7-3-16)。将【减淡工具】的画笔硬度调到100,在有淡灰色的婚纱处涂抹,这样处理后人体清晰,婚纱透明,原来的背景色也看不到了。添加背景后的效果图如图7-3-17所示。

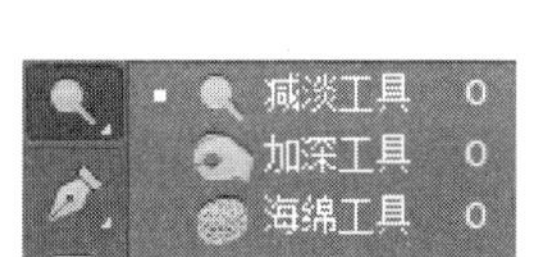

图7-3-16 减淡工具

图7-3-17 添加背景后的效果图

【相关知识】

知识点1:通道的基本概念

在Photoshop CS6中,通道可以分为颜色通道、专色通道和Alpha通道三种,它们均以图标的形式出现在【通道】面板中。

1. 颜色通道

在打开新图像时自动创建颜色信息通道。图像的颜色模式决定了所创建的颜色通道的数目。例如,RGB图像的每种颜色(红色、绿色和蓝色)都有一个通道,并且还有一个用于编

辑图像的复合通道。

每个颜色通道都是一幅灰度图像，它只代表一种颜色的明暗变化。所有颜色通道混合在一起时，便可形成图像的彩色效果，也就构成了彩色的复合通道。

对于 RGB 图像来说，颜色通道中较亮的部分表示这种原色用量大，较暗的部分表示该原色用量少；而对于 CMYK 图像来说，颜色通道中较亮的部分表示该原色用量少，较暗的部分表示该原色用量大。

所以，当图像中存在整体的颜色偏差时，可以方便地选择图像中的一个颜色通道，并对其进行相应的校正。如果一幅 RGB 模式图像中红色不够，在对其进行校正时，就可以单独选择其中的红色通道来对图像进行调整（图 7-3-18）。

红色通道是由图像中所有像素点的红色信息组成的，可以选择红色通道，提高整个通道的亮度，或使用填充命令在红色通道内填入具有一定透明度的白色，便可增加图像中红色的用量，达到调节图像效果的目的。也可以利用颜色通道专门制作偏色的特殊效果。

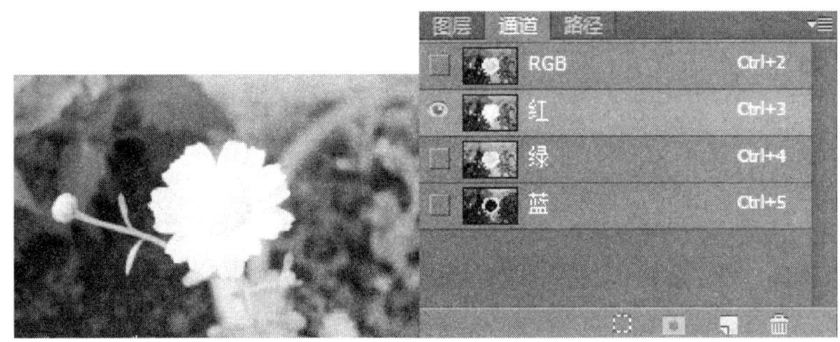

图 7-3-18 选中图像红色通道

2. Alpha 通道

将选区存储为灰度图像。可以添加 Alpha 通道来创建和存储蒙版，这些蒙版用于处理或保护图像的某些部分。

3. 专色通道

专色通道扩展了通道的含义，同时也实现了图像中专色版的制作。

4. 复制通道

复制通道可以采用以下三种方法：

（1）复制通道的一般方法。

单击选中【通道】面板中的一个通道（例如，Alpha 通道），再单击【通道】面板菜单中的【复制通道】菜单命令，出现【复制通道】对话框，如图 7-2-19 所示。设置后单击【确定】按钮，即可将选中的通道复制到指定的图像文件中或新建的图像文件中。该对话框内各选项的作用如下：

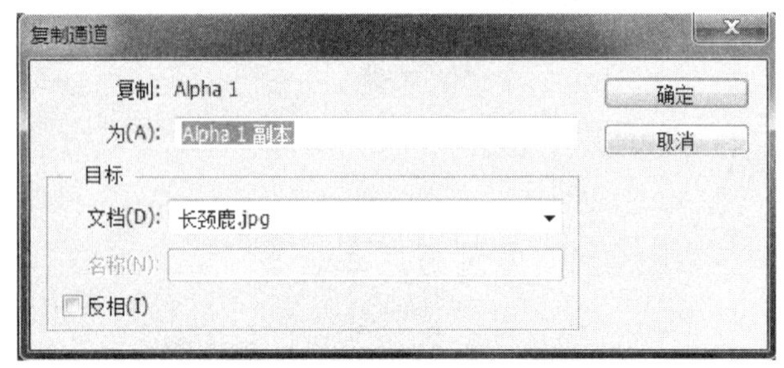

图 7-2-19 【复制通道】对话框

- 【为】文本框：用来输入复制的新通道的名称。
- 【文档】下拉列表：内有打开的图形文件名称，用来选择复制的目标图像。

● 【名称】文本框：用来输入将要新建的图像文件的名称。当在【文档】下拉列表中选择【新建】选项时，【文档】下拉列表框下面的【名称】文本框才变为有效。

● 【反相】复选框：选中此复选框，表示复制的新通道与原通道相比是反相的，即原来通道中有颜色的区域在新通道中为没有颜色的区域；原来通道中没有颜色的区域在新通道中为有颜色的区域。

（2）在当前图像中复制通道的简便方法。

将要复制的通道拖到【通道】面板中的【创建新通道】按钮之上，松开鼠标，即可复制选中的通道。

（3）将通道复制到其他图像中。

用鼠标拖动通道到其他图像的画布窗口中。

5. 删除通道

要删除通道，有如下几种方法：

方法一：单击选中【通道】面板中的一个通道，随后选择【通道】面板菜单中的【删除通道】命令，即可删除选中的通道。

方法二：将要删除的通道拖到【通道】面板中的【删除当前通道】按钮之上，松开鼠标，即可删除该通道。

方法三：单击选中【通道】面板中的一个通道，然后单击【通道】面板中的【删除当前通道】按钮，出现一个提示框，再单击提示框中的【是】按钮，即可删除选中的通道。

6. 分离通道

分离通道是指将图像中的所有通道分离成多个独立的图像，一个通道对应一幅图像，新图像的名称由系统自动给出，分别由原文件名 +“ - ”+ 通道名称缩写而成。分离后，原始图像将自动关闭。对分离的图像进行加工，不会影响原始图像。在进行“分离通道”操作之前，一定要先将图像中的所有图层合并到背景图层中，否则【通道】面板菜单中的【分离通道】菜单命令是无效的。

分离通道的方法如下：

① 如果图像有多个图层，则应选择【图层】→【拼合图层】菜单命令，将所有图层合并到背景图层中。

② 选择【通道】面板菜单中的【分离通道】菜单命令。

7. 合并通道

合并通道是指将分离的各个独立的通道图像合并为一幅图像。在将一幅图像进行分离通道操作之后，可以对各个通道图像进行编辑修改，然后再将它们合并为一幅图像，这样做可以获得一些特殊的加工效果。

合并通道的操作方法如下：

① 选择【通道】面板中的【合并通道】菜单命令，弹出【合并通道】对话框，如图 7-3-20 所示。

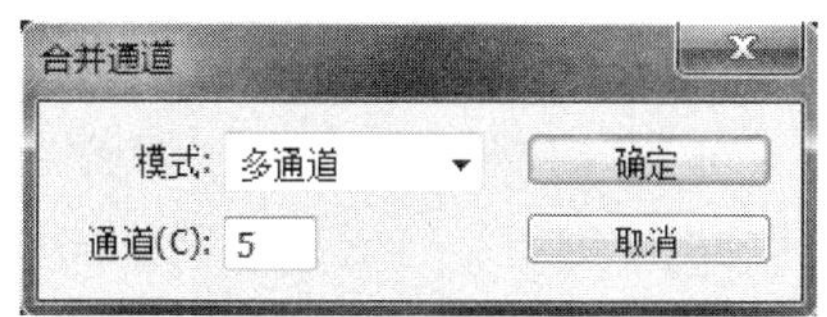

图 7-3-20 【合并通道】对话框

② 在【合并通道】对话框的【模式】下拉列表内选择一种模式，如图 7-3-21 所示（如果某选项呈灰色，则表示它不可选）。选择【多通道】模式选项时，可以合

并所有通道，包括 Alpha 通道，但是合并后的图像是灰色图像；选择其他模式选项后，不能合并 Alpha 通道。

图 7-3-21　合并通道模式选择

③ 在【合并通道】对话框的【通道】文本框中输入要合并的通道个数。注意，在选择【RGB 颜色】或【Lab 颜色】后，通道的最大个数为 3；在选择【CMYK 颜色】后，通道的最大个数为 4；在选择【多通道】模式后，通道数为通道个数。通道图像的次序是按照分离通道前的通道次序排列的。

④ 若选择【RGB 颜色】和 3 个通道，单击【合并通道】对话框中的【确定】按钮，则出现【合并 RGB 通道】对话框，如图 7-3-22 所示；若选择【Lab 颜色】和 3 个通道，单击【合并通道】对话框中的【确定】按钮，则出现【合并 Lab 通道】对话框，如图 7-3-23 所示；若选择【CMYK 颜色】和 4 个通道，单击【合并通道】对话框中的【确定】按钮，则出现【合并 CMYK 通道】对话框，如图 7-3-24 所示。利用这些对话框可以选择各种通道对应的图像，通常采用默认状态。然后单击【确定】按钮，即可完成合并通道的工作。

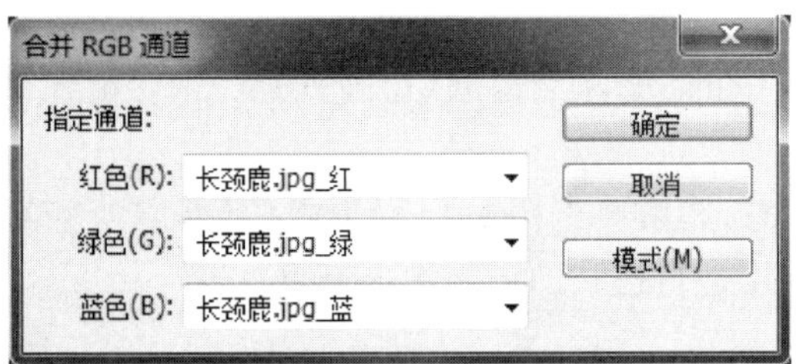

图 7-3-22　【合并 RGB 通道】对话框

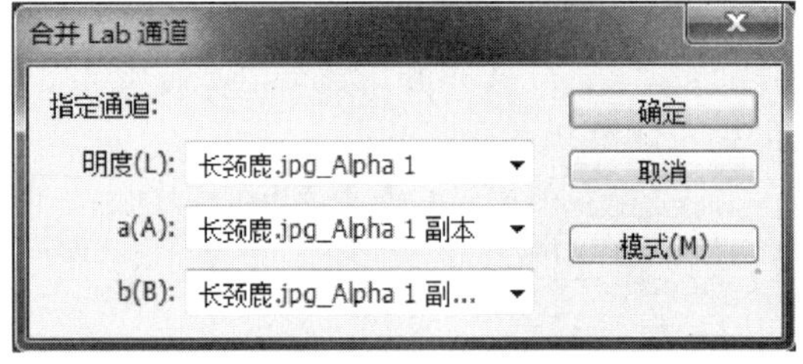

图 7-3-23　【合并 Lab 通道】对话框

⑤ 如果选择了【多通道】模式，则单击【合并通道】对话框中的【确定】按钮后，可出现【合并多通道】对话框，如图 7-3-25 所示。在该对话框的【图像】下拉列表内选择对应“通道 1”的图像文件后，单击【下一步】按钮，出现下一个【合并多通道】对话框，再设置对应“通道 2”的图像文件。如此继续下去，直到给所有通道均设置了对应的图像文件为止。

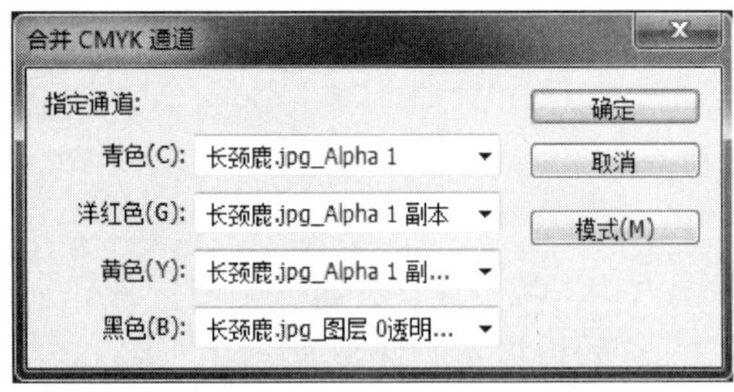

图 7-3-24　【合并 CMYK 通道】对话框

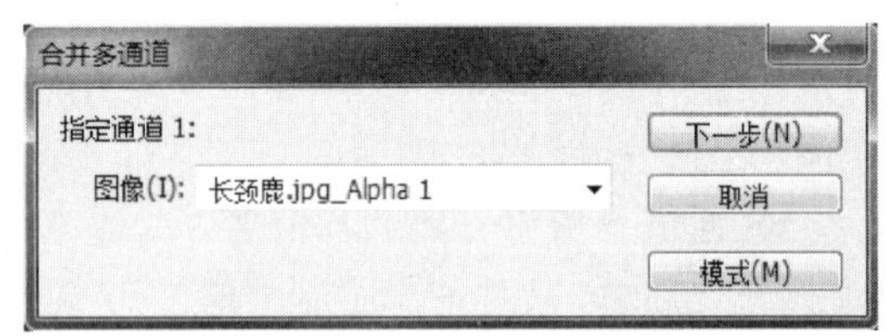

图 7-3-25　【合并多通道】对话框

知识点 2：【通道】面板

【通道】面板列出图像中的所有通道（图 7-3-26），对于 RGB、CMYK 和 Lab 图像，将最先列出复合通道。通道内容的缩览图显示在通道名称的左侧，在编辑通道时会自动更新缩览图。

图 7-3-26 通道面板

1. 显示或隐藏通道

可以使用【通道】面板来查看文档窗口中的任何通道组合。例如,可以同时查看通道和复合通道,观察 Alpha 通道中的更改与整幅图像是怎样的关系。

注:单击通道旁边的眼睛图标即可显示或隐藏该通道(单击复合通道,可以查看所有的默认颜色通道。只要所有的颜色通道可见,就会显示复合通道)。

2. 用相应的颜色显示颜色通道

各个通道以灰度显示。在 RGB、CMYK 或 Lab 图像中,可以看到用原色显示的各个通道。可以更改默认设置,以使用原色显示各个颜色通道。当通道在图像中可见时,在面板中该通道的左侧将出现一个眼睛图标。

具体操作步骤如下:

① 执行【编辑】→【首选项】→【界面】命令,弹出【首选项】对话框。

② 选择【用原色显示通道】,然后单击【确定】按钮。

知识点 3:Alpha 通道

当要改变图像中某个区域的颜色,或者要对该区域应用滤镜或其他效果时,使用蒙版可以隔离并保护图像的未选中区域。

1. 创建和编辑 Alpha 通道蒙版

可以创建一个新的 Alpha 通道,然后使用绘画工具组和滤镜通过该 Alpha 通道创建蒙版。也可以将 Photoshop CS6 内的现有选区存储为 Alpha 通道,该通道将出现在【通道】面板中。

2. 使用当前选项创建 Alpha 通道蒙版

① 单击【通道】面板底部的【创建新通道】按钮。

② 在新通道上绘以蒙版图像区域。

注:在为蒙版创建通道之前,请先选择图像的区域,然后在通道上绘画以调整蒙版。

3. 创建 Alpha 通道蒙版并设置选项

具体操作步骤如下:

① 按住【Alt】键并单击【通道】面板底部的【创建新通道】按钮,或从【通道】面板菜单中选取【新建通道】命令。

② 在【新建通道】对话框中指定选项。

③ 在新通道上绘以蒙版图像区域。

知识点4：专色通道

与4种原色油墨一样，在印刷时，每种专色油墨都对应着一块印版，而Photoshop CS6中的专色通道便是为了制作相应的专色色版而设置的。在【通道】面板中，按住【Ctrl】键不放，单击【创建新通道】按钮，就会弹出【新建专色通道】对话框，如图7-3-27所示。

单击【新建专色通道】对话框中【颜色】后面的小颜色块，在弹出的【拾色器（专色）】对话框中选择颜色，如图7-3-28所示。或单击【颜色库】按钮，在【颜色库】对话框中选择相应的颜色，如图7-3-29所示。单击【确定】按钮后，【新建专色通道】对话框中的名称就变成色谱中的颜色名称，如图7-3-30所示。

如果不做修改的话，以拾色器方式定义的专色通道会以专色1、专色2、专色3……命名；而以色谱方式定义专色，则会以选定的颜色名作为专色通道的名称。专色的"密度"决定了实地色的遮盖度（或颜色是否透明），即印出的颜色能否透出其他颜色的变化。

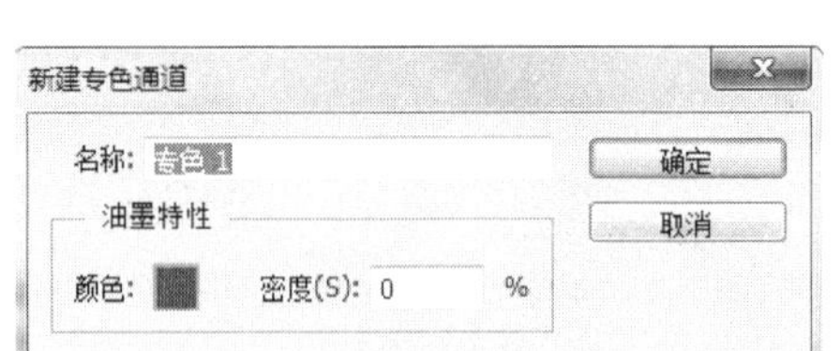

图7-3-27 【新建专色通道】对话框

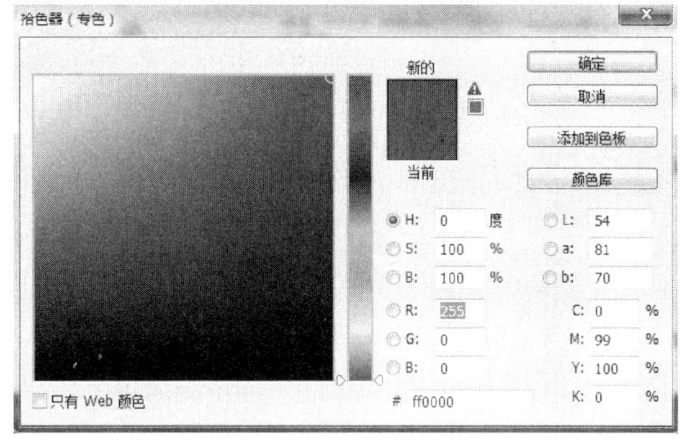

图7-3-28 【拾色器（专色）】对话框

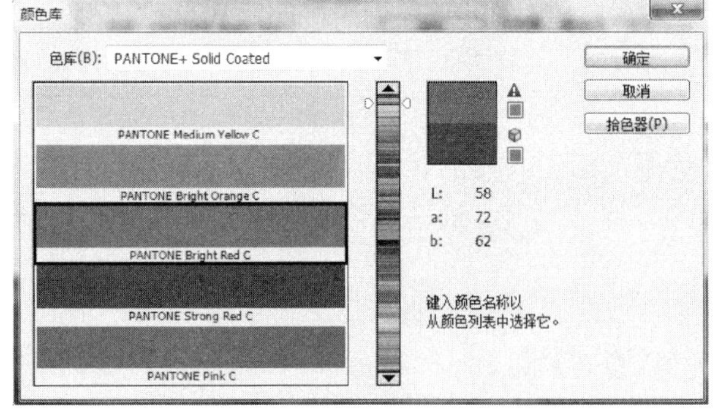

图7-3-29 【颜色库】对话框

图7-3-30 【新建专色通道】对话框

知识点5：通道计算

1. 混合图层和通道

使用与图层关联的混合效果，可以将图像内部和图像之间的通道组合成新图像。【应用图像】命令（在单个和复合通道中）或【计算】命令（在单个通道中）提供了【图层】面板中没有的两个附加混合模式:“添加”和“减去”。

2. 使用【应用图像】命令混合通道

使用【应用图像】命令,可以将一个图像的图层和通道(源)与现用图像(目标)的图层和通道混合。具体操作步骤如下:

① 打开源图像和目标图像,并在目标图像中选择所需的图层和通道。图像的像素尺寸必须与【应用图像】对话框中出现的图像名称匹配。

注: 如果两幅图像的颜色模式不同(例如,一幅图像是 RGB 颜色模式,而另一幅图像是 CMYK 颜色模式),则可以对目标图层的复合通道应用单一通道(但不是源图像的复合通道)。

② 选择【图像】→【应用图像】命令。

③ 选取要与目标组合的源图像、图层和通道。要使用源图像中的所有图层,选择【合并图层】。

④ 要在图像窗口中预览效果,选择【预览】。

⑤ 要在计算中使用通道内容的负片,选择【反相】。

⑥ 对于【混合】,选取一个混合选项。

⑦ 输入不透明度值以指定效果的强度。

⑧ 如果只将结果应用到结果图层的不透明区域,选择【保留透明区域】。

⑨ 如果要通过蒙版应用混合,选择【蒙版】,然后选择包含蒙版的图像和图层。对于【通道】,可以选择任何颜色通道或 Alpha 通道以用作蒙版,也可使用基于现用选区或选中图层(透明区域)边界的蒙版。选择【反相】,则反转通道的蒙版区域和未蒙版区域。

3. 使用【计算】命令混合通道

【计算】命令用于混合两个来自一个或多个源图像的单个通道,然后将结果应用到新图像或新通道,或现用图像的选区。需要注意的是,不能对复合通道应用【计算】命令。具体操作步骤如下:

① 打开一个或多个源图像。

注: 如果使用多个源图像,则这些图像的像素尺寸必须相同。

② 选择【图像】→【计算】命令。

③ 要在图像窗口中预览效果,选择【预览】。

④ 选取第一个源图像、图层和通道。要使用源图像中所有的图层,选取【合并图层】。

⑤ 要在计算中使用通道内容的负片,选择【反相】。对于【通道】,如果要复制图像转换为灰度的效果,请选取【灰色】。

⑥ 选取第二个源图像、图层和通道,并指定选项。

⑦ 选取一种混合模式。

⑧ 输入不透明度值以指定效果的强度。

⑨ 如果要通过蒙版应用混合,选择【蒙版】,然后选择包含蒙版的图像和图层。对于【通道】,可以选择任何颜色通道或 Alpha 通道以用作蒙版,也可使用基于现用选区或选中图层(透明区域)边界的蒙版。选择【反相】,则反转通道的蒙版区域和未蒙版区域。

⑩ 对于【结果】,指定是将混合结果放入新文档还是现用图像的新通道或选区。

4. “相加”和“减去”混合模式

“相加”和“减去”混合模式只适用于【应用图像】和【计算】命令。

(1) 相加。

相加是指增加两个通道中的像素值。这是在两个通道中组合非重叠图像的好方法。

因为较高的像素值代表较亮的颜色，所以向通道添加重叠像素将使图像变亮，两个通道中的黑色区域仍然保持黑色(0+0=0)，任一通道中的白色区域仍为白色(255+任意值=255或更大值)。

“相加”模式用“缩放”量除像素值的总和，然后将“位移”值添加到此和中。例如，要查找两个通道中像素的平均值，应先将它们相加，再除以2且不输入“位移”值。

“缩放”因数可以是介于1.000~2.000之间的任何数字。输入较高的“缩放”值将使图像变暗。

可以使用“位移”值，通过任何介于+255和-255之间的亮度值使目标通道中的像素变暗或变亮。负值使图像变暗，而正值使图像变亮。

(2) 减去。

减去是指从目标通道中相应的像素上减去源通道中的像素值。与“相加”模式相同，此结果将除以“缩放”因数并添加到“位移”值。

“缩放”因数可以是介于1.000~2.000之间的任何数字。可以使用“位移”值，通过任何介于+255和-255之间的亮度值使目标通道中的像素变暗或变亮。

复习与思考

一、单选题

1. 要进入快速蒙板状态，应(　　)。
   A. 建立一个选区
   B. 选择一个Alpha通道
   C. 单击工具箱中的【以快速蒙版模式编辑】图标
   D. 在【编辑】菜单中选择【快速蒙版】命令

2. 在【通道】面板上按住(　　)功能键可以加选或减选。
   A. Alt　　B. Shift　　C. Ctrl　　D. Tab

3. Alpha通道最主要的用途是(　　)。
   A. 保存图像色彩信息　　B. 创建新通道
   C. 存储和建立选择范围　　D. 为路径提供通道

4. Alpha通道相当于(　　)位的灰度图。
   A. 4　　B. 8　　C. 16　　D. 32

5. 在工具箱底部有两个按钮，分别为【以标准模式编辑】和【以快速蒙版模式编辑】，通过【快速蒙版】可对图像中的选区进行修改，按键盘上的(　　)字母键可以将图像切换到“以快速蒙版模式编辑”状态(在英文输入状态下)。
   A. 字母A　　B. 字母C　　C. 字母Q　　D. 字母T

二、多选题

1. 在【存储选区】对话框中将选择范围与原先的 Alpha 通道结合有(　　)方法可以选择。

A. 无　　B. 添加到通道　　C. 从通道中减去　　D. 与通道交叉

2. 下面(　　)方法可以将现存的 Alpha 通道转换为选择范围。

A. 将要转换选区的 Alpha 通道选中并拖到【通道】面板中的【将通道作为选区载入】按钮上

B. 按住【Ctrl】键单击 Alpha 通道

C. 执行【选择】→【载入选区】命令

D. 双击 Alpha 通道

3. 如果在图像中有 Alpha 通道,并将其保留下来,需要将其存储为(　　)格式。

A. PSD　　B. JPEG　　C. DCS2.0　　D. PNG

4. 下列关于专色通道的说法正确的是(　　)。

A. 在图像中可以增加专色通道,但不能将原有的通道转化为专色通道

B. 专色通道和 Alpha 通道相似,都可以随时编辑和删除

C. Photoshop 中专色是压印在合成图像上的

D. 不能将专色通道和彩色通道合并

5. 下列关于蒙版的说法正确的是(　　)。

A. 快速蒙版的作用主要用来进行选区的修饰

B. 图层蒙版和图层矢量蒙版是不同类型的蒙版,它们之间是无法转换的

C. 图层蒙版可转化为浮动的选择区域

D. 当创建蒙版时,在【通道】面板中可看到临时的和蒙版相对应的 Alpha 通道

三、操作题

1. 打开素材文件夹中的“复习与思考 7-1. jpg”和“复习与思考 7-2. jpg”两个图片,用图层蒙版,对这两个图片进行处理,效果图如图 1 所示。

(a) 向日葵图

(b) 小孩图片

(c) 向日葵小孩效果图

图 1　应用图层蒙版处理图片

2. 用画笔、快速蒙版和图层蒙版,对素材文件夹中的“复习与思考 7-3. jpg”图片进行处理,效果图如图 2 所示。

(a) 赛车手

(b) 赛车手撕边效果图

图 2 应用画笔、快速蒙版和图层蒙版处理图片

项目八　色彩调整

色彩调整是运用Photoshop进行图片处理的非常基本且重要的环节之一，其很好地结合了图层操作、调整操作及蒙版操作。它可对图像的色彩进行调整，以达到预期效果。灵活运用本项目的相关知识，可以处理更加美丽且个性的图片。

任务一　矫正毛片曝光缺陷

【任务引入】

要想拍摄出美丽的照片，一方面需要好的相机和镜头，另一方面也需要高超的拍摄技巧，另外，适宜的天气和环境也是不可缺少的，这些对于一般摄影者来说较难把握。在拍摄照片时，由于没有掌握好光源角度，经常会造成照片严重曝光不足，使整个照片看上去过暗，影响照片的效果。这就需要我们用Photoshop进行一些后期处理。

【任务分析】

本任务在后期处理中，一般会用到几种命令来对照片进行调整，包括【色阶】、【曲线】、【亮度/对比度】、【曝光度】等。

【任务实施】

操作步骤如下：

① 启动Photoshop CS6，选择【文件】→【打开】命令，打开如图8-1-1所示的“原图.jpg”照片素材。接着展开【图层】面板，拖动【背景】图层到下方的【创建新图层】按钮上，创建一个新的图层——【背景 副本】图层，如图8-1-2所示。

图8-1-1　原图

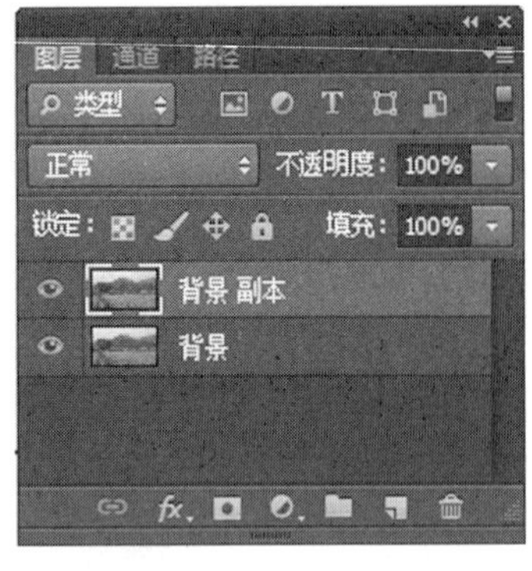

图 8-1-2　复制一个新图层

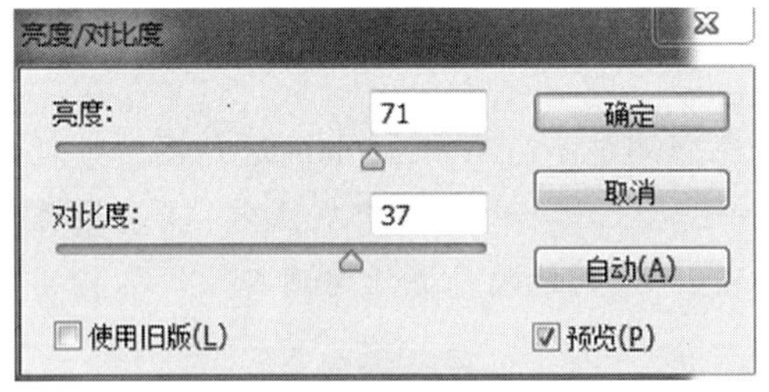

图 8-1-3　设置亮度/对比度

② 提高照片亮度。选择【图像】→【调整】→【亮度/对比度】命令，打开【亮度/对比度】对话框，设置如图 8-1-3 所示。整个画面变得清晰明亮起来，如图 8-1-4 所示。

图 8-1-4　设置亮度/对比度后的效果

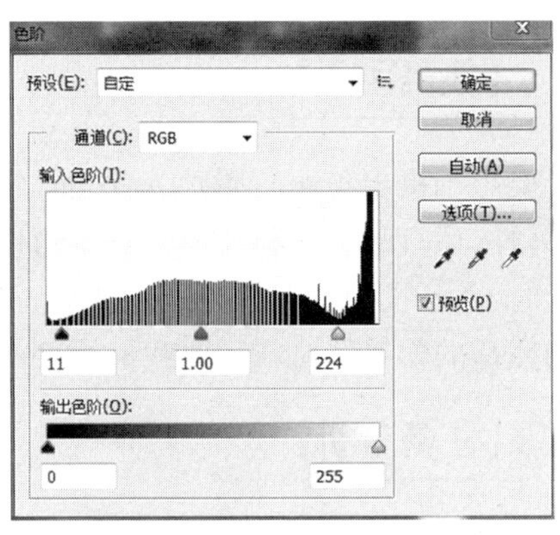

图 8-1-5　设置色阶

③ 经过以上修改，色彩虽明亮起来，但整个画面偏模糊，我们可以适当调整它的“曲线”值，去掉部分杂色。选择【图像】→【调整】→【色阶】命令，打开【色阶】对话框，设置如图 8-1-5 所示，效果如图 8-1-6 所示。

图 8-1-6　设置色阶后的效果

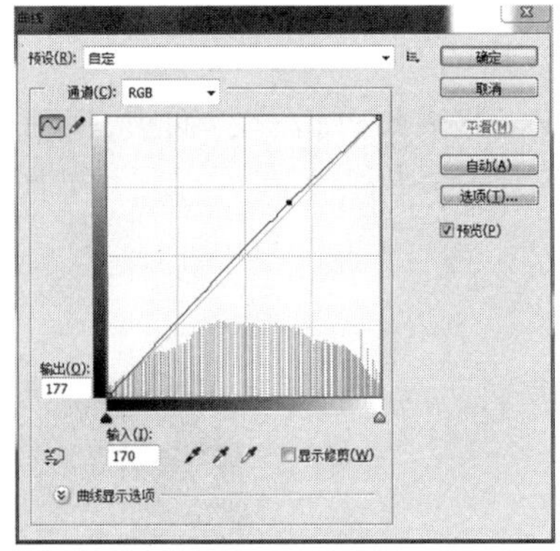

图 8-1-7　设置曲线

④ 适当调整“曲线”和“曝光度”，设置如图 8-1-7 和图 8-1-8 所示，得到最终效果如图 8-1-9 所示，并保存为“8-1 效果图. jpg”。

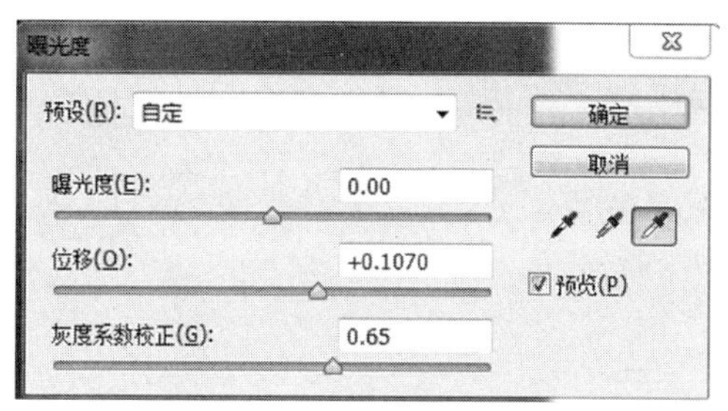

图 8-1-8　设置曝光度

图 8-1-9　效果图

⑤ 保存文件为“油菜花. psd”。

【相关知识】

知识点 1：色彩调整命令

可以通过选择【图像】→【调整】命令，在【调整】级联菜单中有关于【亮度/对比度】、【色阶】、【曲线】、【色相/饱和度】、【色彩平衡】等一系列色彩调整操作命令，如图 8-1-10 所示。

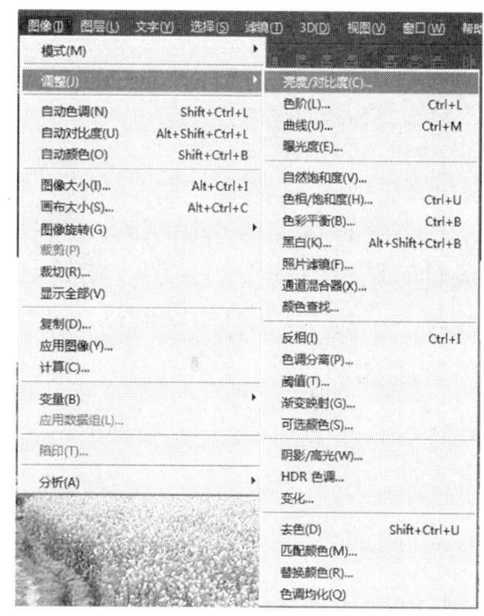

图 8-1-10　色彩调整命令

知识点 2：亮度/对比度调整

【亮度/对比度】用于调节图像的亮度与对比度。通过它，可以简单地调节图像的色调范围。选择该命令，打开【亮度/对比度】对话框，在其中可调整亮度和对比度。

知识点 3：色阶调整

【色阶】主要用于更改图像的层次作用效果，它对图像的主通道以及各个单色通道的阶调层次分布进行调节。

通过【图像】→【调整】→【色阶】命令，或者使用快捷键【Ctrl】+【L】，打开【色阶】对话框。

色阶对于图像的高光及暗调层次的调节较为有效。色阶根据图像中每个亮度值(0 ~ 255)处的像素多少进行分布。

知识点 4：曲线调整

对图像色调进行调整，除了采用【色阶】命令，还可以使用【曲线】命令调整。利用【色阶】命令可进行白场、黑场、灰度的调节，适合粗调，适用于高光、暗调。曲线更有利于细致的调整，不但可以对整个色调范围内的点进行调节，还可实现图像层次颜色深浅的调节，纠正色偏等。

通过选择【图像】→【调整】→【曲线】命令，或者使用快捷键【Ctrl】+【M】，打开【曲线】

对话框，如图 8-1-11 所示。

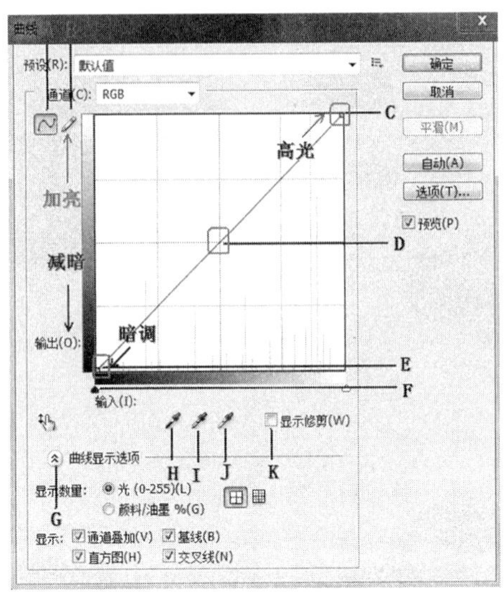

A. 编辑点以修改曲线　B. 通过绘制来修改曲线　C. 设置黑场　D. 设置灰场　E. 设置白场
F. 黑场和白场滑块　G. 曲线下拉菜单　H. 黑场吸管　I. 灰场吸管　J. 白场吸管　K. 显示修剪

图 8-1-11　【曲线】对话框

水平轴表示输入色阶，水平灰度条对应原始图像色调；垂直轴表示输出色阶，垂直灰度条对应调整后图像的色调。初始状态下输入与输出色调值相同，故此时曲线呈现为一条直线状态。按住【Alt】键在网格内点击，可在大小网格之间切换。在输入灰度条中有两个小三角形，根据不同模式图像而有所区别。RGB 模式图像默认的是左黑右白，即图像从暗部区到亮部区，CMYK 模式图像的情况与 RGB 模式图像相反。

任务二　给衣服变颜色

【任务引入】

拍照和对图片进行处理是每个淘宝卖家必修的功课。他们经常会碰到这样的烦恼：花昂贵的代价请来模特，拍完照片之后，产品又出新颜色了。难道要花大价钱请模特回来重新拍摄吗？答案是否定的。本任务的设置就是为了解决此类问题。

【任务分析】

本任务可先将需要换颜色的区域用选区选出来，再使用【色相/饱和度】、【色彩平衡】、【通道混合器】、【自然饱和度】等命令来调节。

【任务实施】

操作步骤如下：

① 执行【文件】→【打开】命令，在弹出的对话框中选择图片“8-2 粉色裙子.jpg”打开，如

图 8-2-1 所示。

② 展开【图层】面板，拖动【背景】图层到下方的【创建新图层】按钮上，创建一个新的图层——【背景 副本】图层，如图 8-2-2 所示。

图 8-2-1 粉色裙子

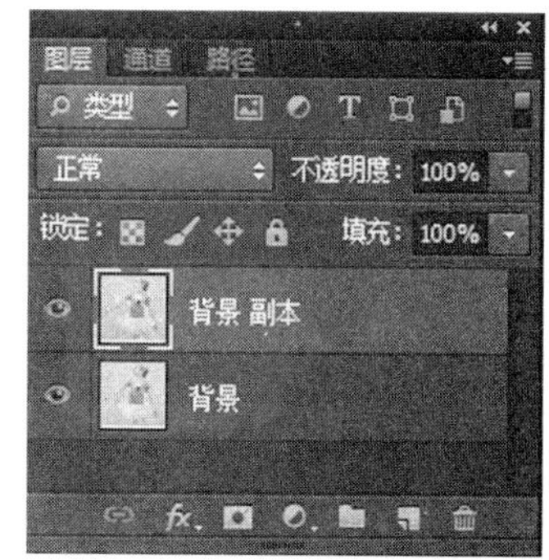

图 8-2-2 创建【背景 副本】

③ 用【钢笔工具】对图中要改变颜色的部分添加选区，如图 8-2-3 所示。为后面使用方便，我们将该选区保存起来，执行【选择】→【存储选区】命令，打开【存储选区】对话框，如图 8-2-4 所示。设置选区名称为【衣服】，单击【确定】按钮。

图 8-2-3 添加选区

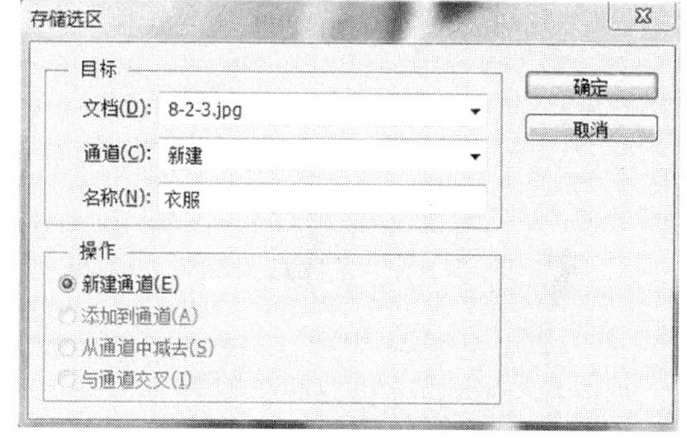

图 8-2-4 【存储选区】对话框

④ 执行【图像】→【调整】→【自然饱和度】命令，打开【自然饱和度】对话框，按图 8-2-5 所示设置，单击【确定】按钮，并将文件另存为“8-2 灰色裙子. jpg”。

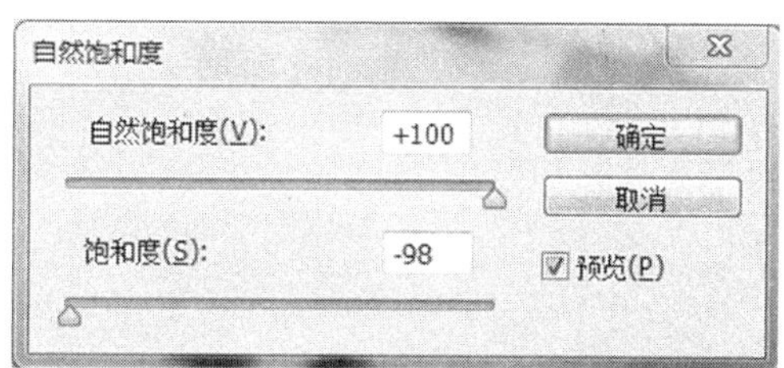

图 8-2-5 【自然饱和度】对话框

⑤ 展开【图层】面板，拖动【背景】图层到下方的【创建新图层】按钮上，创建一个新的图层——【背景 副本 2】图层，如图 8-2-6 所示，并将【背景 副本 2】图层拖动到最上层，如图 8-2-7 所示。

图 8-2-6 复制【背景】图层

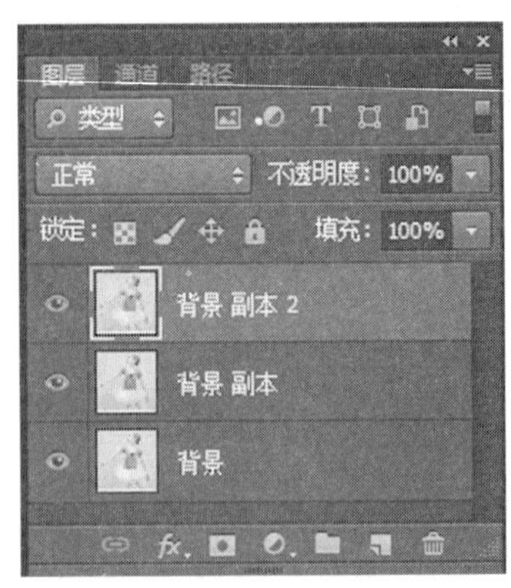

图 8-2-7 拖动【背景 副本 2】图层至最上层

⑥ 执行【选择】→【载入选区】命令，打开【载入选区】对话框，选择【衣服】通道，如图 8-2-8 所示，单击【确定】按钮，载入之前创建的选区。

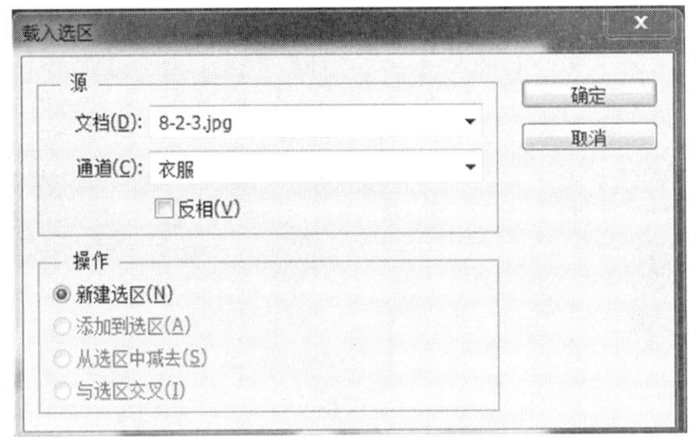

图 8-2-8 载入选区

⑦ 展开【图层】面板，执行【创建新的填充或调整图层】→【色相/饱和度】命令，创建一个【色相/饱和度】调节层，如图 8-2-9 所示。在弹出的【属性】面板中设置色相 -106，饱和度 -28，明度 +33，如图 8-2-10 所示，并将文件保存为“8-2 紫色裙子.jpg”。

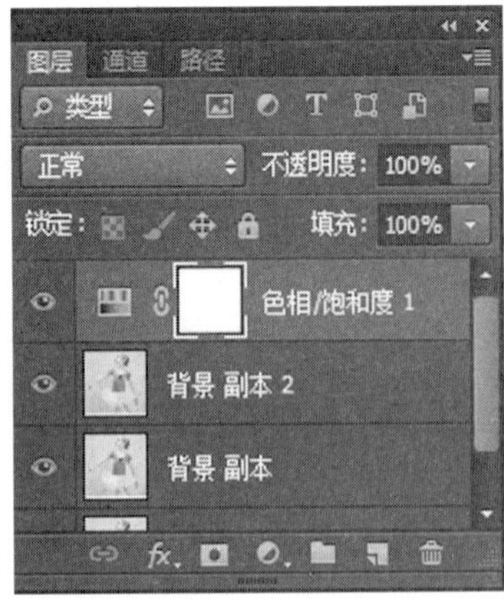

图 8-2-9 【色相/饱和度】调节层

图 8-2-10 【色相/饱和度】调节层属性面板

⑧ 展开【图层】面板，拖动【背景】图层到下方的【创建新图层】按钮上，创建一个新的图层——【背景 副本 3】图层，如图 8-2-11 所示，并将【背景 副本 3】图层拖动到最上层。

图 8-2-11 复制【背景】图层

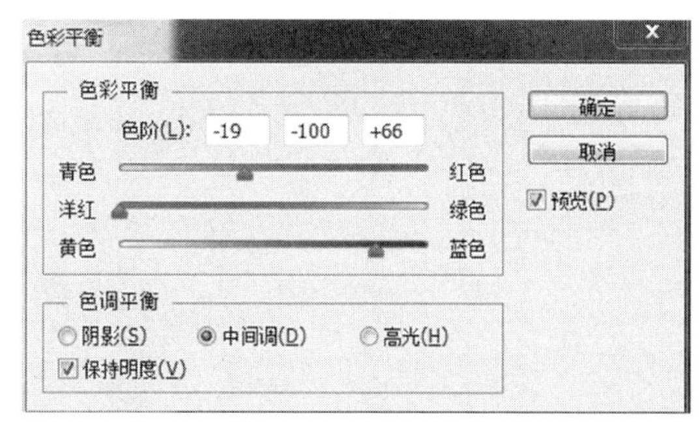

图 8-2-12 【色彩平衡】对话框

⑨ 选中【背景 副本 3】图层，执行【选择】→【载入选区】命令，再次载入【衣服】选区。执行【图像】→【调整】→【色彩平衡】命令，打开【色彩平衡】对话框，设置如图 8-2-12 所示，得到玫红色裙子，存储为“8-2 玫红色裙子. jpg”。

⑩ 重复步骤⑧，得到【背景 副本 4】图层，载入【衣服】选区，执行【图像】→【调整】→【通道混合器】命令，预设选择【使用红色滤镜的黑白（RGB）】，设置如图 8-2-13 所示，得到白色裙子，存储为“8-2 白色裙子. jpg”，如图 8-2-14 所示。

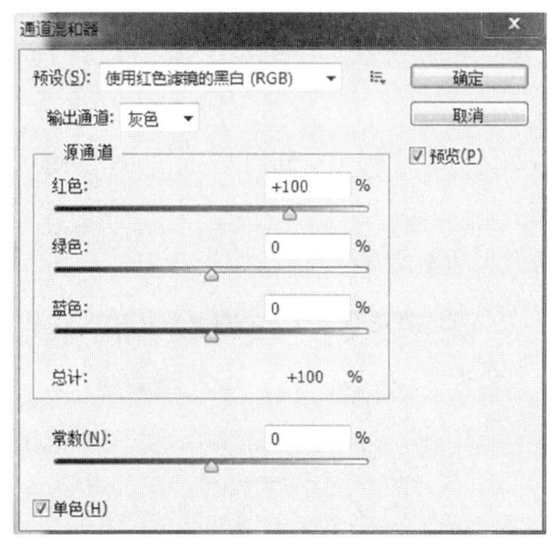

图 8-2-13 【通道混合器】对话框

图 8-2-14 白色裙子. jpg

⑪ 这样，我们通过对图像的色彩进行了相应的调整，从一件粉色裙子，直接得到了灰色、紫色、玫红色和白色四种颜色的裙子，如图 8-2-15 所示。当然，我们还可以得到更多我们想要的颜色的裙子，这就是我们 PS 色彩调整的强大之处。

图 8-2-15　色彩丰富的裙子

⑫ 将文件以“衣服变色.psd”格式保存。

实现变色，除了上述几种功能外，还可以使用【替换颜色】功能，或者几种功能共同协调使用来完成。这里不再赘述。

【相关知识】

知识点 1：色相/饱和度调整

使用【色相/饱和度】命令，可以对图像中所有颜色同时调节，也可以有针对性地对图像中特定颜色范围的色相、饱和度、亮度进行调节。

提示： 该命令尤其适用于对 CMYK 图像进行调节，方便其打印输出。

通过【图像】→【调整】→【色相/饱和度】命令，或者使用快捷键【Ctrl】+【U】，打开【色相/饱和度】对话框，如图 8-2-16 所示。当然，还可以通过添加色相/饱和度调整层进行设置。

图 8-2-16　【色相/饱和度】对话框

在预设中可以选用已有的效果，如进一步增加饱和度、旧样式、红色提升、深褐、强饱和度、黄色提升等。色相/饱和度中间部分可以对全图或者特定颜色范围进行色相、饱和度、明度的设置。通过色相调节，可使图像整体基调发生变化，其数值范围在 -180 ~ +180 之间。

知识点 2：色彩平衡处理

色彩平衡是色彩调整中的一个重要环节。通过对图像的色彩平衡处理，可以控制图像的颜色分布，校正图像色彩，更改图像的总体颜色混合，使图像整体达到色彩平衡效果。值得注意的是，在具体操作时，确保在【通道】面板中选择了复合通道，并可以根据颜色的补色原理，确定要减少某个颜色，就增加这种颜色的补色。

通过【图像】→【调整】→【色彩平衡】命令，或者使用快捷键【Ctrl】+【B】，打开【色彩平衡】对话框，如图 8-2-11 所示。当然，还可以通过添加色彩平衡调整层进行设置。

通过色彩平衡设置面板，可见色调平衡将图像分成三个色调：【阴影】、【中间调】和【高光】。每个色调可以进行独立的色彩调整。在三个色彩平衡滑杆中，可利用颜色互补原理中的反转色（如青色对红色、洋红色对绿色、黄色对蓝色）进行色彩平衡设置。

提示：属于反转色的两种颜色不能同时增加或减少。

知识点 3：通道混合器

通过通道混合器对图像进行调整，对选择每种颜色通道的百分比进行设置，可以处理出高品质的灰度图像、棕褐色调图像或其他色调图像。

通过【图像】→【调整】→【通道混合器】命令，打开【通道混合器】对话框，如图 8-2-13 所示。还可以通过添加通道混合器调整层，在其对应的调整面板中进行相关设置。

【通道混合器】对话框中有两个概念非常重要：一个是输出通道的选择，表示最终画面当中到底什么颜色发生变化；另一个是源通道的设置，表示哪些范围区域发生了最终输出通道颜色的改变。

使用【通道混合器】命令对图像进行调整的过程，也就是通过源通道向目标通道加减灰度数据的过程。通过滑动源通道中的三角形滑块，可以改变源通道在输出通道中所占的百分比，向左滑动表示减少，向右滑动表示增加。也可以在数值框中输入数值，数值范围在 -200 ~ +200 之间，当数值为负时，表示源通道被反相添加到输出通道中。

为【常数】选项输入值或者拖动滑块，可以调整输出通道的灰度值。正值表示增加更多的白色，负值表示增加更多的黑色。

选中【单色】复选框，可得灰阶图像。

知识点 4：颜色调节层

在前面例子中介绍的色彩调整命令，可以通过执行【图像】→【调整】命令，在其级联菜单中选取相应的命令进行色彩调整操作。

上述做法固然可行，对于简单的图像处理而言，没有什么影响。但是，在相对较为复杂、操作步骤较多的图像处理过程中，对图像颜色调整操作是其中间环节，做到后期时，希望对其进行修改，此时，我们会觉得很麻烦，这不是通过撤销就可以简单解决的问题，那样的话会增加很多工作量。所以，通过【图像】→【调整】命令进行的操作是一种破坏性的调整操作，不利于将来对其进行修改。因此，这种对色彩进行调整的方法我们不建议经常使用。

在此，我们引入一个新的概念：颜色调节层。顾名思义，这是对图像进行色彩调整的图层。通过单击图层面板下方的按钮 ，弹出【色彩调整】菜单，该菜单与上述方法打开的色彩调整命令菜单基本一致，如图 8-2-17 所示。

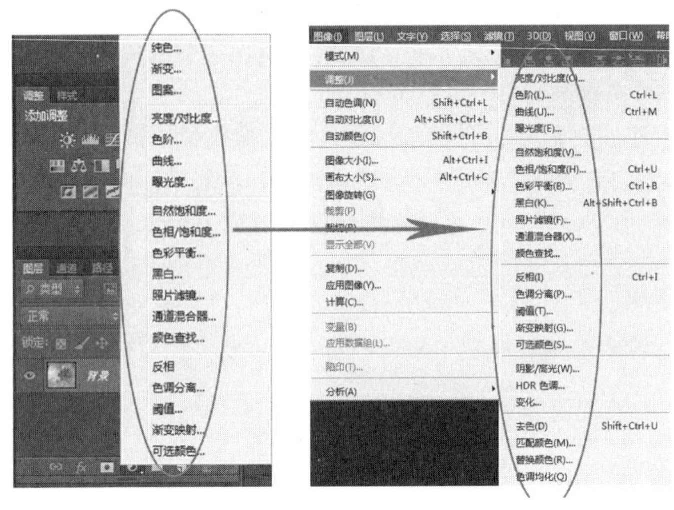

图 8-2-17　两种方法比较图

知识点 5：替换颜色

使用【替换颜色】命令，选择图像中想要更改的颜色，然后替换掉那些颜色。执行【图像】→【调整】→【替换颜色】命令，打开【替换颜色】对话框，可创建一个临时性的蒙版，以选择特定颜色进行更换。替换成的颜色可以通过对选定区域的色相、饱和度和亮度进行设置，或者使用拾色器来对替换颜色进行选择。

我们对图片“8-2 花朵. jpg”颜色进行替换，原图如图 8-2-18 所示，效果如图 8-2-19、图 8-2-20 所示。

图 8-2-18　原始图片

图 8-2-19　替换颜色效果图 1

图 8-2-20　替换颜色效果图 2

操作步骤如下：

① 打开素材库中文件“8-2 花朵. jpg”。

② 执行【图像】→【调整】→【替换颜色】命令，打开【替换颜色】对话框，对其进行设置，如图 8-2-21 所示。

- （普通吸管工具）：可以对需要被替换的图像中的颜色进行基本选取。多数情况下颜色有些明暗变换，即我们需要替换的是一个范围内的颜色，而不是一种颜色。
- （添加到取样吸管）：作用非常大，可以通过它在基本色的基础上吸取相关颜色进行补充。

- (从取样中减去):其功能和第二个吸管相反,是从选取中取出一定的颜色范围区域。使用它们的时候要非常细致,否则做出来的效果会非常粗糙。

③ 需要被替换的色彩区域被选取完成之后,对替换颜色进行设置,此时对色相、饱和度、明度进行滑动滑块或者输入数值设置,来确定替换颜色。此时,定义它们的数值分别为 -58,0,0。替换颜色设置如图 8-2-21 所示。

④ 单击【确定】按钮。效果如图 8-2-19 所示,将花瓣颜色替换为单一的红色。

⑤ 我们还可以将花瓣颜色变换成黄红相间的状态,此时必须通过使用 吸管进行细微处理,替换颜色蒙版当中可设置为如图 8-2-21 所示状态,最终效果如图 8-2-20 所示。

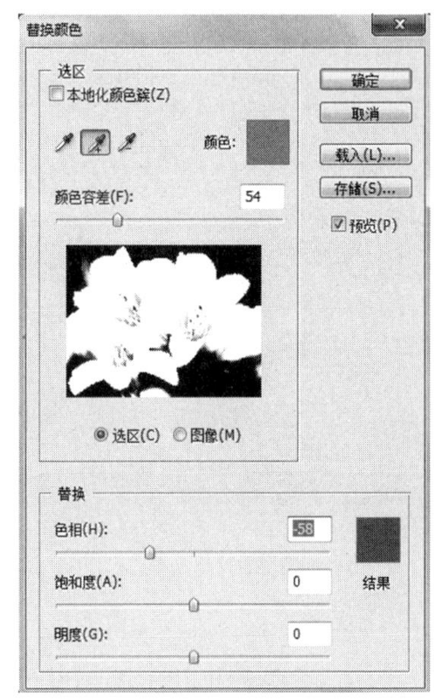

图 8-2-21 【替换颜色】对话框

任务三 给两张图片匹配颜色

【任务引入】

小王是一名影楼的后期处理,经常会有一些炫目的特殊效果的处理。比如,将一张图片的色盘调进另一张图片里,可以用作统一色调、纠正色彩甚至使日间风景变成黄昏日落风景等,从而为照片增添独特的色调。

【任务分析】

利用【匹配颜色】命令,可以使两张或多张图片的颜色倾向于一个色调,使得图片可以色调统一。

【任务实施】

操作步骤如下:

① 在 Photoshop 中同时打开图片“8-3 素材一. png”和“8-3 素材二. png”,如图 8-3-1 与图 8-3-2 所示。

图 8-3-1　素材一

图 8-3-2　素材二

提示： 必须在 Photoshop 中同时打开多幅图像，才能够在多幅图像中进行颜色匹配。

② 将素材一处于编辑状态，即单击该图片所在图层。

③ 执行【图像】→【调整】→【匹配颜色】命令，打开【匹配颜色】对话框，对其进行设置，如图 8-3-3 所示。【匹配颜色】对话框主要由两部分构成。一部分指目标图像，此处为“8-3 素材一. jpg”，可以对其进行明亮度、颜色强度、渐隐等操作；另一部分指源图像，把“8-3 素材二. jpg”作为源图像，它将被匹配到目标图片中去，效果如图 8-3-4 所示。

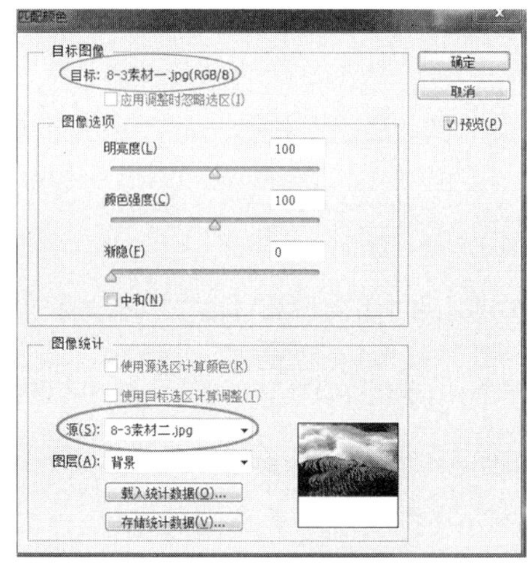

图 8-3-3　【匹配颜色】对话框

图 8-3-4　匹配效果图

④ 可以通过勾选“中和”复选框，对两张图片色调进行中和，效果如图 8-3-5 所示。

⑤ 将文件以“匹配效果. PSD”格式保存，并将效果图保存为“8-3 匹配效果. jpg”。

图 8-3-5　匹配效果图

【相关知识】

知识点：匹配颜色

通过匹配颜色操作，可以实现一幅图片中的颜色与另一幅图片相匹配；一张图像中选区的颜色与另一张图像中的选区或者与自身其他选区相匹配。

匹配过程中还可以对亮度和颜色范围进行调整，并中和匹配生硬的地方。

任务四　制作昨日重现效果

【任务引入】

某大学是一所百年老校，近期要举办校庆活动，有些老照片已经很难找到，为了弥补遗憾，请你用拍摄的照片制作昨日重现的黑白老照片效果。

【任务分析】

要达到昨日重现效果，在 Photoshop CS6 中可以有如下几种方法，将彩色图像调整为黑白。

方法一：使用【图像】→【调整】→【黑白】命令。

方法二：使用【图像】→【调整】→【阈值】命令。

方法三：使用【图像】→【调整】→【去色】命令。

【任务实施】

操作步骤如下：

① 打开素材文件夹中的文件“8-4 原始人物照片. jpg”，如图 8-4-1 所示。

图 8-4-1　原始图片

② 通过【图像】→【调整】→【黑白】命令，或者使用快捷键【Alt】+【Shift】+【Ctrl】+【B】，打开【黑白】对话框，如图 8-4-2 所示，单击【确定】按钮，便设置成功为黑白图像。当然，还可以通过添加黑白调整层，在其对应的调整面板中进行相关设置，如图 8-4-2 所示。最终的黑白效果图如图 8-4-3 所示。

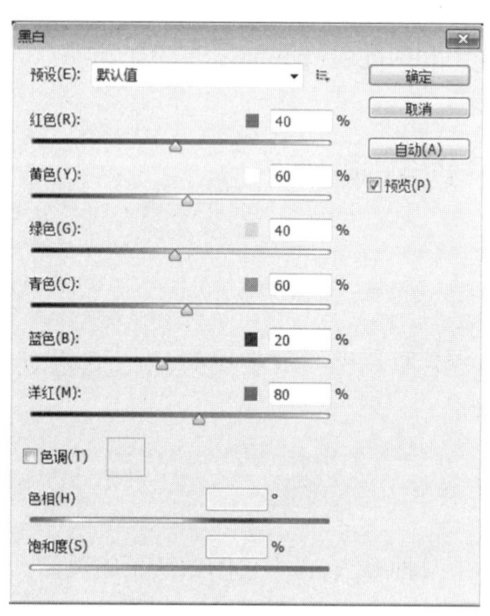

图 8-4-2　【黑白】对话框

图 8-4-3　黑白效果图

③ 进行黑白操作后如若觉得整体色调偏暗，人脸不够清晰，可通过【图像】→【调整】→【曲线】命令，打开【曲线】对话框，如图 8-4-4 所示，对照片进行进一步调整，最终效果如图 8-4-5 所示。

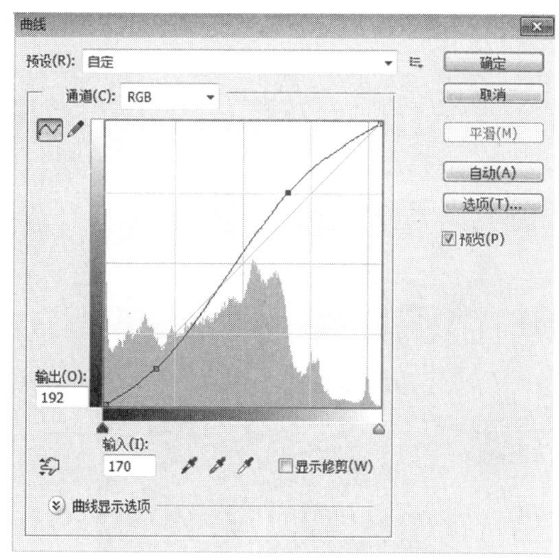

图 8-4-4 【曲线】对话框

图 8-4-5 最终效果图

④ 保存文件。

实现彩色照片变黑白的操作,还可以利用【阈值】和【去色】命令。可通过拓展练习学习这两种方法的使用,并总结其中的不同。

【相关知识】

知识点 1:色彩调整命令——黑白处理

该操作可将彩色图像调整为黑白色。使用黑白进行图片色彩调整时所进行的操作没有使用阈值进行操作更能得到高对比度的照片。

知识点 2:色彩调整命令——阈值调整

阈值调整将图像转换为高对比度的黑白图像。通过指定某个色阶作为阈值,图像中但凡比阈值亮的像素都被转换为白色,所有比阈值暗的像素都被转换为黑色。

通过选择【图像】→【调整】→【阈值】命令,打开【阈值】对话框,如图 8-4-6 所示,还可以通过添加阈值调整层,在其对应的调整面板中进行阈值操作。

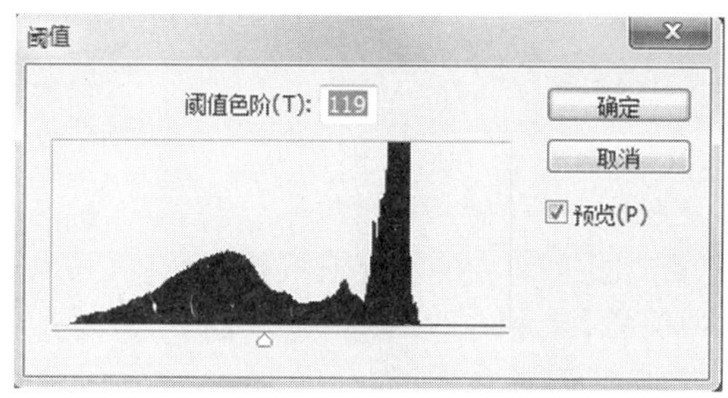

图 8-4-6 【阈值】对话框

打开素材文件夹中的文件“8-4 建筑物. jpg”,如图 8-4-7 所示。对其进行阈值操作,设置阈值色阶为 119 时的效果如图 8-4-8 所示。

图 8-4-7　原始图片

图 8-4-8　效果图

任务五　给图片换背景色

【任务引入】

小明帮朋友做个花卉展板，朋友提供的图片背景色和前景色对比效果不太明显，做出的展板效果不佳，朋友请小明变换这张图片的背景颜色，以达到更好的效果。

【任务分析】

对于局部调整颜色，除了建立选区外，可以使用颜色调节层蒙版实现。颜色调节层蒙版同普通的图层蒙版类似，只不过在生成颜色调节层的同时便自动在相应的调节层创建了蒙版。颜色调节层蒙版可以理解为能够屏蔽部分区域图像不进行颜色调节操作。

【任务实施】

操作步骤如下：

① 打开素材库中文件“8-5 花朵. jpg”，如图 8-5-1 所示。

图 8-5-1　原始图像

② 在【图层】面板下方单击【创建新的填充或调整图层】按钮，在弹出的菜单中选择【色相/饱和度】命令，此时在【背景】图层上面便创建了一个【色相/饱和度 1】调整层，在调整面板中可对色相/饱和度进行设置。

③ 进行蒙版绘制。因为希望改变的是花的背景颜色，而花朵颜色基本不变，所以，当确定了什么要保留、什

么要变化之后，便可以用画笔进行蒙版设置了，应当使用【画笔工具】，用黑色涂抹这朵花，将其遮挡住。注意，在使用画笔时一定要小心选取大小合适的笔刷进行涂抹。此时，完成蒙版绘制的【图层】面板如图 8-5-2 所示，效果如图 8-5-3 所示。

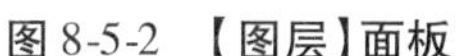
图 8-5-2 【图层】面板

图 8-5-3 变换背景颜色效果图 1

④ 在调整面板中对【色相/饱和度】进行设置，调整色相、饱和度和明度的值分别为 +34、+18、+14。这样花的背景颜色便进行了适当的调整，如图 8-5-3 所示。

⑤ 上面效果图 8-5-3 已经把背景变换成功，但是背景是比较朦胧的感觉，而花朵则显得有些突兀，此时，可以点击打开调整面板旁的蒙版面板，对蒙版进行设置，【蒙版】面板如图 8-5-4 所示。

在该面板中，设置浓度为 85%，羽化值为 11px。这样设置后，花朵与背景能较好地融合在一起，并不那么突兀了，最终效果如图 8-5-5 所示。我们还可以进一步地对蒙版进行详细设置，比如对蒙版边缘、颜色范围等进行设置。

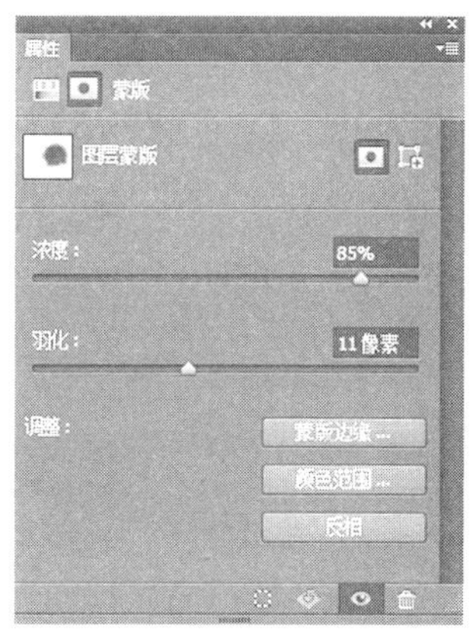

图 8-5-4 【蒙版】面板

图 8-5-5 最终效果

【相关知识】

知识点：颜色调节层蒙版

颜色调节层蒙版与普通的图层蒙版类似，只不过在生成颜色调节层的同时便自动在相

应的调节层创建了蒙版。蒙版可以显示或者隐藏相应图层的部分内容，使其部分不可编辑，从而起到保护作用。颜色调节层蒙版可以理解为能够屏蔽部分区域图像不进行颜色调节操作。

将颜色调节层蒙版填充为黑色，蒙版下的图层图像将会被完全遮挡；将颜色调节层蒙版填充为白色，则蒙版下的图层图像将完全显示。所以，可以利用【画笔工具】根据需求在蒙版上进行涂抹，白色画刷涂抹的白色区域为显示图层图像部分，黑色画刷涂抹的黑色区域为遮挡图层图像部分。

一、单选题

1. 下列(　　)命令可使图像变成单色图像，令图像中的色相/饱和度为零，图像变为灰度图像。

A. 色相/饱和度　　B. 去色　　C. 亮度/对比度　　D. 色调均化

2. 在(　　)模式下，图像中的像素由黑色或者白色表示。

A. CMYK 颜色　　B. Lab 颜色

C. 多通道颜色　　D. 位图

3. 将图像转换为高对比度的黑白图像的图像调整命令是(　　)。

A. 阈值　　B. 去色　　C. 反相　　D. 色调分离

二、多选题

1. 当用户要对图像进行反相操作时，除了通过选择【反相】命令进行，还可以通过按键盘上的(　　)键来实现。

A. Ctrl　　B. Esc　　C. U　　D. I

2. 拾色器中使用(　　)颜色模型来选取颜色。

A. HSB、RGB　　B. Lab、CMYK　　C. HSB、CHYK　　D. RGB、Lba

3. 下列对色阶的表述正确的是(　　)。

A. 该命令对于图像的高光及暗调层次的调节较为有效

B. 输入色阶对应调整后的图像，输出色阶对应于原始图像

C. “高光输入滑块”，通过对它的滑动操作可以调节控制图像的浅色部分，即黑场操作

D. “阴影输入滑块”，通过对它的滑动操作可以调节控制图像的浅色部分，即黑场操作

三、填空题

1. ________进行白场、黑场、灰度的调节，适合粗调，适用于高光、暗调。________更有利于细致的调整，不但可以对整个色调范围内的点进行调节，还可实现图像层次颜色深浅的调节，纠正色偏等。

2. 通过色彩平衡设置面板，可见色调平衡将图像分成三个色调：________________。

四、操作题

1. 改变葡萄的颜色，由绿色调整为紫色。原图见素材文件夹中的文件“复习与思考 8-1.

jpg”(图 1)。

(a) 原图

(b) 效果图

图 1　水果图片

2. 匹配图片颜色。打开素材文件夹中的文件“复习与思考 8-2. jpg”和“复习与思考 8-3. jpg 文件”,将“复习与思考 8-3. jpg”中夕阳西下的感觉匹配到“复习与思考 8-2. jpg”中,营造相近的氛围(图 2)。

(a) 复习与思考 8-2. jpg

(b) 复习与思考 8-3. jgp

(c) 效果图

图 2　风景图

项目九　滤镜

滤镜是最能体现 Photoshop 特点的一项功能，利用滤镜可以对图像进行模糊、像素化、锐化等特殊处理，并且可以模仿木纹、牛皮纸或石质纹理的效果。本项目需要重点掌握滤镜的基础知识、特殊功能滤镜的使用方法以及滤镜的综合运用。

任务一　制作油画效果

【任务引入】

打开素材文件夹中的图片“风景 9-1-1. jpg”，将图片制作成油画效果。

【任务分析】

本任务可使用【滤镜】菜单中的【油画】工具，设置油画面板的各项参数，制作出各种油画效果的图像。

【任务实施】

操作步骤如下：

① 在 Photoshop CS6 中，打开文件“风景 9-1-1. jpg”，如图 9-1-1 所示。

图 9-1-1　打开图片

② 复制背景层，将新图层命名为【油画】，如图 9-1-2 所示。

③ 对【油画】图层执行【滤镜】→【油画】命令，打开【油画】面板，设置各项参数，如图 9-1-3 所示。

【油画】面板需要设置以下几项参数：

- 样式化：用来调整笔触样式。
- 清洁度：用来设置纹理的柔化程度。
- 缩放：用来对纹理进行缩放。
- 硬毛刷细节：用来设置画笔细节的丰富程度，该值越高，毛刷纹理越清晰。
- 角方向：用来设置光线的照射角度。
- 闪亮：用来提高纹理的清晰度，产生锐化效果。

图 9-1-2 新建【油画】图层

图 9-1-3 【油画】面板

④ 各参数设置完毕后，将之保存为“9-1-4. jpg”，效果如图 9-1-4 所示。

图 9-1-4 油画效果图

【相关知识】

知识点1：【滤镜】菜单

Photoshop CS6 的【滤镜】菜单中设置了如下选项：【上次滤镜操作】、【转换为智能滤镜】、【滤镜库】、【自适应广角】、【镜头校正】、【液化】、【油画】、【消失点】、【风格化】、【模糊】、【扭曲】、【锐化】、【视频】、【像素化】、【渲染】、【杂色】、【其它】、【Digimarc】、【浏览联机滤镜】，如图 9-1-5 所示。

图 9-1-5 【滤镜】菜单

【滤镜】菜单中显示为灰色的选项是不可以使用的选项，一般情况下是由图像的模式造成的。

Photoshop CS6 允许使用其他厂商提供的滤镜，由第三方开发商提供的滤镜称为外挂滤镜。已安装的外挂滤镜会显示在【滤镜】菜单的底部。

知识点2：滤镜对话框

使用【滤镜】命令处理图像时，通常会打开【滤镜库】或相应的滤镜对话框，在对话框中可以设置滤镜的参数，并预览滤镜的效果，操作过程一般有以下几步：

① 选择需要加入滤镜效果的图层，如图 9-1-6 所示。

② 在【滤镜】菜单中，选择需要使用的滤镜命令。如该滤镜有对话框参数的设置，一种方法是滑动滑块改变各参数值，另一种方法是直接输入数据得到较精确的设置，如图 9-1-7 所示。

图 9-1-6 【图层】面板

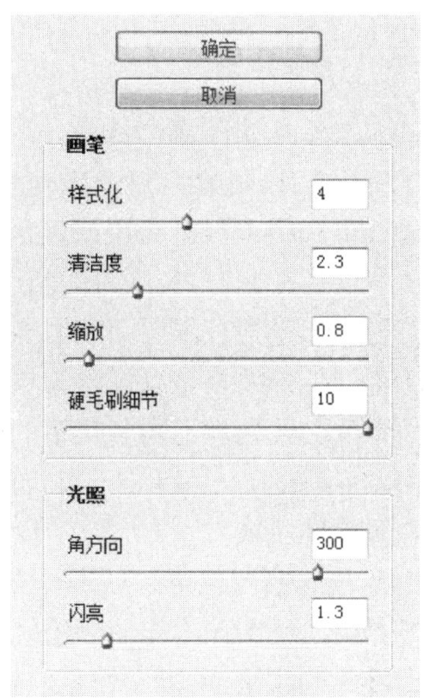

图 9-1-7 【油画】对话框

③ 预览图像效果,如图 9-1-8 所示。大多数滤镜对话框中都设置了预览图像效果的功能,在预览框中可以直接看到图像处理后的效果。一般默认预览图像大小为 100%,也可以根据实际情况,利用预览图像下面的“+”“-”符号,对预览图像的大小进行调节。当需要在图像的预览框中预览图像的其他位置时,可以将鼠标放在图像要预览处拖拉出想要的位置。

图 9-1-8 预览油画效果

知识点3：滤镜的使用规则

Photoshop CS6 提供了多个滤镜，这些滤镜各有其特点，同时又具有以下相同的特点，用户必须遵守使用规则，才能准确有效地使用滤镜处理图像。

（1）滤镜只作用于当前图层或选区。如果没有选定区域，则对整个图像做处理。如果只选中某一图层或某一通道，则只对当前的图层或通道起作用。

（2）要使用滤镜处理图层中的图像，则图层必须是可见的。

（3）滤镜的处理效果是以像素为单位进行计算的，因此，滤镜的处理效果与图像的分辨率有关。相同的参数处理不同分辨率的图像，效果也不同。

（4）在 Photoshop 中，只有【云彩】滤镜可以应用在没有像素的透明区域，其他滤镜必须应用在包含像素的区域。

（5）RGB 模式的图像可以使用全部的滤镜，部分滤镜不能用于 CMYK 模式的图像，索引模式和位图模式的图像不能使用滤镜。如果 CMYK 模式、索引模式和位图模式的图像需要应用一些特殊的滤镜，可以先将它们转换为 RGB 模式，再进行处理。

（6）当执行完一个滤镜命令后，【滤镜】菜单的第一行便会出现该滤镜的名称，单击它可以快速应用上一次使用的这一滤镜，也可使用【Ctrl】+【F】快捷键进行操作，但此时不会出现对话框对参数进行调整；如果想要打开上次应用的对话框，可按下【Ctrl】+【Alt】+【F】快捷键。

（7）当执行完一个滤镜命令后可以选择【编辑】→【渐隐】命令，打开【渐隐】对话框。在对话框中可以调整滤镜效果的不透明度和混合模式，将滤镜效果与原图像混合。

（8）可以将所有滤镜应用于 8 位图像。对于 8 位/通道的图像，可以通过【滤镜库】累积大多数滤镜。只有部分滤镜可以用于 16 位图像和 32 位图像。例如，高反差保留、最大值、最小值以及位移滤镜等。

（9）在执行滤镜过程中，若要终止操作，按【Esc】键即可。

知识点4：滤镜的使用技巧

使用滤镜有一些技巧，掌握这些操作，能够更快捷和高效地使用滤镜。

（1）如果要在应用滤镜时不破坏原图像，并且希望以后能够更改滤镜设置，可以选择【滤镜】→【转换为智能滤镜】命令，将要应用的图像内容创建为智能对象，然后再使用滤镜处理。

（2）在对局部图像进行滤镜处理时，可以先为选区设定羽化值，然后再使用滤镜，处理区域便会与原图像自然衔接起来。

（3）在处理像素量较大的图片时，执行滤镜效果会占用较大的内存，并可能有明显的等待时间，此时可以考虑先在一小部分图像上试验滤镜和设置，找到合适的设置后，再将滤镜应用于整个图像。应做好 Photoshop 程序的系统优化，如多分配程序可占用的系统资源，同时做好图层优化，减少不必要的图层，尽量采用 RGB 色彩模式。

（4）可以尝试更改设置以提高占用大量内存的滤镜的速度。对于【滤镜库】中的【染色玻璃】滤镜，可增大单元格大小；对于【木刻】滤镜，可增大【边简化度】或减小【边逼真度】，或两者同时更改。

（5）优先选择【滤镜库】来加载滤镜，它不但能提供很好的特效预览，还能方便地移动滤镜执行顺序，从而尝试出更多的效果。

知识点5：使用智能滤镜

使用【转换为智能滤镜】命令可将普通图层转换为智能对象，在该状态下，添加的路径不会破坏图像的原始状态，添加的滤镜可以像添加的图层样式一样存储在【图层】面板中，并且可以重新将其调出以修改参数。如图 9-1-9 所示，这是执行【转换为智能滤镜】命令并添加滤镜后的图像和【图层】面板状态。

图 9-1-9　转换为智能滤镜

- 修改智能滤镜效果：在滤镜效果名称上双击鼠标，打开对应的滤镜对话框，重新设定参数。
- 显示或隐藏智能滤镜：单击智能滤镜图层前的眼睛图标，可隐藏或显示添加的所有滤镜效果；单击单个滤镜前的眼睛图标，可隐藏或显示单个的滤镜。
- 删除智能滤镜：拖动智能滤镜图层或单个滤镜效果至【删除图层】按钮处，将添加的所有滤镜或将选择的滤镜效果删除。
- 编辑滤镜混合选项：在【图层】面板中双击滤镜名称右侧的 图标，可打开【混合选项】对话框，对滤镜的不透明度和混合模式进行设置。

知识点6：使用滤镜库

【滤镜库】是编辑和预览滤镜的一种工作模式。在【滤镜库】对话框中，可以同时预览应用多个滤镜的效果，并且可以打开或关闭滤镜效果、复位滤镜的选项以及更改应用滤镜的顺序。

执行【滤镜】→【滤镜库】命令，打开【滤镜库】对话框，如图 9-1-10 所示。

使用【滤镜库】应用滤镜的具体操作步骤如下：

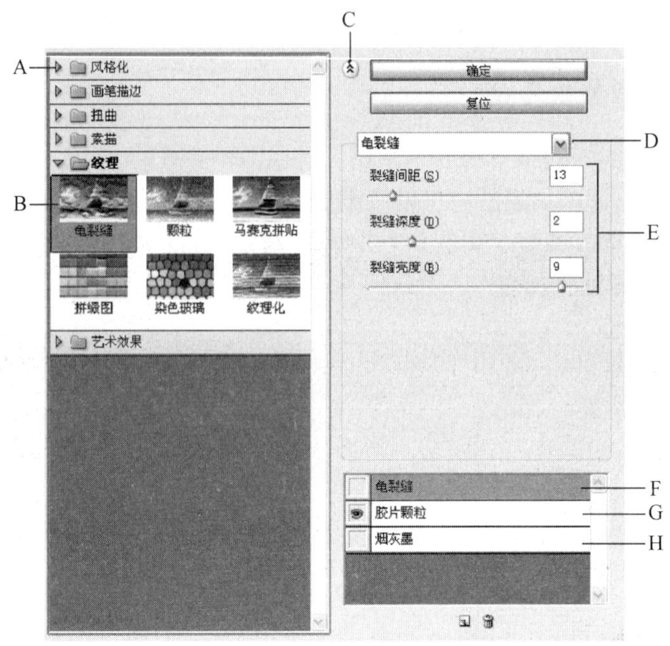

A. 滤镜类别 B. 所选滤镜的缩览图 C. 显示/隐藏滤镜缩览图 D.【滤镜】弹出式菜单 E. 所选滤镜的选项 F. 已选中但尚未应用的滤镜效果 G. 已累积应用但尚未选中的滤镜效果 H. 隐藏的滤镜效果

图 9-1-10 【滤镜库】对话框

① 执行下列操作之一：将滤镜应用于整个图层，必须确保该图层是现用图层或选中的图层；或者将滤镜应用于图层的一个区域，应选择该区域。

② 选择【滤镜】→【滤镜库】命令。

③ 单击一个滤镜名称。单击滤镜类别旁边的倒三角形以查看完整的滤镜列表。添加滤镜后，该滤镜将出现在【滤镜库】对话框右下角的已应用滤镜列表中。

④ 为选定的滤镜输入值或选择选项。

⑤ 若要累积应用滤镜，单击【新建效果图层】图标，并选取要应用的另一个滤镜，重复此过程以添加其他滤镜；若要重新排列应用的滤镜，将滤镜拖动到【滤镜库】对话框右下角的已应用滤镜列表中的新位置；若要删除应用的滤镜，在已应用滤镜列表中选择滤镜，然后单击【删除图层】图标。

⑥ 在【滤镜库】预览区可以预览滤镜处理效果，如图 9-1-11 所示。如果对结果满意，单击【确定】按钮。

按照选择顺序应用滤镜效果。在应用滤镜之后，可通过在已应用的滤镜列表中将滤镜名称拖动到另一个位置来重新排列它们。重新排列滤镜效果可显著改变图像的外观。单击滤镜旁边的眼睛图标，可在预览图像中隐藏效果。此外，还可以通过选择滤镜并单击【删除图层】图标来删除已应用的滤镜。

图 9-1-11 【滤镜库】预览区

任务二 制作木纹效果

【任务引入】

制作一幅宽 500 像素、高 300 像素的木纹效果图片。

【任务分析】

本任务可选择【滤镜】菜单中的【渲染】、【杂色】、【模糊】子菜单，运用其中的【云彩工具】、【添加杂色工具】、【动感模糊工具】，并设置各项参数，就可以制作出木纹效果的图像。

【任务实施】

① 新建文档，宽 500 像素，高 300 像素，分辨率 72 像素/英寸，设置 RGB 文档前景色和背景色分别为“淡暖褐”和“深黑暖褐”。执行【滤镜】→【渲染】→【云彩】命令，效果如图 9-2-1所示。

② 执行【滤镜】→【杂色】→【添加杂色】命令。设置数量为 20%，选中【高斯分布】单选按钮，勾选【单色】复选框，效果如图 9-2-2 所示。

③ 执行【滤镜】→【模糊】→【动感模糊】命令，设置角度为 0 度，距离为 999 像素。

④ 使用【矩形选框工具】，在任意处选取横长形的选区，执行【滤镜】→【扭曲】→【旋转扭曲】命令，将角度设为默认值。接下来多次重复框选部位，每框选一个部位，执行【旋转扭

曲】操作，效果如图 9-2-3 所示。

图 9-2-1 【云彩】效果

图 9-2-2 【添加杂色】效果

图 9-2-3 【旋转扭曲】效果

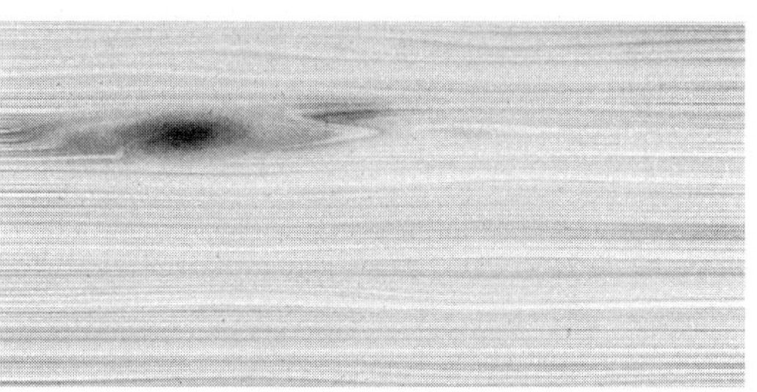

图 9-2-4 调整木纹的亮度和对比度

⑤ 执行【图像】→【调整】→【亮度/对比度】命令，在【亮度/对比度】对话框中将亮度值设置为 90，对比度值设置为 20。接着使用【加深工具】或【减淡工具】，在属性栏中设置范围为【中间调】，曝光度为 7%，在木纹较复杂的位置反复涂抹，直至出现理想的效果，最终效果如图 9-2-4 所示。

【相关知识】

知识点 1：【渲染】滤镜

【渲染】滤镜组中包括 5 种滤镜：【分层云彩】、【光照效果】、【镜头光晕】、【纤维】、【云彩】。

1. 【分层云彩】滤镜

【分层云彩】滤镜可以将云彩数据和现有的像素混合，其方式与【差值】模式混合颜色的方式相同。第一次选择该滤镜时，图像的某些部分被反相为云彩图案。应用此滤镜几次之后，会创建出与大理石的纹理相似的凸缘与叶脉图案。

2. 【光照效果】滤镜

【光照效果】滤镜可以通过改变三种光照类型（分别是【无限光】、【聚光灯】、【点光】）和光照类型的属性，在图像上产生不同的光照效果。

- 无限光：是指可以照射向无限远的光。通过改变光照的角度和光照的强度来达到自己所需要的光照效果，如图 9-2-5 所示。拖动中央圆圈，可以调整光源的强度；拖动末端的手柄，可以旋转光照角度；根据角度的不同，画面的亮度也相应不同，当转到一定的角度时，没有光源的照射画面会变成黑色。

● 聚光灯：可以使光在图像的正上方向各个方向照射，调整光束的焦点和光束的大小来达到不同的光照效果，把鼠标指针放入光束照射的范围内可以移动光源，如图 9-2-6 所示。拖动边缘的手柄，可以改变光束的大小和方向；拖动中央圆圈，可以调整光源的强度。

图 9-2-5　无限光

图 9-2-6　聚光灯

● 光泽：用于调整图像表面反射光的多少。

● 金属质感：用于调整确定图像的光照和光照投射到的对象哪个反射率更高。

● 纹理通道：当选择“无”时，参数为灰色不能进行调整，可以通过选择 RGB 通道来完成设置，以此来控制光照效果，在通道内调节光照的高度。

3.【镜头光晕】滤镜

【镜头光晕】滤镜模拟亮光照射到相机镜头所产生的折射，【镜头光晕】对话框如图 9-2-7 所示。【镜头类型】区提供了 4 种光晕类型，分别是【50－300 毫米变焦(Z)】、【35 毫米聚焦(K)】、【105 毫米聚焦(L)】、【电影镜头(M)】。

● 亮度：用于调整光晕的强度，它的调整范围为 10%～300%。

● 镜头类型：用于选择产生光晕的镜头类型。通过单击图像缩览图的任意位置或拖动其十字线，指定光晕中心的位置。

图 9-2-7　【镜头光晕】对话框

4.【纤维】滤镜

【纤维】滤镜可以使用前景色和背景色创建编织纤维的外观，其对话框如图 9-2-8 所示。

● 差异：用于调整颜色的变化方式。数值

越小,产生的颜色条纹越长；数值越高,产生的颜色条纹越短。

• 强度：用于调整每根纤维的外观。数值越小,产生的织物效果越松散；数值越大,会产生越短的绳状纤维。

• 随机化：单击该按钮,可随机生成新的纤维外观。在使用该滤镜前设置图像的前景色与背景色,可以生成指定颜色的纤维外观。

5.【云彩】滤镜

【云彩】滤镜可以使用介于前景色与背景色之间的随机值,生成柔和的云彩图案。要生成色彩较为分明的云彩图案,按住快捷键【Alt】,然后操作【云彩】命令。应用【云彩】滤镜时,现用图层上的图像数据会被替换。

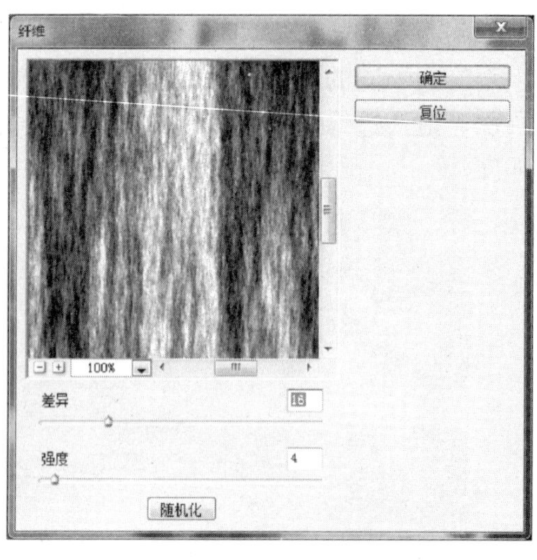

图 9-2-8 【纤维】对话框

知识点 2：【模糊】滤镜

【模糊】滤镜用于柔化选区或整个图像,这对于修饰非常有用。它们通过平衡图像中已定义的线条和遮蔽清晰边缘旁边的像素,使变化显得柔和。

1.【场景模糊】滤镜

【场景模糊】滤镜通过调整像素的大小来调整图像整体的模糊程度,像素越大,模糊程度越高。还可以通过调整光源散景、散景颜色和光照范围以达到不同的效果,如图 9-2-9 所示。

图 9-2-9 【场景模糊】滤镜面板

2.【光圈模糊】滤镜

【光圈模糊】滤镜通过调整像素的大小来调整图像光圈外部的模糊程度，像素越大，模糊程度越高，也可以在画面上手动调整光圈的大小和拖动光圈的位置，以调整成不同的效果，如图 9-2-10 所示。

图 9-2-10 【光圈模糊】滤镜面板

3.【倾斜偏移】滤镜

【倾斜偏移】滤镜通过调整像素的大小来调整模糊的程度，可以对图片添加扭曲，扭曲值为负数时呈圈状以中心点往外散射，扭曲值为正数时呈线状以中心点往外散射，勾选【对称扭曲】复选框，线的两侧同时产生扭曲，如图 9-2-11 所示。

图 9-2-11 【倾斜偏移】滤镜面板

4.【表面模糊】滤镜

【表面模糊】滤镜能够在保留边缘的同时模糊图像，使用【表面模糊】滤镜可以创建特殊效果并消除杂色或颗粒，如图 9-2-12 所示。

图 9-2-12 【表面模糊】对话框

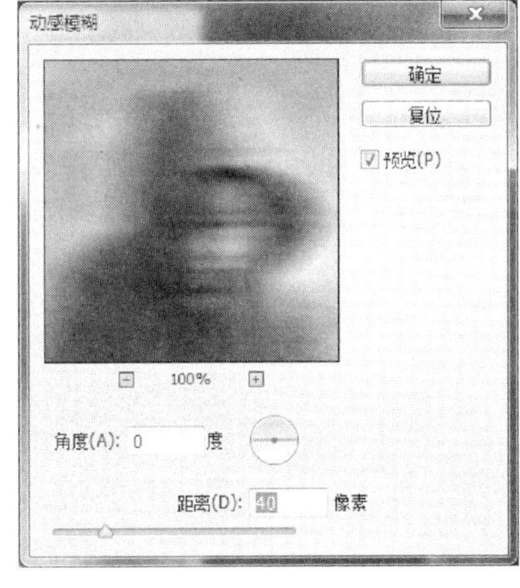

图 9-2-13 【动感模糊】对话框

- 半径：可以指定模糊取样区域的大小。
- 阈值：可以控制相邻像素色调值与中心像素值相差大时才能成为模糊的一部分，色调差值小于阈值的像素被排除在模糊之外。

5.【动感模糊】滤镜

【动感模糊】滤镜可以根据效果的需要沿指定方向（-360°~360°）以指定强度（1~999）进行模糊。此滤镜的效果类似于以固定的曝光时间给一个移动的对象拍照，如图 9-2-13 所示。

- 角度：在【角度】文本框中输入参数或拖动指针调整角度，可以设置模糊的方向。
- 距离：可以设置像素移动的距离。

6.【方框模糊】滤镜

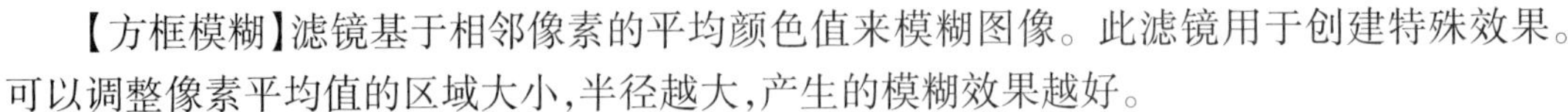

【方框模糊】滤镜基于相邻像素的平均颜色值来模糊图像。此滤镜用于创建特殊效果。可以调整像素平均值的区域大小，半径越大，产生的模糊效果越好。

7.【模糊】和【进一步模糊】滤镜

利用【模糊】和【进一步模糊】滤镜，可在图像中有显著颜色变化的地方消除杂色。【模糊】滤镜通过平衡已定义的线条和遮蔽区域的清晰边缘旁边的像素，使变化显得柔和。【进一步模糊】滤镜的效果比【模糊】滤镜强 3~4 倍。

8.【径向模糊】滤镜

【径向模糊】滤镜可以模拟缩放或旋转的相机所产生的模糊，产生一种柔化的模糊。

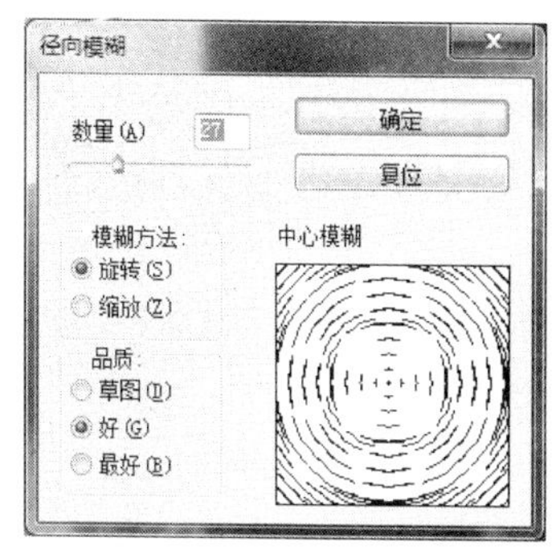

图 9-2-14 【径向模糊】对话框

选中【缩放】单选按钮，图像会沿径向线模糊，好像是在放大或缩小图像。选中【旋转】单选按钮，图像会沿同心圆环线模糊，然后指定旋转的度数，可以是 1 ~ 100 之间的值，如图 9-2-14 所示。

9. 【镜头模糊】滤镜

【镜头模糊】滤镜向图像中添加模糊以产生更窄的景深效果，使图像中一些对象在焦点内，让另一些区域变模糊。

【镜头模糊】对话框如图 9-2-15 所示。

- 更快：可以提高图像预览的速度。
- 更加准确：可以查看图像的最终预览效果，但预览较慢。
- 深度映射：在【源】选项的下拉列表中可以选择使用 Alpha 通道和图层蒙版来创建深度映射。
- 光圈：在【光圈】选项的下拉列表中可以设置光圈模糊形状的显示方式。
- 镜面高光：可以设置镜面高光的范围。
- 杂色：移动【数量】滑块可以添加或减少图像中的杂色。
- 分布：可以设置杂色的分布方式。

图 9-2-15 【镜头模糊】对话框

10. 【特殊模糊】滤镜

【特殊模糊】滤镜可以精确地模糊图像，可以指定半径、阈值和模糊品质，如图 9-2-16 所示。

图 9-2-16 【特殊模糊】对话框

- 半径：用于调整模糊的范围，数字越大，模糊效果越明显。
- 阈值：确定像素具有多大差异后才会受到影响。
- 品质：用于调整图像的品质。
- 模式：在【模式】下拉列表中可以选择模糊效果的模式。也可以为整个选区设置模式（【正常】），或为颜色转变的边缘设置模式（【仅限边缘】和【叠加边缘】选项）。在对比度显著的地方，【仅限边缘】选项应用黑白混合的边缘。

11.【形状模糊】滤镜

【形状模糊】滤镜使用指定的内核来创建模糊。从自定形状预设列表中选取一种内核，并使用【半径】滑块来调整其大小，如图 9-2-17 所示。

图 9-2-17 【形状模糊】对话框

任务三 制作卷发效果

【任务引入】

打开素材文件夹中的图片“直发图 9-3-1. jpg”,将直发制作成卷发效果。

【任务分析】

本任务可使用【滤镜】菜单中的【液化】工具,选择【向前变形工具】,设置画笔的各项参数,在直发上相应的位置移动,就可以制作出卷发效果。

【任务实施】

操作步骤如下:

① 打开“直发 9-3-1. jpg”,如图 9-3-1 所示。

图 9-3-1 直发图

图 9-3-2 卷发效果图

② 执行【滤镜】→【液化】命令。

③ 选用【向前变形工具】,设置【画笔大小】为 181,【画笔密度】为 50,【画笔压力】为 58。

④ 在头发上按下鼠标左键不放,往左、往右、往下或者往上稍微移动下,直到直发变弯发即可,最终效果如图 9-3-2 所示。

【相关知识】

知识点:液化滤镜

使用【液化】滤镜可对图像进行变形处理,如推、拉、旋转、反射、折叠和膨胀图像的任意区域。执行【液化】命令,打开【液化】对话框。位于左侧的工具集中了全部的变形工具,如图 9-3-3 所示,使用这些工具在图像中单击或拖动,可实现变形操作。需要注意的是,该滤镜命令不能应用于索引、位图或多通道颜色模式的图像文件中。

图 9-3-3　工具栏

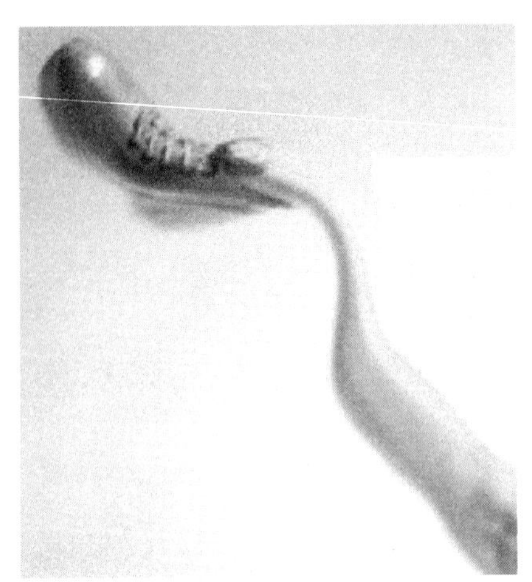

图 9-3-4　向前变形工具

液化滤镜的工具主要有以下几种：

- 向前变形工具：可以移动图像中的像素，得到变形的效果，如图 9-3-4 所示。
- 重建工具：在变形的区域单击鼠标或拖动鼠标进行涂抹，可以使变形区域的图像恢复到原始状态。
- 褶皱工具：在图像中单击鼠标或移动鼠标时，可以使像素向画笔中间区域的中心移动，使图像产生收缩的效果，如图 9-3-5 所示。
- 膨胀工具：在图像中单击鼠标或移动鼠标时，可以使像素向画笔中心区域以外的方向移动，使图像产生膨胀的效果，如图 9-3-6 所示。
- 左推工具：可以使图像产生挤压变形的效果。使用该工具垂直向上拖动鼠标时，像素向左移动；向下拖动鼠标时，像素向右移动。当按住【Alt】键垂直向上拖动鼠标时，像素向右移动；向下拖动鼠标时，像素向左移动，如图 9-3-7 所示。

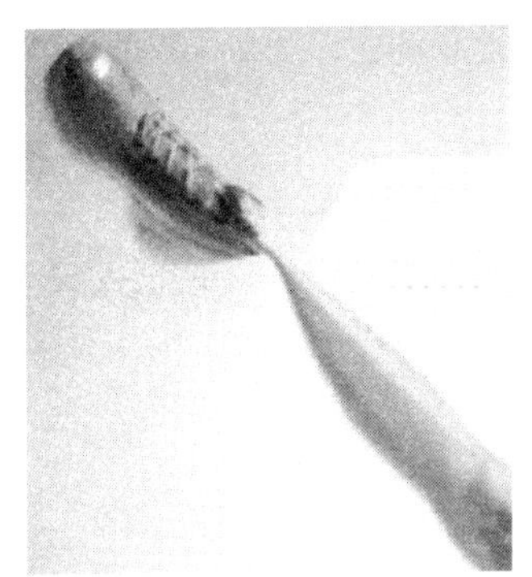

图 9-3-5　褶皱工具

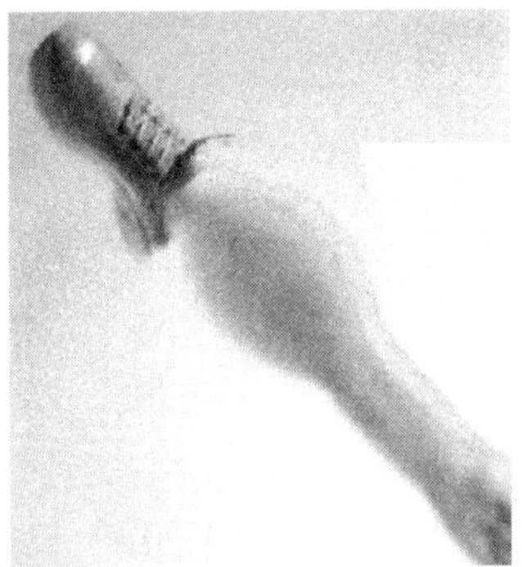

图 9-3-6　膨胀工具

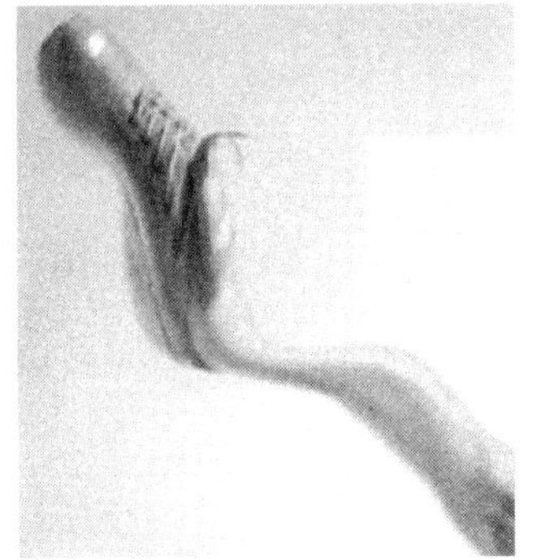

图 9-3-7　左推工具

- 抓手工具：放大图像的显示比例后，可使用该工具移动图像，以观察图像的不同区域。
- 缩放工具：在预览区域中单击可放大图像的显示比例；按下【Alt】键在该区域中单击则会缩小图像的显示比例。

任务四 照片修正

【任务引入】

打开素材文件夹中的图片“倾斜变形建筑 9-4-1. jpg”，发现图片中的建筑物明显倾斜变形，试将建筑物进行校正。

【任务分析】

本任务可使用【滤镜】菜单中的【镜头校正】工具，运用【移去扭曲工具】、【几何扭曲】、【向右拉动】按钮，并设置各项参数，就可以将倾斜变形的建筑物校正。

图 9-4-1　原图

【任务实施】

操作步骤如下：

① 复制图层，关闭【背景】图层，原图如图 9-4-1 所示。

② 执行【滤镜】→【镜头校正】命令。

③ 打开【镜头校正】对话框，选择【自定】，勾选【显示网格】复选框，如图 9-4-2 所示。

图 9-4-2　勾选【显示网格】

④ 用【移去扭曲工具】向中心拖动，或将【几何扭曲】按钮向左拉动，会使建筑出现桶状变形。如果原图有枕头状变形，可以用它来校正；反之，【向右拉动】按钮可以用来校正桶状变形。

⑤ 设置【垂直透视】的参数为－48，将倾斜的建筑拉直，效果如图9-4-3所示。

⑥ 拉直后图形在画面中的比例有改变，这张图的建筑顶端超出了画面，将比例缩小为80%，如图9-4-4所示。

图9-4-3 【垂直透视】处理后效果

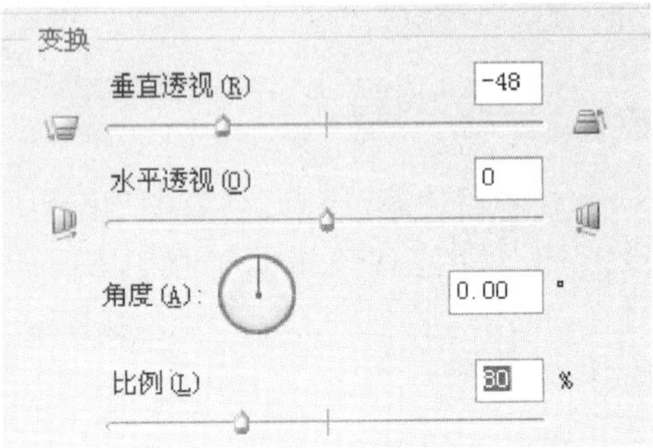

变换
垂直透视(R): -48
水平透视(O): 0
角度(A): 0.00 °
比例(L): 80 %

图9-4-4 设置参数

⑦ 缩小后的效果如图9-4-5所示。

⑧ 将缩小后的图层进行裁切，可以达到更近似于原图的画面，修正后的效果如图9-4-6所示。

图9-4-5 缩小后效果

图9-4-6 最终效果图

【相关知识】

知识点1：【镜头校正】滤镜

【镜头校正】滤镜可修复常见的镜头瑕疵，如桶形和枕形失真、晕影和色差。使用该滤镜还可以旋转图像，或修复由于相机垂直或水平倾斜而导致的图像透视现象，【镜头校正】滤镜面板如图9-4-7所示。

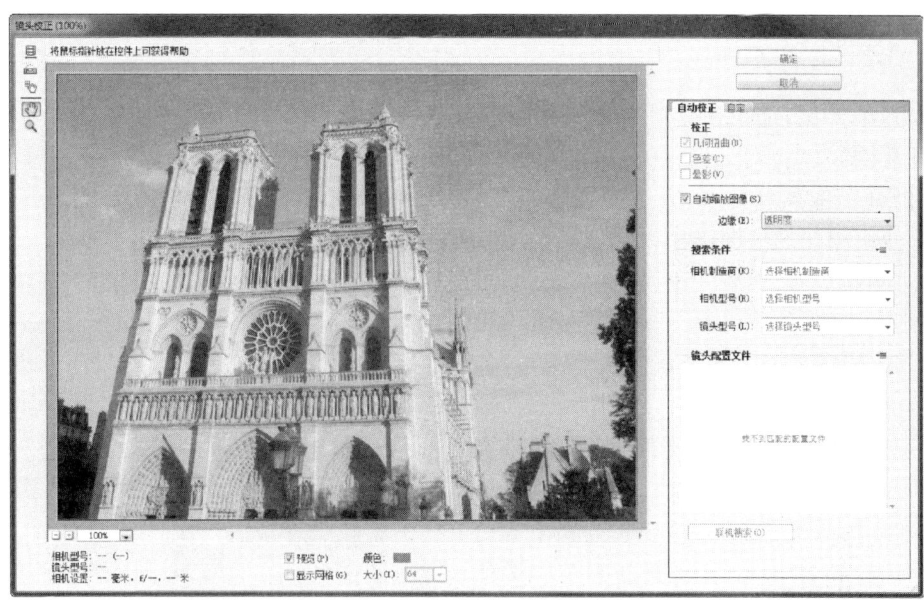

图 9-4-7 【镜头校正】滤镜面板

- 移去扭曲工具：向中心拖动或脱离中心以校正失真。
- 拉直工具：绘制一条直线以将图像拉直到新的横轴或纵轴。
- 移动网格工具：拖动以移动网格。
- 几何扭曲：选中此复选框，自动修复失真。
- 色差：选中此复选框，调整图像交界处颜色。
- 晕影：选中此复选框，模拟光源照射入镜头的折射光效果。
- 自动缩放图像：选中此复选框，校正后缩放图像。
- 选择【自定】选项卡，根据图像的不同情况进行自定校正，如图 9-4-8 所示。

图 9-4-8 【镜头校正】滤镜面板中的【自定】选项卡

知识点 2：消失点

使用【消失点】滤镜命令可编辑制作出带有透视效果的图像。执行【滤镜】→【消失点】命令，打开【消失点】对话框，在对话框中包含了【定义透视平面工具】、【编辑图像工具】、【测量工具】和【图像预览】。消失点工具的工作方式与 Photoshop 主工具箱中的对应工具十分类似，可以使用相同的快捷键来设置工具选项。使用【创建平面工具】在视图中依据要扩展的透视方法绘制平面，然后使用【图章工具】等编辑工具复制图像，将图像延伸。

使用方法如下：

① 用【创建平面工具】绘制透视网格，如图 9-4-9 所示。

② 复制图层，选择新图层，重新调出【消失点】对话框，利用【矩形选框工具】，在平面上单击拖移可以选择该平面上的区域。按住【Alt】键拖移选区，可将区域复制到新目标；按住【Ctrl】键拖移选区，可用源图像填充该区域。

③ 选择【变换工具】，调整图像到合适位置。

图 9-4-9　绘制透视网络

处理前后效果如图 9-4-10 所示。

图 9-4-10　处理前后效果对比

知识点 3：自适应广角

【自适应广角】命令主要用于约束超广角常见的变形现象。

选择【滤镜】→【自适应广角】命令，打开【自适应广角】面板，校正方式有 4 种：【鱼眼】、【透视】、【自动】、【完整球面】，如图 9-4-11 所示。

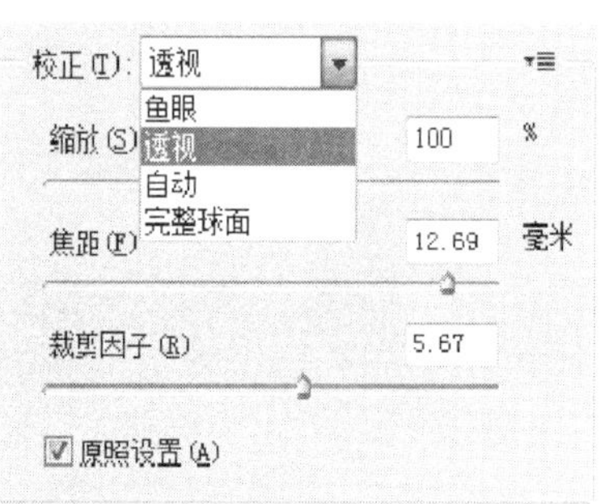

图 9-4-11　校正方式

• 鱼眼：焦距用来调整图像广角变形的大小，数值越小时变形越大。

• 透视：当选择透视的校正方式时，自动调整焦距至合适大小，焦距越小，图像的广角变形效果越大，焦距越大,图像的变形效果越小。调整【裁剪因子】下的滑块位置,焦距也随之自动调整数据,将裁剪因子的数据调整到最小状态时焦距变为最小,图像以球状显示;当裁剪因子的数据调整到最大状态时焦距变为最大,图像以原始状态显示。

- 自动:图像自动适应广角,其缩放功能用来调整图像在画面中显示的大小,数据越小,图像在画面中的显示也越小。
- 完整球面:只有在图像的比例是 1:2 时才能使用该校正方式。

裁剪因子主要调整图像在画面中所裁切形状的大小,当裁剪因子被调整为最小时,图像被裁剪为接近于圆的星形的多边形。

复习与思考

一、单选题

1. 如果扫描的图像不够清晰,可用(　　)滤镜弥补。
   A. 噪音　B. 风格化　C. 锐化　D. 扭曲
2. 当图像是(　　)模式时,所有的滤镜都不可以使用(假设图像是 8 位/通道)。
   A. CMYK　B. 灰度　C. 多通道　D. 索引颜色
3. 下列(　　)滤镜只对 RGB 滤镜起作用。
   A. 马赛克　B. 光照效果　C. 波纹　D. 浮雕效果
4. 如果正在处理一幅图象,下列(　　)选项会导致有一些滤镜不可选。
   A. 关闭虚拟内存
   B. 检查在预置中增效文件夹搜寻路径
   C. 删除 Photoshop 的预置文件,然后重设
   D. 确认软插件在正确的文件夹中

二、填空题

1. 重复使用上一次用过的滤镜应按＿＿＿＿＿＿＿＿键,打开上一次执行【滤镜】命令的对话框的快捷键是＿＿＿＿＿＿＿＿键。

2. 【云彩】滤镜是使用介于前景色与背景色之间的＿＿＿＿＿＿＿＿,以生成柔和的云彩图案。

三、操作题

1. 打开素材文件夹中的"复习与思考 9-1. jpg"图片,使用【液化工具】制作瘦腰效果(图 1)。

(a) 原图

(b) 效果图

图 1　瘦腰前后效果图对比

2. 打开素材文件夹中的“复习与思考9-2.jpg”照片，为该照片背景制作雾效果(图2)。

(a) 原图

(b) 效果图

图2　制作雾效果

项目十　图像的获取和输出

获取适合的素材是图像处理的第一步,也是学习平面处理的基础。图像的输出是将处理好的图像打印输出或者保存为各种格式的图像文件用于其他用途。通过本项目的学习,应掌握图像素材的常用获取和输出方法。

任务　为图片添加水印

【任务引入】

如果担心自己制作的作品或者拍摄的照片在网络传播时被他人随意使用,可对它们添加水印或版权信息。

【任务分析】

本任务可利用 Photoshop 中的【自定形状工具】和滤镜中的【浮雕效果】为图片添加水印,并为其嵌入版权信息,存储为适合网络传输的文件格式。

【任务实施】

操作步骤如下:

① 执行【文件】→【打开】命令,打开素材文件夹中的图片“美图. jpg”,如图 10-1-1 所示。

图 10-1-1　打开素材图片

② 用鼠标右键单击工具箱中的【矩形工具】按钮，在弹出的快捷菜单中选择【自定形状工具】，如图 10-1-2 所示。

图 10-1-2　打开【自定形状工具】

③ 在【自定形状工具】属性栏中选择【版权符号】图标，如图 10-1-3 所示。

图 10-1-3　选择【版权符号】图标

④ 新建【图层 1】，在【图层 1】画布上按住【Shift】键，单击鼠标左键并拖曳，绘制版权图像，效果如 10-1-4 所示。

图 10-1-4　绘制版权图像

⑤ 对【图层 1】进行栅格化，选择【图层 1】，单击鼠标右键，在弹出的快捷菜单中选择【栅格化图层】命令，效果如图 10-1-5 所示。

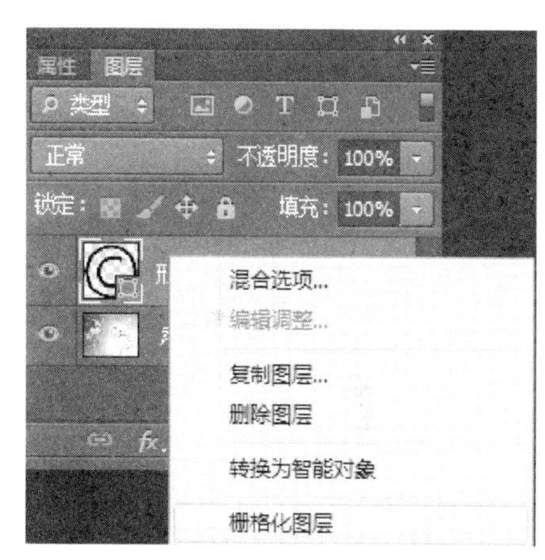

图 10-1-5　图层栅格化

⑥ 执行【滤镜】→【风格化】→【浮雕效果】命令，弹出【浮雕效果】对话框，设置浮雕的角度、高度和数量，如图 10-1-6 所示。设置完成后单击【确定】按钮，画面效果如 10-1-7 所示。

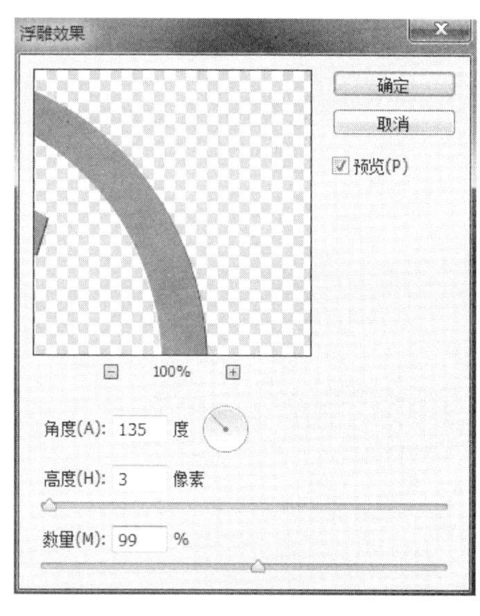

图 10-1-6　设置【浮雕效果】参数

图 10-1-7　浮雕效果

⑦ 设置【图层 1】的混合模式为【滤色】，画面效果如图 10-1-8 所示。

注意：如果需要还可以进行其他设置，如“高斯模糊”、输入需要的文本等。

图 10-1-8　设置图层混合模式

⑧ 若需要嵌入版权信息，则执行【文件】→【文件简介】命令，如图 10-1-9 所示，可在此设置文件的各项单数，完成后单击【确定】按钮。

图 10-1-9　【文件简介】对话框

⑨ 执行【文件】→【存储为 Web 所用格式】命令，设置参数，然后单击【完成】按钮，通过对选项的设置优化图像，将该图像保存为适合于网页上使用的格式，如图 10-1-10 所示。

图 10-1-10 【存储为 Web 所用格式】对话框

【相关知识】

知识点 1：图像的获取

1. 网络下载

网络上有着丰富的图像素材，从网络上下载图片是我们最常用的方法，较大的图片素材库如百度图片 http://image.baidu.com、中新网的图片频道 http://photo.chinanews.com、全景网中的创意图片库 http://www.quanjing.com 等。下载图片时要在搜索引擎中输入相关关键字，如在全景网中下载有关“日出”图片，可先登录全景网，再在搜索引擎中输入“日出”，按回车键，如图 10-1-11 所示。从页面上即可显示搜索的结果，首先看到的是缩略图，单击缩略图将打开一张大图。将鼠标移动到图片上并右击，在弹出的快捷菜单中选择【图片另存为】命令，将图片保存在本地计算机上。

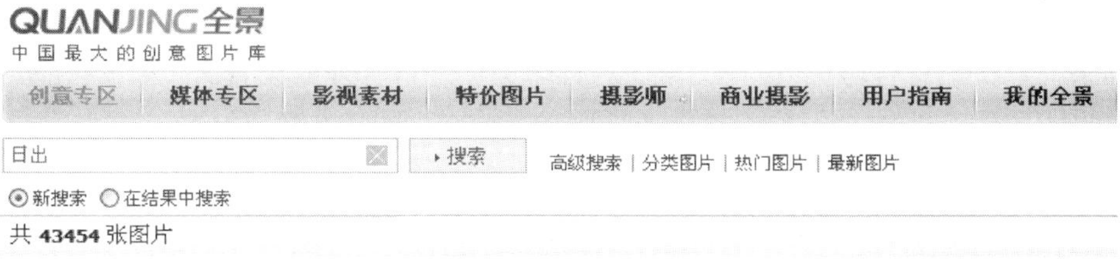

图 10-1-11 搜索图片

2. 用数码相机摄取

某些数码相机使用“Windows 图像采集”（WIA）支持来导入图像。使用 WIA，Photoshop CS6 将与 Windows 及数码相机软件配合工作，从而将图像直接导入到 Photoshop CS6 中。随

着数码相机的普及,这已经成为一种获取数字化图像的常用方法。

启动 Photoshop CS6,选择【文件】→【导入】→【WIA 支持】命令,然后在计算机上选取存储图像文件的目标位置。注意要选中【在 Photoshop 中打开已获取的图像】复选框。但是,如果要导入大量图像,或者想在以后编辑图像,则取消选择该复选框。单击【开始】按钮,然后选择要导入图像的数码相机。如果相机的名称未显示,可验证软件和驱动程序是否已正确安装,以及该相机是否已连接。选取要导入的图像,单击【获取图片】按钮,即可导入图像。

用户可先将图像从数码相机拷贝到硬盘中,然后再在 Photoshop CS6 中进行编辑。如果使用介质卡读取器,或者连接的相机以驱动器的形式出现在计算机中,则可以使用 Adobe Bridge 将文件移动到目标文件夹中。

3. 用扫描仪将普通图像转化为数字化格式

扫描仪可以将需要的照片和图像资料扫描后输入计算机。使用扫描仪与使用数码相机很相似,在正确安装扫描仪后,打开 Photoshop CS6,选择【文件】→【导入】→【WIA 支持】命令,在弹出的对话框中选择一个目标位置来存储图像文件,单击【开始】按钮,然后选择要使用的扫描仪,并确定要扫描的图像种类,最后单击【扫描】按钮,系统将以 BMP 格式存储扫描的图像。

在操作过程中需注意:要确保已选中【在 Photoshop 中打开已获取的图像】复选框,这样扫描后的图像会出现在 Photoshop CS6 图像窗口中。如果要导入大量图像,或者想在以后编辑图像,则取消选中该复选框。

4. 使用截图软件

运用截图软件 Hyper Snap-DX 从计算机屏幕上直接截取需要的图片;还可截取电影上的图像,如用计算机观看时,发现某些图像与制作的课件主题相符,可以使用多媒体播放软件将画面截取下来。

5. 使用置入命令

使用【文件】→【置入】命令,可以将 EPS 和 PDF 等格式的图像导入到 Photoshop CS6 中的当前图像上。

使用【置入】命令之前,必须首先打开一幅图像,然后执行【文件】→【置入】命令,选择好一幅图像后就置入了原来的图像中。Photoshop 目前支持置入的图像格式有 AI、EPS、PDF 和 PDP 四种。导入之后,Photoshop CS6 会在当前图像窗口中显示一个带有对角线的矩形来表示置入图像的大小,通过矩形边框可以调整图像的大小。

知识点 2:图像的打印

如果计算机配有打印机,用户还需要对打印选项进行合理的设置,打印机才会按照用户的要求打印图像。Photoshop CS6 提供了预览功能,这为用户了解与设置各种专业的打印和印刷选项提供了极大的方便。

1.【Photoshop 打印设置】对话框

在 Photoshop CS6 工作界面中选择【文件】→【打印】命令,将弹出【Photoshop 打印设置】对话框,如图 10-1-12 所示,其中左边部分显示了打印的缩略图,20.99 厘米 x 29.67 厘米 指的是纸张的大小,右边显示了默认打印机的名称、位置、缩放尺寸、色彩管理等属性。

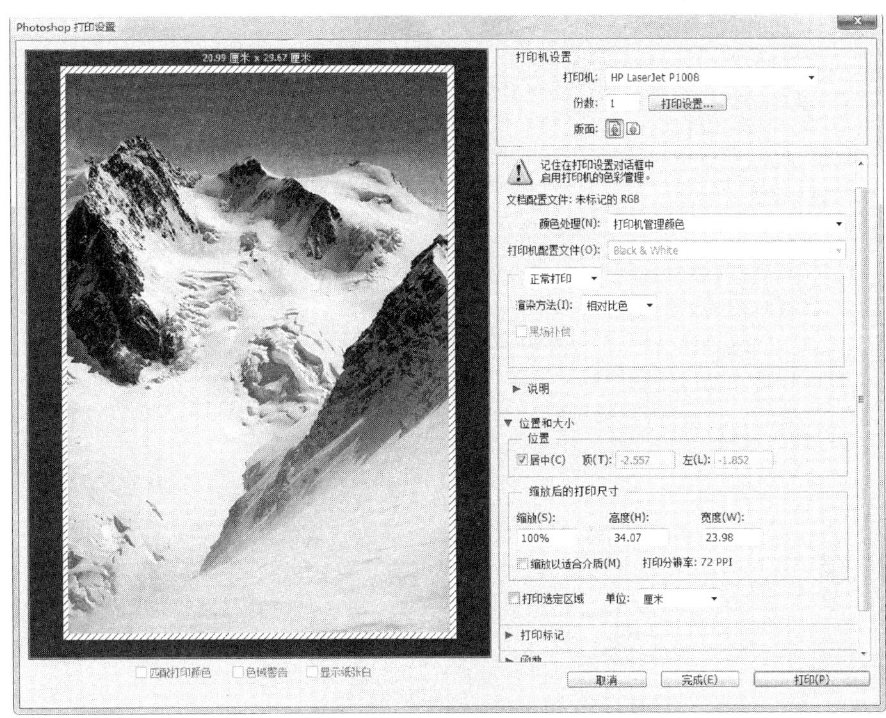

图 10-1-12 【Photoshop 打印设置】对话框

- 打印机：默认状况下，Photoshop CS6 会将图像打印到桌面打印机（如喷墨打印机、染色升华打印机或激光打印机），而不会打印到照排机。Photoshop CS6 允许选择打印机控制图像的打印方式。
- 位置：勾选【居中】复选框，则图像会以"满纸"形式打印；如果希望打印时纸张留边，先取消选中【居中】复选框，然后设置纸张【顶】和【左】的距离。
- 缩放以适合介质：如果图像太大不能完全显示出来，选中【缩放以适合介质】复选框，图像会以适合纸张的大小完全显示，或者也可以在预览图上拖动鼠标手动调整大小，手动调整时要先取消选中【居中】和【缩放以适合介质】两个复选框。
- 色彩管理：选择【色彩管理】选项，可以指定 Photoshop CS6 处理传出图像数据的方式，使打印机所打印的颜色与在显示器上看到的一致，【色彩管理】选项取决于用户所选择的输出设备。

2. 设置打印机

单击图 10-1-12 对话框中的【打印设置】按钮，将打开打印机属性对话框，如图 10-1-13 所示。

该对话框可以设置打印机和打印作业选项。例如，根据需要设置纸张大小、复印份数和来源等。可用的选项取决于用户的打印机、打印机驱动程序和操作系统。

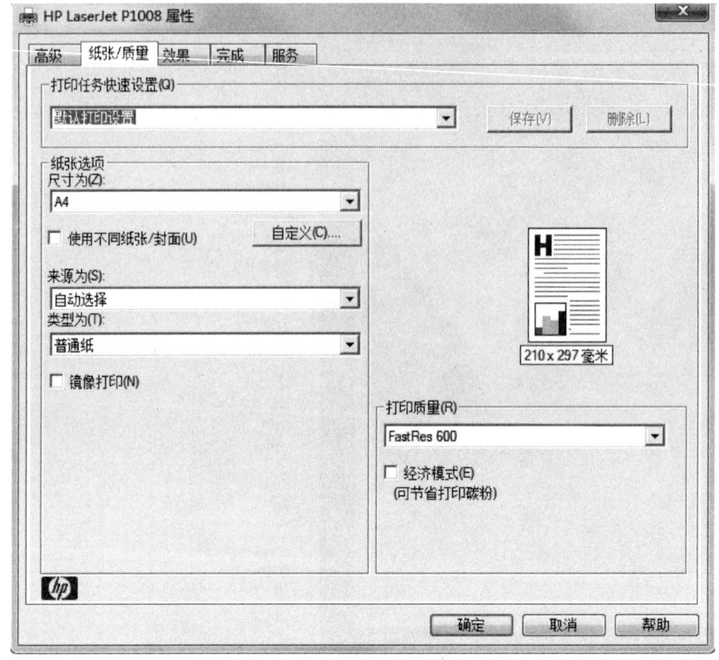

图 10-1-13　设置打印机属性

知识点 3：发布为其他格式

各种图形文件格式的不同之处在于表示图像数据的方式（作为像素还是作为矢量）、压缩技术以及所支持的 Photoshop CS6 功能。要保留所有 Photoshop CS6 功能（图层、效果、蒙版等），须以 Photoshop 格式（PSD）存储图像的备份。

大型文档格式有：PSB、Cineon、DICOM、IFF、JPEG、JPEG 2000、Photoshop PDF、Photoshop Raw、PNG、便携位图和 TIFF。

与大多数文件格式一样，PSD 只能支持最大为 2 GB 的文件。对于大于 2 GB 的文件，以大型文档格式（PSB）、Photoshop Raw（仅限拼合图像）、TIFF（最大为 4 GB）或 DICOM 格式存储。

用于存储图像的命令有以下几种：

1. 存储

保存文件时只要选择【文件】→【存储】命令（对应的快捷键是【Ctrl】+【S】）即可，该命令将会把编辑过的文件以原路径、原文件名、原文件格式存入磁盘中，并覆盖原始的文件。用户在使用【存储】命令时要特别小心，否则可能会丢掉原文件。如果是第一次保存，则相当于执行【存储为】命令，会弹出【存储为】对话框，只要给出文件名即可。

2. 存储为

选择【文件】→【存储为】命令（对应的快捷键是【Shift】+【Ctrl】+【S】），打开相应的对话框，在该对话框中可以将修改过的文件重新命名、改变路径、改换格式，然后再保存，这样不会覆盖原始文件。

3. 保存为 Web 所用格式

选择【文件】→【保存为 Web 所用格式】命令(对应的快捷键是【Alt】+【Shift】+【Ctrl】+【S】),可以通过对选项的设置优化网页图像,将图像保存为适合于网页上使用的格式。

4. 使用导出命令

选择【窗口】→【导出】命令,可以将在 Photoshop CS6 中创建的图像保存为其他应用程序(如 Adobe Illustrator)所使用的文件格式,也可以直接选择输出文件所保存的一个路径。

复习与思考

一、填空题

1. 添加打印机实际上就是安装打印机的____________。

2. 单击____________命令,可以在弹出的对话框中设置打印页面。

二、思考题

1. 如何添加打印机?

2. 如何设置打印选项?

项目十一　动作与自动化

Photoshop CS6 的强大功能不仅仅体现在可以完美地表现优秀作品和创意,同时还提供了一些智能化和自动化的命令,大幅度地提高了工作效率,使较为烦琐的工作变得简单易行。本项目主要介绍【动作】面板、动作的录制和播放、动作的修改、自动化命令等。通过本项目的学习以及任务的实施,应快速掌握多个文件批处理的方法。

任务一　制作火焰字

【任务引入】

火焰字制作是 Photoshop CS6 学习中常见的实例,如果我们要完成多个火焰字制作,就要重复多次相同的操作,那将浪费大量的时间,利用【动作】功能进行批处理,只需执行一次命令就可以完成多个火焰字的制作,既省时又省力。

【任务分析】

本任务采用【滤镜】中的【风】、【高斯模糊】、【液化】以及【色相/饱和度】命令制作火焰字,并把操作步骤通过【动作】命令录制下来,重复使用录制的步骤进行多个火焰字效果的制作。

【任务实施】

操作步骤如下:

① 新建文件,宽度为 600 像素,高度为 400 像素,命名为“火焰字”,分辨率为 72 像素,背景为黑色。

② 用【文字工具】,输入“FIRE”,填充白色,调整好大小和位置,如图 11-1-1 所示。

③ 记录下每一步操作,打开【新建动作】对话框,新建动作,名称为“火焰字”,如图 11-1-2 所示,单击【记录】按钮。

④ 按下【Alt】+【Ctrl】+【Shift】+【E】组合键,盖印【文字】图层,则会生成【图层 1】,如图 11-1-3 所示。

⑤ 将【图层 1】按顺时针旋转 90°,得到如图 11-1-4 所示的效果。

⑥ 执行【滤镜】→【风格化】→【风】命令,选择【方向】为【从左】,如图 11-1-5 所示。

图 11-1-1　文字输入

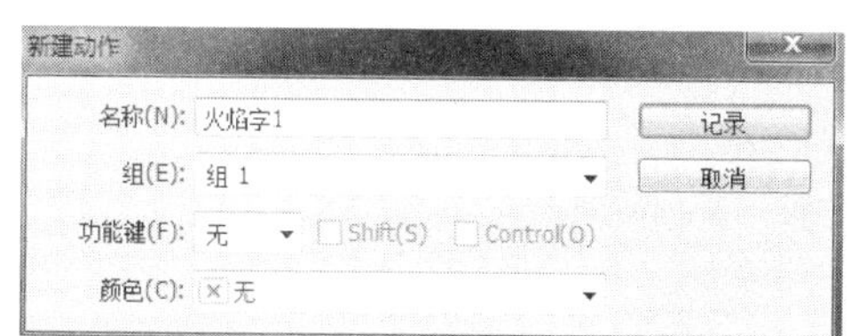

图 11-1-2　【新建动作】对话框

图 11-1-3　盖印【文字】图层

图 11-1-4　旋转【图层 1】

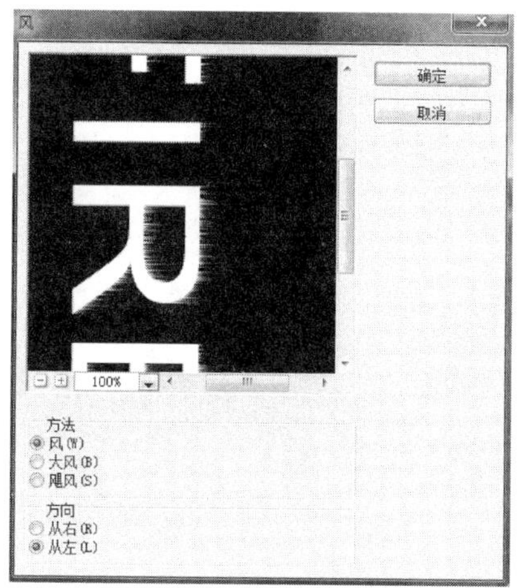

图 11-1-5　【风】对话框

⑦ 按【Ctrl】+【F】组合键2～3次，加强风格化效果，如图11-1-6所示。

⑧ 将【图层1】按逆时针旋转90°，得到如图11-1-7所示效果。

图11-1-6 加强【风】效果

图11-1-7 旋转【图层1】

⑨ 执行【滤镜】→【模糊】→【高斯模糊】命令，在弹出的对话框中设置模糊半径为“1.0”像素，如图11-1-8所示。

⑩ 执行【滤镜】→【液化】命令，打开【液化】对话框，对图层进行液化处理，如图11-1-9所示。

⑪ 按【Ctrl】+【J】组合键，复制【图层1】，得到【图层1副本】，如图11-1-10所示。

⑫ 按【Ctrl】+【U】组合键，打开【色相/饱和度】对话框，选中【着色】复选框，设置色相为“34”、饱和度为“100”，单击【确定】按钮，如图11-1-11所示。

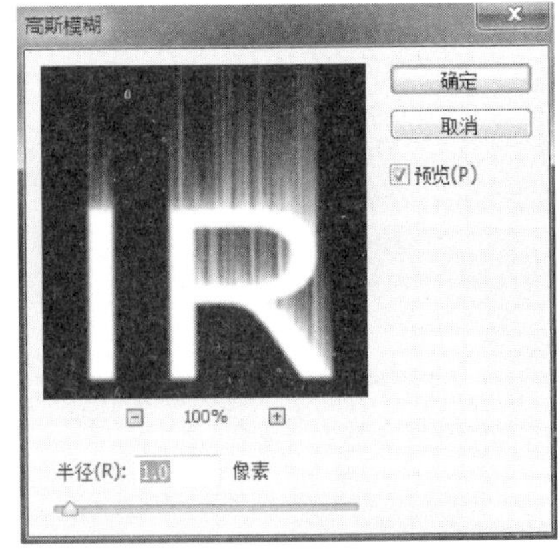

图11-1-8 【高斯模糊】对话框

图11-1-9 【液化】参数设置

图 11-1-10　复制【图层 1】

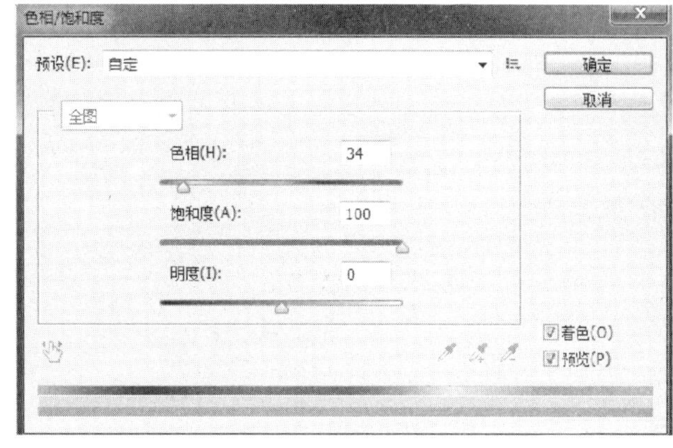

图 11-1-11　【色相/饱和度】对话框

⑬ 关闭【图层 1 副本】前的"眼睛",单击【图层 1】,按【Ctrl】+【U】组合键,调整【图层 1】的色相和饱和度,选中【着色】,设置色相为"0"、饱和度为"65",单击【确定】按钮。

⑭ 打开【图层 1 副本】前的"眼睛",将图层混合模式改为【颜色减淡】,如图 11-1-12 所示,得到最终效果如图 11-1-13 所示。

⑮ 单击【动作】面板上的【停止】按钮,动作录制完毕。

图 11-1-12　图层混合模式设置

图 11-1-13　火焰字最终效果

⑯ 选择【组 1】,单击【动作】面板右上角的▀☰,存储动作,将动作存储为"火焰. atn"保存,如图 11-1-14 所示。

⑰ 下面将动作【火焰】应用到其他文字上。建立文字图层【热情高涨】,我们将在这个图层上应用先前创建好的动作【火焰】。选中动作【火焰】,单击【动作】面板下方的【播放】按钮▶,得到的效果图如图 11-1-15 所示。

图 11-1-14　存储“火焰字”动作

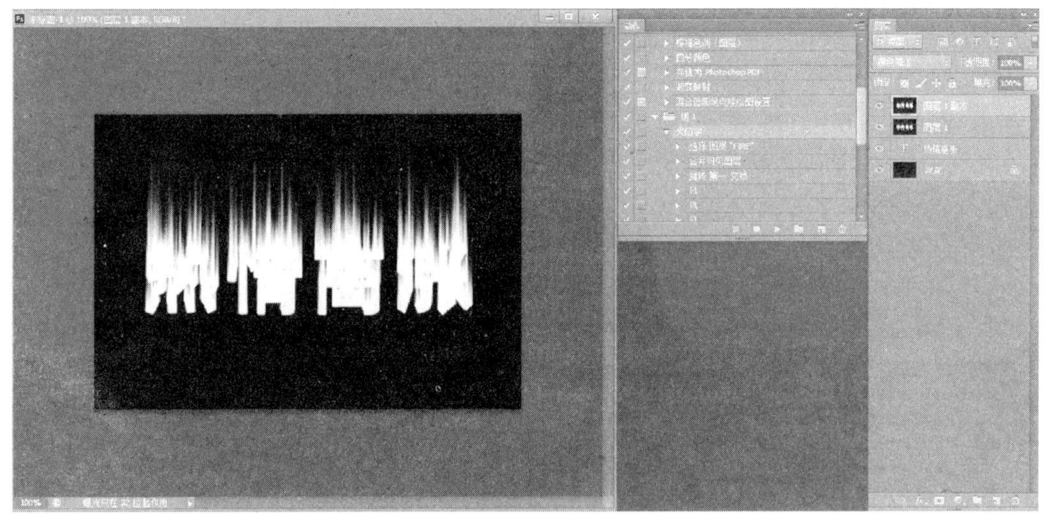

图 11-1-15　播放“火焰字”动作

⑱ 打开【液化】动作的对话框控制。如果动作中的某个步骤需要手动设置，可以打开该步骤前的对话框控制图标 ，这样当动作执行到该步骤时就会打开对话框，参数设置完毕后动作继续往下运行，如图 11-1-16 所示。

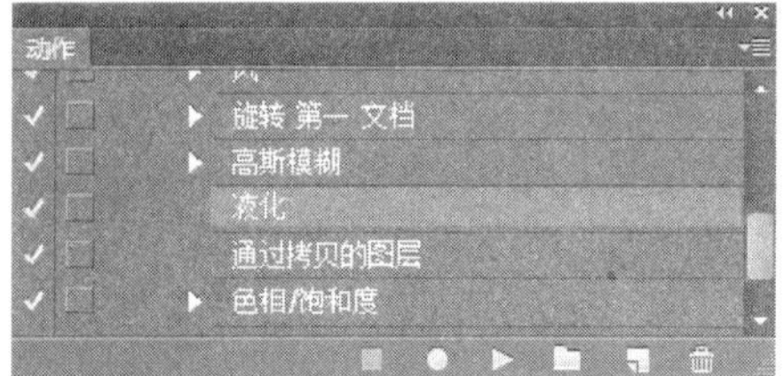

图 11-1-16　打开【液化】动作

⑲ 选择文字图层【热情高涨】，单击动作【火

焰】,单击【动作】面板下方的【播放】按钮 ▶,播放到液化时打开【液化】对话框,如图 11-1-17 所示,这时手动设置液化效果,设置完毕单击【确定】按钮。

图 11-1-17　手动设置【液化】效果

⑳ 动作执行完毕,效果图如图 11-1-18 所示。

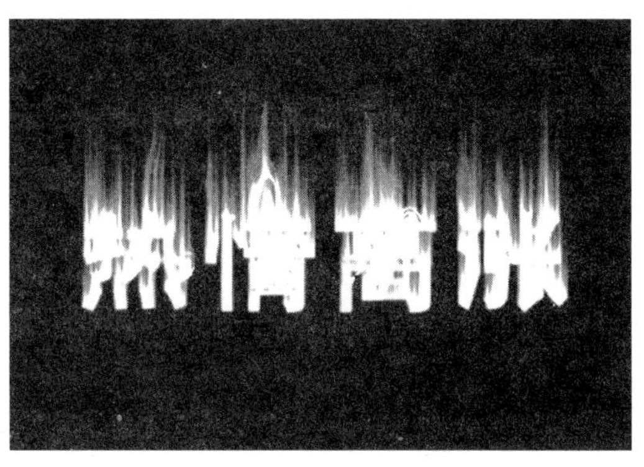

图 11-1-18　最终效果

【相关知识】

知识点:【动作】面板

Photoshop 的"动作"是用一个动作代替了许多步的操作,使执行任务自动化,这为设计者在进行图像处理的操作上带来了很大方便。同时用户还可以通过记录并保存一系列的操作来创建和使用动作,以方便日后可直接从【动作】面板中调出运用。批量转换格式就是先将转换一个图片格式的过程利用【动作】面板记录下来,再利用其批量处理的功能简化操作。

1.【动作】面板

下面是对 Photoshop CS6 的【动作】面板的详细介绍。执行【窗口】→【动作】命令，弹出【动作】面板，也可以按下【Alt】+【F9】组合键调出【动作】面板，如图 11-1-19 所示。

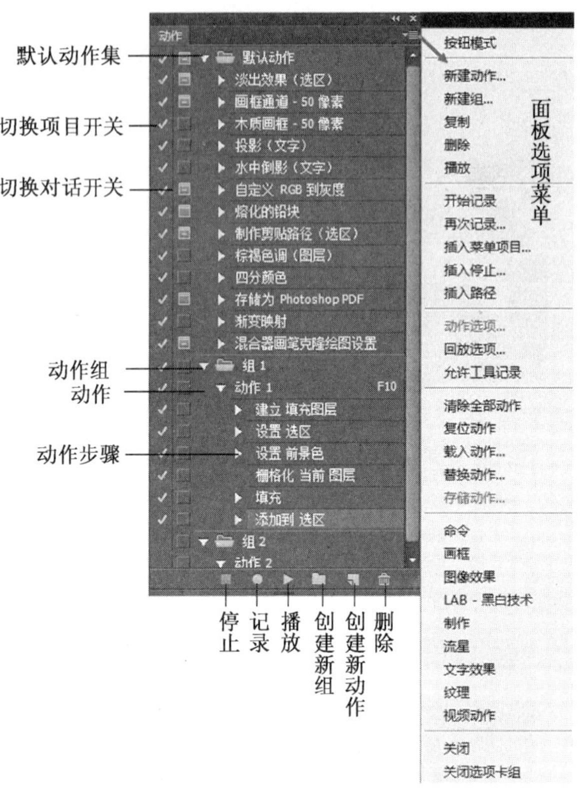

图 11-1-19 【动作】面板

- 动作组：类似文件夹，用来组织一个或多个动作。
- 动作：一系列操作命令的集合。单击命令前的小三角按钮可以展开命令列表，显示命令的具体参数。
- 动作步骤：动作中每一个单独的操作步骤，展开后会出现相应的参数细节。

♦ 切换项目开关：如果动作组、动作和命令前显示有该图标，表示这个动作组、动作和命令可以执行；如果动作组、动作前没有该图标，表示该动作组或动作不能被执行；如果某一命令前没有该图标，则表示该命令不能被执行。

♦ 切换对话开关：如果命令前显示该图标，表示动作执行到该命令时会暂停，并打开相应命令的对话框，此时可以修改命令的参数，单击【确定】按钮可以继续执行后面的动作；如果动作组和动作前出现该图标，则表示该动作中有部分命令设置了暂停。

♦ 面板选项菜单：包含与动作相关的多个菜单项，提供更丰富的设置内容。

- 默认动作集：在【动作】面板中有 Photoshop 安装时自带的动作集，我们可以直接应用这些动作到图形上快速地达到效果复制。
- 停止：单击后停止记录或播放。
- 记录：单击即可开始记录，红色凹陷状态表示记录正在进行中。

- 播放：单击即可运行选中的动作。
- 创建新组：单击创建一个新组，用来组织单个或多个动作。
- 创建新动作：单击可创建一个新动作，并且同样具有录制功能。
- 删除：删除一个或多个动作或组。

2. 创建新动作

单击【动作】面板上的【创建新动作】按钮，弹出【新建动作】对话框，如图 11-1-20 所示。

- 名称：系统给出的是【动作 1】，之后如果再新建动作，名称依次是【动作 2】、【动作 3】等，用户可以根据情况修改一个合适的名称。

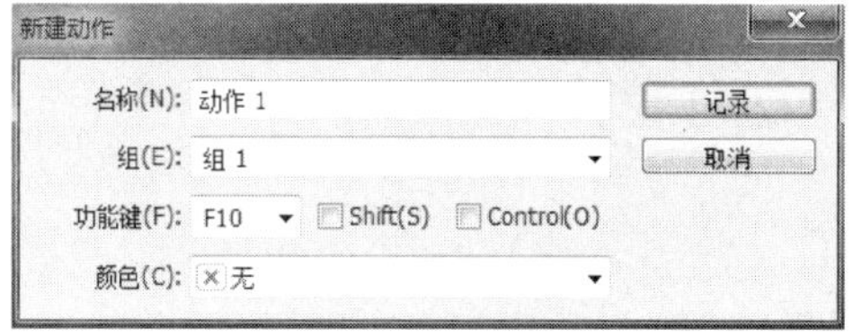

图 11-1-20 【新建动作】对话框

- 组：如果存在多个组，可以选择新动作属于的组别，这里表示新建的动作属于【组 1】。
- 功能键：这里设置了功能键【F10】，当动作创建完毕后，按【F10】键等同于按【播放】按钮。
- 颜色：可以为所创建的动作设置一个颜色标签。

设置完对话框中相关选项，单击【记录】按钮后，【动作】面板下方的红色【记录】按钮就会按下，这时会将你的每一步动作操作都记录下来，如图 11-1-21 所示。

3. 播放动作

在录制【动作 1】的过程中，当单击【停止】按钮表示【动作 1】录制完毕，之后单击【播放】按钮，会将【动作 1】当中的每一个动作步骤依次执行一遍，如图 11-1-22 所示。

图 11-1-21 记录动作

图 11-1-22 播放动作

4. 编辑和重新记录动作

对已经录制好的动作，如果对部分步骤不满意，可以对动作进行再次编辑或重新记录。方法其实有多种，包括在执行动作中重新输入参数，将该部分动作删除重新录制，调换动作步骤的前后顺序等。

- 修改参数：首先选中要修改的动作步骤，如修改【描边工作路径】这一步骤，先将其选中，这时系统会回到当时进行描边时的状态，此时可直接修改相应参数，比如重新选择描边画笔的前景色、笔头大小等，如图 11-1-23 所示。

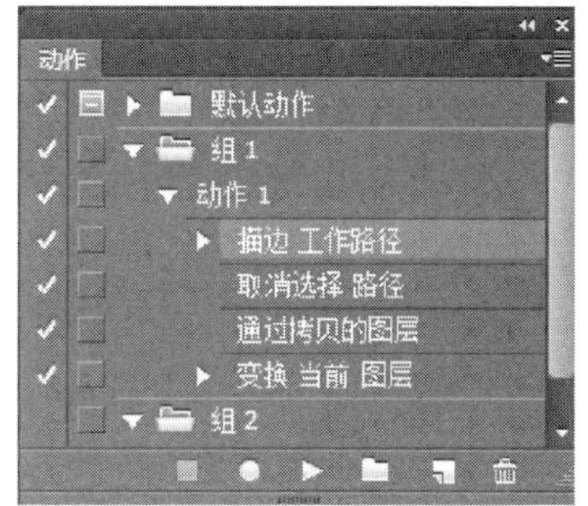

图 11-1-23 编辑和重新记录动作

- 删除步骤：选中要删除的步骤，按下鼠标右键拖到【动作】面板下方的【删除】按钮处松开。

- 重新录制：这里的重新录制不是对动作的所有步骤重新录制，而只是对某个步骤重新录制。将鼠标选定在需要重新录制的上一个步骤，这样表示从这个步骤开始往下录制，单击【录制】按钮，开始录制。
- 改变动作次序：选中要改变次序的步骤，按下鼠标右键拖到目标位置松开。
- 动作不被执行：如果动作中的某个步骤希望不被执行，则将取消动作步骤前的复选标记。

5. 复制与删除动作

单击【动作】面板右上角的，在展开的选项菜单中找到【复制】或【删除】命令，如图 11-1-24 所示。

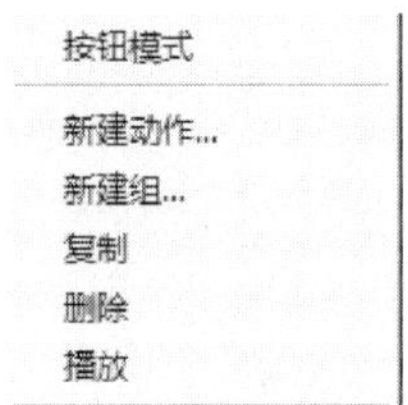

图 11-1-24　复制与删除动作

- 复制：等同于在面板上拖动一个动作到【新建】按钮上，这样将创建一个动作副本。
- 删除：等同于在面板上拖动一个动作到【删除】按钮上，这样将删除一个动作。

6. 指定回放速度

单击【动作】面板右上角的，在展开的选项菜单中选择【回放选项】命令，打开【回放选项】对话框，如 11-1-25 所示。

长而复杂的动作有时不能正确播放，但是难以判断问题发生在何处。【回放选项】命令提供了播放动作的【加速】、【逐步】、【暂停】（可设定暂停时间）三种速度，这样用户可以看到每一条命令的执行情况。当处理包含语音注释的动作时，可以指定在播放语音注释时动作是否暂停。

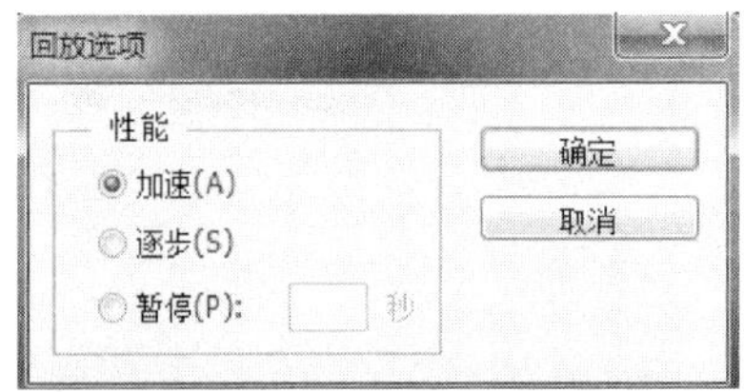

图 11-1-25　指定回放速度

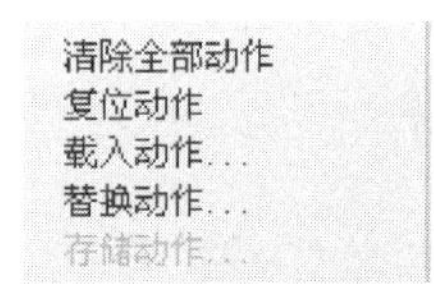

图 11-1-26　存储、载入和复位动作

7. 存储、载入和复位动作

单击【动作】面板右上角的，在展开的选项菜单中选择【存储动作】、【载入动作】或【复位动作】，如图 11-1-26 所示。

（1）存储动作。

用户创建的动作可以保存下来以便今后调用，动作文件的扩展名为“. atn”。存储动作的操作步骤如下：

选中动作组（注意是动作组而不是动作，动作是以动作组的形式保存的，如果选中单个动作，那么【存储动作】命令将是灰化的，不可使用），为动作组键入一个名称，选取适当的存储位置，可以将该组存储在任何位置。如果将该文件放置在 Photoshop CS6 程序文件夹内的 Presets/Photoshop Actions 文件夹中，则在重新启动 Photoshop CS6 应用程序后，该组将显示在【动作】面板菜单的底部。

（2）载入动作。

当清除了【动作】面板中的动作或重装 Photoshop CS6 后，我们可以用【载入动作】命令找到自己保存的动作文件，像原来一样正常使用。所以，自己录制了一个好的动作，就可以把它输出为动作文件保存下来以备今后之用，现在网络上有很多 Photoshop 的“动作”，也可以把它们下载下来，只要是“. atn”文件，就可以用【载入动作】命令载入使用。

（3）复位动作。

我们清除了【动作】面板上的全部动作之后，可以通过【复位动作】命令将默认动作重新载入，有【替换】和【追加】两种模式，默认动作存储在 Required 文件夹中。

8. 在动作中插入不可记录的命令

Photoshop CS6 中有些操作是无法录入动作的，如缩放窗口、使用一种画笔、用【钢笔工具】或【矩形工具】建立一条路径。当试图将这些操作录入动作时，可以发现动作组中并未记入这些。但是，有时候我们在用一个动作处理图像，需要有这些操作，该如何实现呢？

单击【动作】面板右上角的▤，在展开的选项菜单中选择【插入菜单项目】命令，可以将许多不可记录的命令插入动作中。在记录动作时或动作记录完毕后可以插入命令。插入的命令直到播放动作时才执行，因此插入命令时文件保持不变。命令的任何值都不记录在动作中。如果命令有对话框，在播放期间将显示该对话框，并且暂停动作，直到单击【确定】或【取消】按钮为止。

注：在使用【插入菜单项目】命令插入一个打开对话框的命令时，不能在【动作】面板中停用模态控制（即不能关闭对话框切换开关）。

将菜单项目插入动作中的方法如下：

① 选取插入菜单项目的位置，先选择一个动作名称，在该动作的最后插入项目。

② 选择一个命令，在该命令的最后插入项目。

③ 从【动作】面板菜单中选取【插入菜单项目】。

④ 打开【插入菜单项目】对话框，从它的菜单中选取一个命令。

⑤ 单击【确定】按钮。

9. 在动作中插入路径

我们在用【路径工具】绘制路径或从 Adobe Illustrator 粘贴路径时，即使处在动作录制状态下，绘制路径的操作并不会被记录下来。但是动作中可以插入一条已经绘制好的路径，当动作被播放时，动作会自动生成你所绘制的路径，并可以被选择、描边或填充。

注：播放插入复杂路径的动作可能需要大量的内存。如果遇到问题，增加可用内存量。

插入路径的方法如下：

① 按下【动作录制】按钮。

② 选择一个动作的名称或命令名称，在该动作或命令的最后记录路径。

③ 新建路径或从【路径】面板中选择现有的路径。

④ 从【动作】面板菜单中选择【插入路径】命令。

注：如果在单个动作中记录多个【插入路径】命令，则每一个路径都将替换目标文件中的前一个路径。若要添加多个路径，则在记录每个【插入路径】命令之后，使用【路径】面板记录【存储路径】命令。

任务二　批处理照片

【任务引入】

批量处理是常见的图像处理方式，当一批属性相同或者相似的照片需要进行相同的处理操作时，通常将动作和批处理功能结合起来，将选中的一批图像进行统一操作。本任务是将一张包含 8 张小图的图片分离成 8 个独立的图片，并对其进行批处理，使之成为图像模式为“灰度”具有宽高限制的图片。

【任务分析】

本任务通过自动化命令中的【裁剪并修齐照片】命令将一张包含 8 张小图的图片分离成 8 个文档，通过【条件模式更改】命令修改图片模式为“灰度”模式，再通过【限制图像】命令把图片设置为宽度不超过 400 像素、高度不超过 300 像素的 8 张图，最后通过【批处理】命令进行批量处理。

【任务实施】

操作步骤如下：

① 执行【文件】→【打开】命令，打开两张素材照片“风景合集. jpg”，如图 11-2-1 所示。

图 11-2-1　打开素材图片

② 执行【文件】→【自动】→【裁剪并修齐照片】命令，系统自动把素材照片中的 8 张图

片分离成 8 个文档，如图 11-2-2 所示。

图 11-2-2 裁剪并修齐照片

③ 按【Ctrl】+【O】组合键，右击创建两个新文件夹，分别为“需批处理的图片”“存储批处理图片”，如图 11-2-3 所示，单击【取消】按钮。

图 11-2-3 创建文件夹

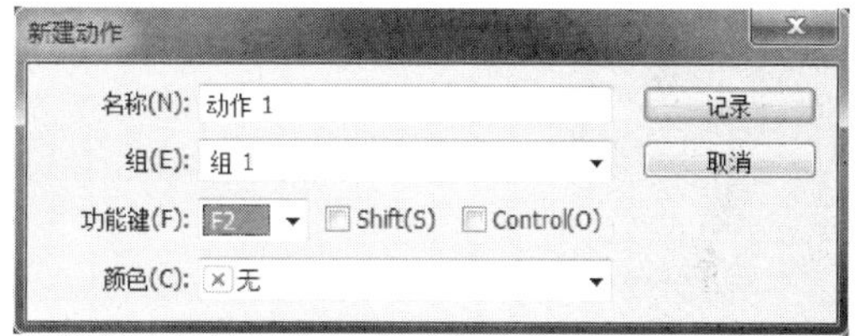

图 11-2-4 创建【动作 1】

④ 按【Alt】+【F9】组合键，打开【动作】面板，新建一个动作组【组 1】，单击【创建新动作】按钮，功能键选择【F2】，如图 11-2-4 所示，单击【记录】按钮。

⑤ 修改当前图片的颜色模式，执行【文件】→【自动】→【条件模式更改】命令，打开【条件模式更改】对话框，选中【RGB 颜色】筛选框，设置目标模式为【灰度】，单击【确定】按钮，出现【信息】对话框，再单击【扔掉】按钮，如图 11-2-5 所示，此时，彩色图片更改为黑白图片，效果如图11-2-6所示。

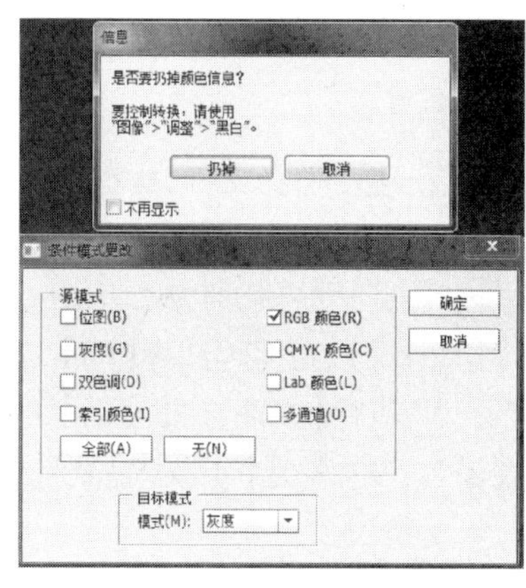

图 11-2-5 【条件模式更改】和【信息】对话框

图 11-2-6　灰度模式效果

⑥ 执行【文件】→【存储】命令，把“风景集合副本. jpg”保存在“需批处理的图片”文件夹中，如图 11-2-7 所示，将此文档关闭。刚才所做的条件模式更改、存储、关闭都已在【动作 1】中，单击【停止】按钮，如图 11-2-8 所示。

图 11-2-7　存储图片

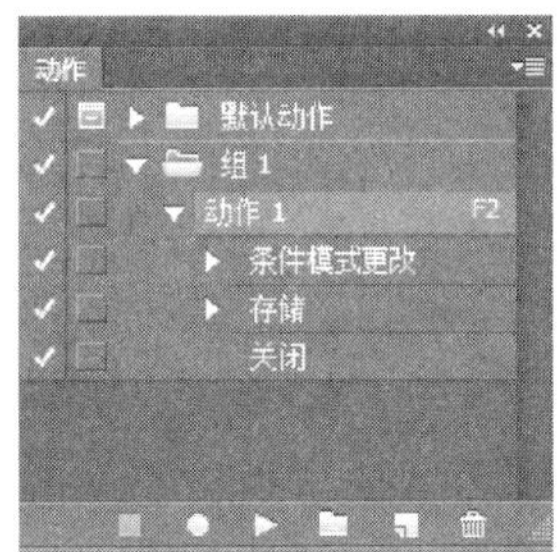

图 11-2-8　【动作 1】面板

⑦ 逐个选择文件，按键盘中的【F2】键，就会执行【动作 1】中的步骤，8 张图片模式都改为灰度，存储在“需批处理的图片”文件夹中，并同时关闭原有的文件，如图 11-2-9 所示。

⑧ 打开图片“风景合集副本”，单击【创建新动作】按钮，打开【新建动作】对话框，创建【动作 2】，功能键选择【F3】，如图 11-2-10 所示，单击【记录】按钮。

⑨ 执行【文件】→【自动】→【限制图像】命令，打开【限制图像】对话框，宽度输入 400，高度输入 300，勾选【不放大】复选框，如图 11-2-11 所示，单击【确定】按钮。

图 11-2-9　灰度模式文件保存

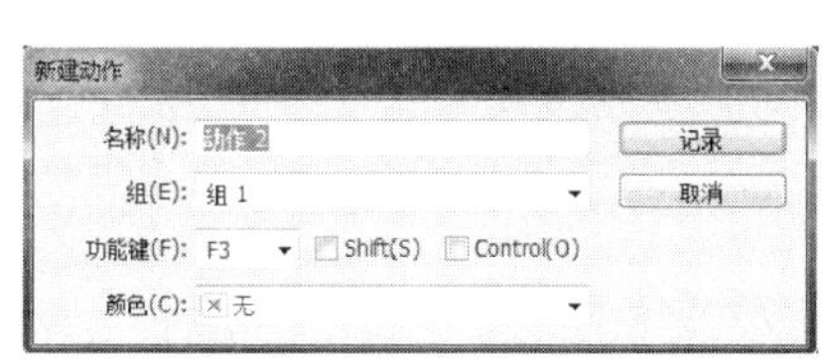

图 11-2-10　创建【动作 2】

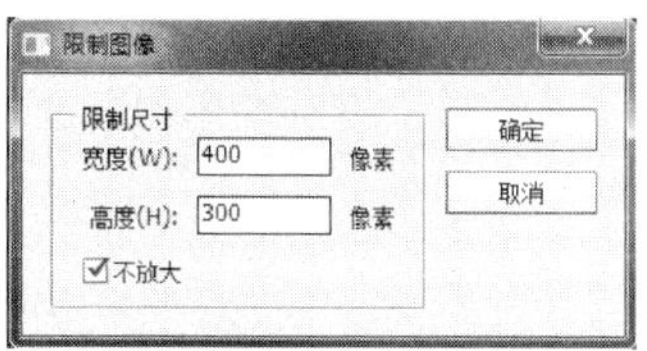

图 11-2-11　【限制图像】设置

图 11-2-12　【动作 2】面板

⑩ 执行【文件】→【存储为】命令，单击【保存】按钮，将当前文件存储到“存储批处理图片”文件夹中，关闭该文件，单击【动作】面板的【停止录制】按钮，完成动作的记录，如图 11-2-12 所示。

⑪ 执行【文件】→【自动】→【批处理】命令，对【批处理】对话框进行设置，如图 11-2-13 所示，单击【确定】按钮，自动执行批处理命令，在“存储批处理图片”文件夹中生成了 8 张宽度不超过 400 像素、高度不超过 300 像素的图，如图 11-2-14 所示。

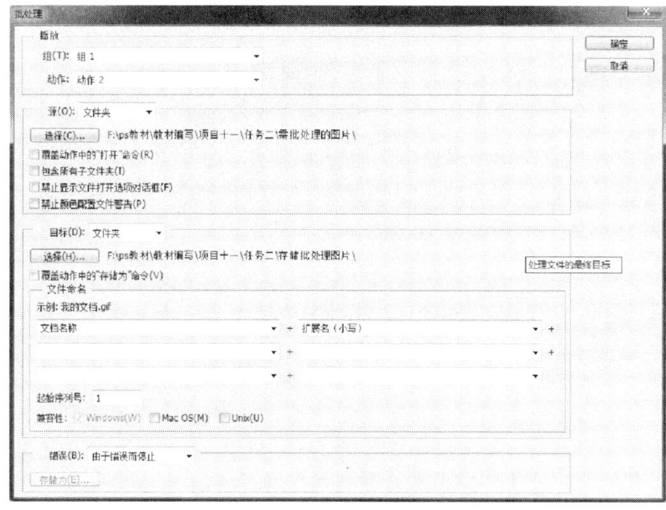

图 11-2-13　【批处理】对话框

图 11-2-14　最终结果图

【相关知识】

知识点 1：自动命令

Adobe Photoshop CS6 中的自动命令包括【批处理】、【合并到 HDR】、【裁剪并修齐照片】等，利用这些功能可以避免大量的重复劳动，从而提高工作效率。

1. 批处理

Photoshop CS6 不仅是一个功能强大的图像设计、制作工具，同时也是一个具有强大图像处理功能的工具。若有成百上千的图像需要处理，且对这些图像的处理过程基本一致，这时就可以用 Photoshop CS6 内建的【批处理】命令高效、准确地处理一系列重复工作。当对文件进行批处理时，先打开一张图片，创建新动作，动作录制完毕后再执行【文件】→【自动】→【批处理】命令，对其他图片进行一次到位的批处理。准备工作有：把所有待处理的图片放到一个文件夹里，新建一个文件夹用来放置处理过的图片。

具体操作步骤如下：

① 打开图片 dz1. jpg，打开【动作】面板，创建新动作。

② 将新动作命名为“ps 批处理”，然后单击【记录】按钮。

③ 执行【图像】→【图像大小】命令，打开【图像大小】对话框，选中【约束比例】复选框，把宽度定为 500 像素，高度会自动改变，设置好宽度和高度之后，单击【确定】按钮，如图 11-2-15 所示，这样就调整了图像的大小。

④ 用【文字工具】给图片加文字“WWW. QUANJING. COM”，调整文字大小，旋转适当角度，设置颜色为红色，按【Enter】键，如图 11-2-16 所示。

⑤ 加好文字后，再选择【文字】图层，把不透明度改为 50%。

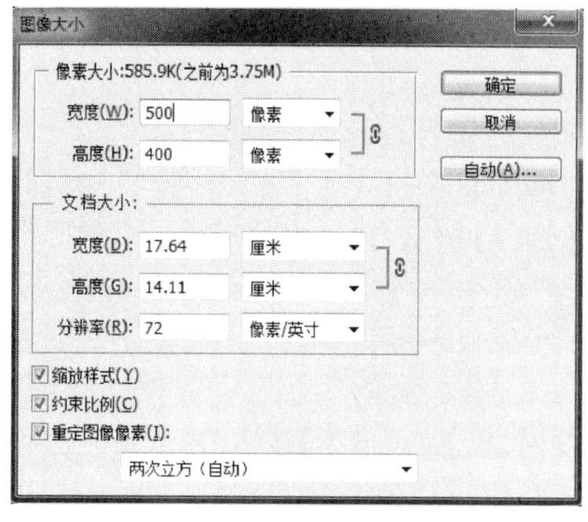

图 11-2-15 修改图像大小

图 11-2-16 添加文字效果

⑥ 执行【文件】→【存储为】命令，打开【存储为】对话框，在【格式】下拉菜单中选择 JPEG 格式，单击【保存】，打开【JPEG 选项】对话框，在【品质】框下拉菜单中选择【高】，单击【确定】按钮，如图 11-2-17 所示。

⑦ 单击【动作】，然后按下【动作】面板下的【停止播放/记录】按钮，关闭记录。

⑧ 关闭文件，这里可以不保存修改。

⑨ 接下来对大量图片进行批处理。执行【文件】→【自动】→【批处理】命令，打开【批处理】对话框，如图 11-2-18 所示。

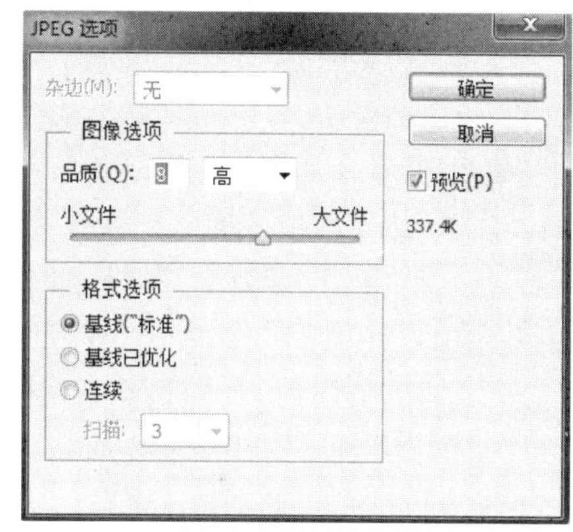

图 11-2-17 【JPEG 选项】对话框

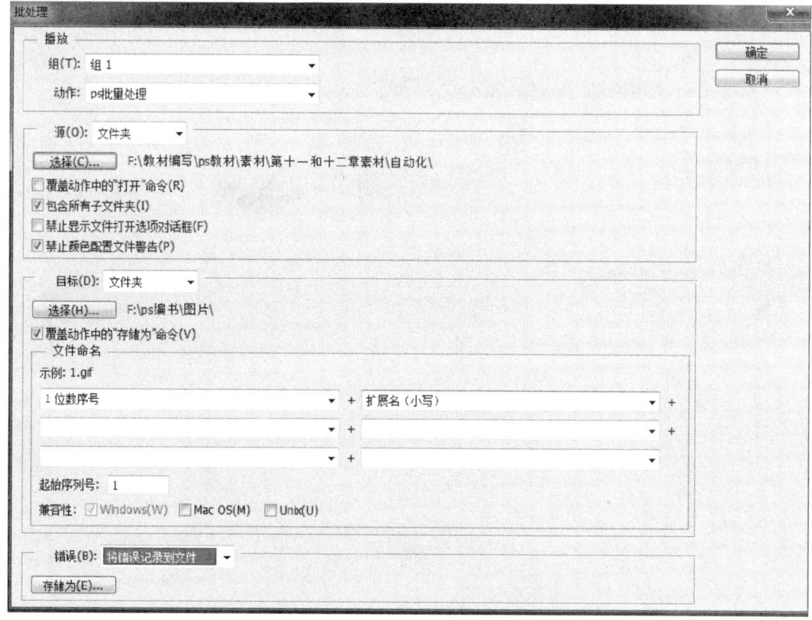

图 11-2-18 【批处理】对话框

⑩ 在【源】下拉菜单中选择【文件夹】。单击【选择】按钮，在弹出的对话框中选择待处理的图片所在的文件夹，单击【确定】按钮。

⑪ 选中【包含所有子文件夹】和【禁止颜色配置文件警告】两个复选框。

⑫ 选中【覆盖动作中的“存储为”命令】，否则 Photoshop 会每处理一张图片要求手动保存。

⑬ 在【目标】下拉菜单中选择【文件夹】，单击【选择】按钮，在弹出的对话框中选择准备放置处理好的图片的文件夹，单击【确定】按钮。

⑭ 在【文件命名】第一个框的下拉列表中选择【1 位数序号】，在第二个框的下拉列表中选择【扩展名(小写)】。

⑮ 在【错误】下拉列表中选择【将错误记录到文件】，单击【存储为】按钮，选择一个文件夹。若批处理中途出了问题，计算机会忠实地记录错误的细节，并以记事本存于选好的文件夹中。

⑯ 以上步骤做好、检查无误之后，单击【确定】按钮，计算机就会开始一张一张地打开、处理和保存选中的图片，直到任务结束后弹出如图 11-2-19 所示的【错误提醒】对话框，单击【确定】完成批处理。

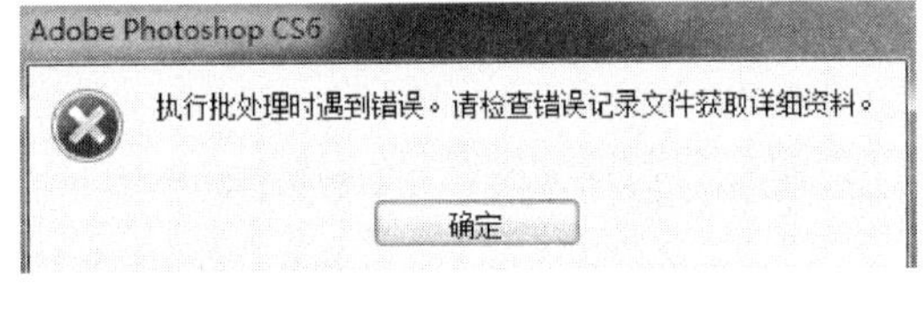

图 11-2-19 【错误提醒】对话框

2. 创建快捷批处理

执行【文件】→【自动】→【创建快捷批处理】命令，将一个动作保存为一个快捷批处理。一个快捷批处理是一个很小的可执行文件，打开它能够自动打开 Photoshop CS6 并将设计好的动作应用到任何拖动到其上的图像。

要创建一个名为“ps 批处理. exe”的快捷方式，操作步骤如下：

① 执行【文件】→【自动】→【创建快捷批处理】命令，打开【创建快捷批处理】对话框，如图 11-2-20 所示。【创建快捷批处理】对话框与【批处理】对话框类似，只是在对话框的上方多了【将快捷批处理存储为】选项，如图 11-2-21 所示。用户单击【选择】按钮，将快捷方式取名保存好即可。

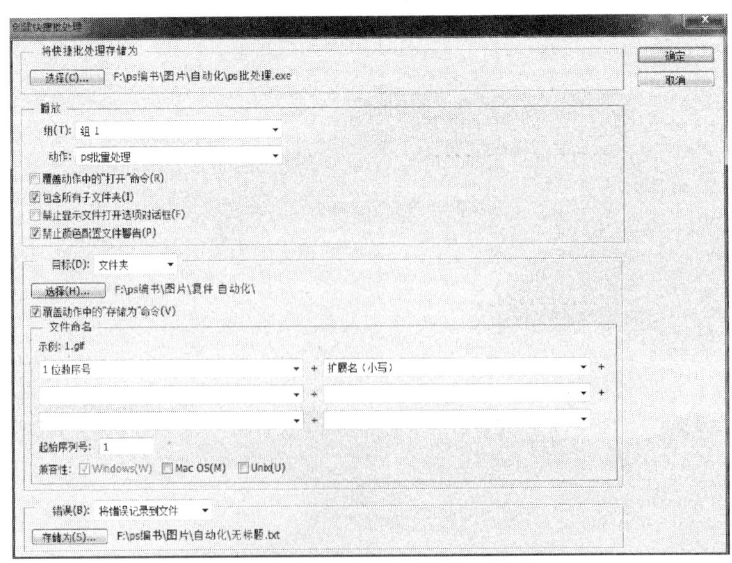

图 11-2-20 【创建快捷批处理】对话框

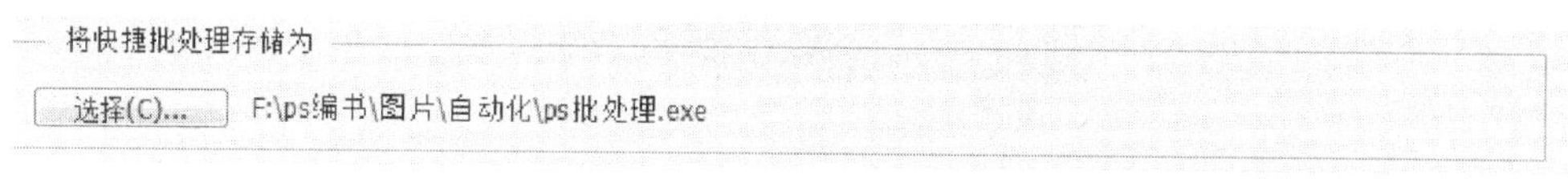

图 11-2-21 【快捷批处理】存储设置

② 以上选项均设置好后，单击【确定】按钮，将在指定文件夹中生成一个 ps批处理.exe 文件。

③ 接下来就是应用快捷方式了，选择一个或多个需要处理的图片文件，用鼠标拖动到 ps批处理.exe 上松开，系统会自动打开 Photoshop CS6 处理图片，处理结束后会自动保存。如图 11-2-22 中所示，其中“1. jpg”“2. jpg”“3. jpg”“4. jpg”就是处理后自动生成的文件。

2cf9.jpg
5cecc.jpg
a97.jpg
adao.jpg
beijin.jpg
cea.jpg
ps批处理.exe
无标题.txt
1.jpg
2.jpg
3.jpg
4.jpg

图 11-2-22 批处理自动生成文件

知识点 2：裁剪并修齐照片

【裁剪并修齐照片】命令是一项自动化功能，这个功能是针对扫描仪一次性扫描若干张照片并保存成一个图像文件的操作的。如果一次扫描多张图在一个 A4 的页面上，用【裁剪并修齐照片】命令就可快捷地将它们一个一个快速分离成单个图片。

具体操作步骤如下：

① 打开素材图像“cjyxq. jpg”，此图像为要分离的扫描文件。

② 按【Ctrl】+【J】组合键复制背景图层，下面的操作将在【背景副本】上进行，这样做的目的是不影响到原图。

③ 在要裁剪的图像周围绘制一个选区，如图 11-2-23 所示。

④ 执行【文件】→【自动】→【裁剪并修齐照片】命令，系统会按选区裁剪出来，并生成新的文件，如图 11-2-24 所示。

图 11-2-23 绘制选区

图 11-2-24 裁剪并修齐照片效果

注：对照片而言，如果各个照片的各个边缘很清晰，没有杂边，可用【文件】→【自动】→【裁剪并修齐照片】命令，立即分离成各个独立的照片；如果边缘有杂边，可用【选框工具】，都选成独立的选区，执行【文件】→【自动】→【裁剪并修齐照片】命令，分离成各个独立的照片后再剪切修整。如果在A4页面上同时扫描多张字体的图，由于【裁剪并修齐照片】命令用于修整带有像素的部分，而字体图片各个字体则是独立的像素体，如果直接用【裁剪并修齐照片】命令，则会分离出很多单个字体的图，若字体间有杂点，则会分离出有杂点的、几个字体在一起的图，所以直接用【裁剪并修齐照片】命令是行不通的。

知识点3：Photomerge（合并图像）

在拍摄大场面风景、建筑或大型集体照的时候，需要将整个场面拍全。如果条件不够，没有超广角镜头，可以分段拍摄，将这些分段的图片首尾相连形成全景图片，利用Photoshop CS6提供的Photomerge（合并图像）功能就可以很轻松地完成这种合并操作。

将以下三幅图（图11-2-25）合并为全景图的操作步骤如下：

jing1.jpg

jing2.jpg

jing3.jpg

图11-2-25 素材图

① 在Photoshop CS6中执行【文件】→【自动】→【Photomerge】命令（执行此命令之前不需要将图片打开），打开【Photomerge】对话框，如图11-2-26所示。

【Photomerge】对话框中左侧一排的选项，是拼合的效果选项，选择不同的选项，可以呈现不同的拼合效果。

- 自动：全自动拼接，如相机定位准确、重叠区域均匀、曝光一致可选择自动调节，一般情况下默认为该选项。
- 透视：透视效果，一般Photoshop CS6会指定源图像之一作为中心参考图像，其余图像做透视变换（重定位，拉伸，扭曲），使全景为透视图像，可建立360°全景。
- 圆柱：圆柱体效果，消除高低视角的透视变形失真，保持在一定的小视角内正确拼接图像，参考图像放在中心。该合成模式用于小视角范围的全景拼接，一般拼合所选的就是这个选项。
- 球面：它通过图像对齐、投影变换、图像拉伸等操作，将一系列在某一固定视点拍摄的图像合成为一幅无缝的球形全景图。
- 拼贴：合成时只排列图像的位置，而不做任何透视变换，使用鱼眼镜头拍摄的照片可以用Panotool做透视变换。
- 调整位置：该模式自动拼接部分全景，把无法识别的照片留给用户自己手工拼接，并能提供重叠区域的自动捕捉功能，而不必手工识别对接。

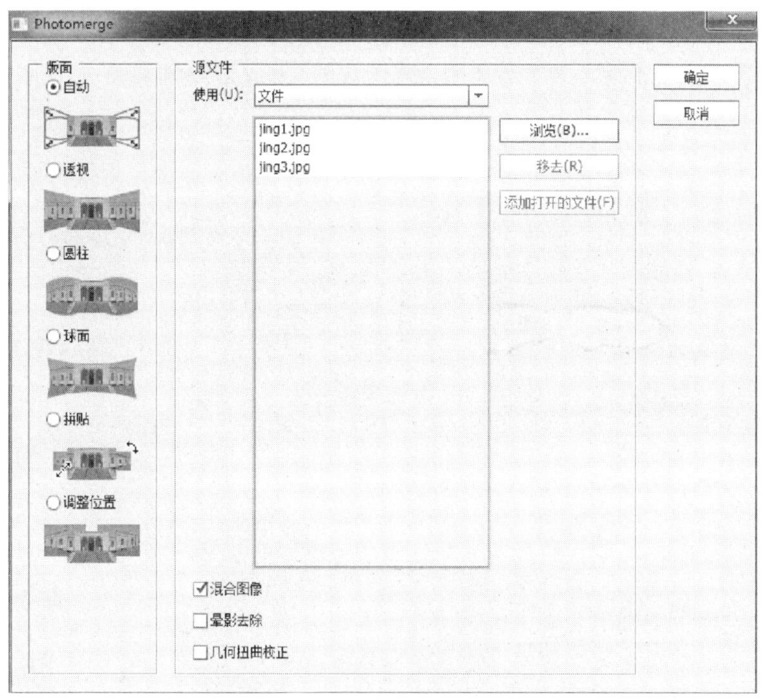

图 11-2-26 【Photomerge】对话框

② 单击【浏览】按钮，添加需要合并的图片文件，在左侧的版面中选择【自动】，再单击【确定】按钮，Photoshop CS6 会自动搜索和鉴别每幅源图像，接着进行顺序拼接合成。

③ 拼合的结果如图 11-2-27 所示，这是初步生成的"毛坯图"。

图 11-2-27 拼合"毛坯图"

④ 合并自动生成的图层。

⑤ 单击【裁剪工具】，对“毛坯图”进行裁剪，生成最终的接合全景图，如图 11-2-28 所示。

图 11-2-28　全景图

⑥ 单击【文件】→【存储为】命令，将生成的全景图保存为 JPEG 格式。

知识点 4：合并到 HDR

经验丰富的摄影师都知道，在较晴朗的天气状况下，太阳光线十分强烈，照射在主体上会形成明显的明暗反差。如果这种明暗反差超出了相机所能表现的范围（即宽容度），在拍摄的照片中就会同时出现高光过曝而暗部欠曝的情况。

为了弥补相机宽容度所造成的困惑，Photoshop CS6 提供了将多张不同曝光的照片合成为一张 HDR 图像的技术。它利用曝光不足的照片将高光中的图像细节完全保留，又利用曝光过度的照片将阴影中的细节完全保留。多张合成在一起，就能实现完全保留图像细节的目的。

Photoshop CS6 对 HDR 合并功能进行了强化，增加了很多调整参数，这样我们就可以对图像的细节进行深入调整，可以创建写实的或超现实的 HDR 图像。借助自动消除叠影以及对色调映射，可更好地调整控制图像，以获得满意的效果。下面的实例中会详细讲解 Photoshop CS6 的 HDR 合并功能。

具体操作步骤如下：

① 启动 Photoshop CS6，执行【文件】→【自动】→【合并到 HDR Pro】命令，在打开的对话框中单击【浏览】按钮，选择需要合并的图像，单击【确定】按钮返回，如图 11-2-29 所示。

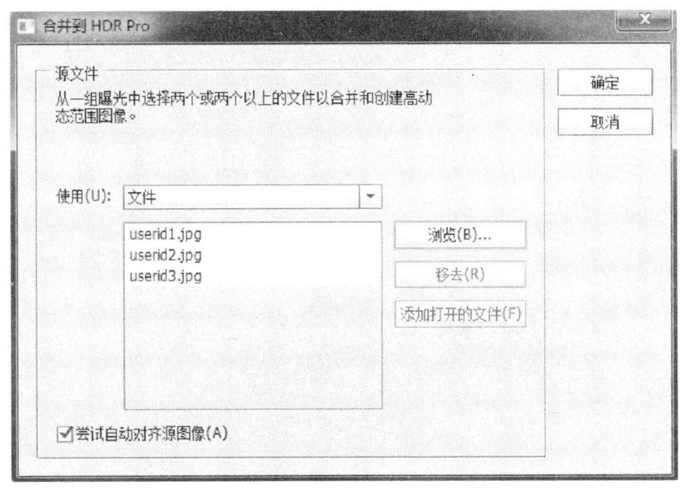

图 11-2-29 【合并到 HDR Pro】对话框

② 确认【尝试自动对齐源图像】复选框为选中状态，单击【确定】按钮，将选择的图像作为不同的图层载入一个文档中，如图 11-2-30 所示。

图 11-2-30 将素材图像载入图层

③ 打开【手动设置曝光值】对话框，在对话框中单击 按钮查看图像，并选中【EV】选项。

④ 单击【确定】按钮，打开如图 11-2-31 所示的界面。

图 11-2-31 【合并到 HDR Pro】对话框

⑤ 选中【移去重影】复选框，然后完成其他设置，以合成高质量的图像效果，如图 11-2-32 所示。

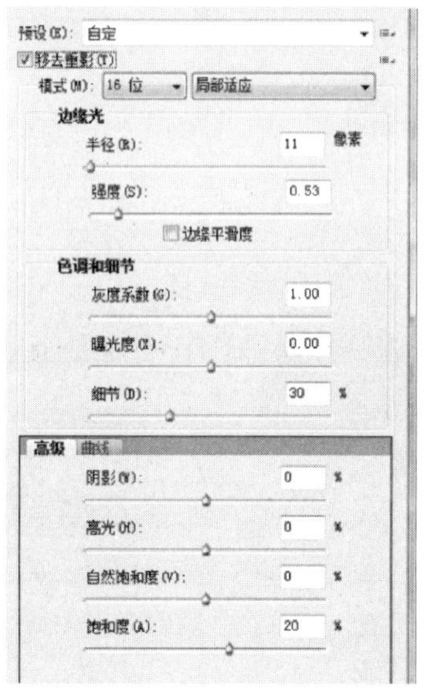

图 11-2-32 设置【合并到 HDR Pro】命令

图 11-2-33 合成效果

⑥ 设置完毕后单击【确定】按钮，关闭对话框，完成图像的合成，效果如图 11-2-33 所示。

知识点 5：条件模式更改

在 Photoshop CS6 中，可以为模式更改指定条件，以便在动作中成功地使用转换，而动作是可针对单个文件或一批文件播放的一系列命令。当模式更改属于某个动作时，如果打开的文件不处于该动作所指定的源模式下，则会出现错误。例如，在某个动作中，有一个步骤可能是将源模式为 RGB 的图像转换为目标模式 CMYK，如果在灰度模式或者包括 RGB 在内的任何其他源模式下向图像应用该动作，将会导致错误。

在记录动作时，使用【条件模式更改】命令，可以为源模式指定一个或多个模式，并为目标模式指定一个模式。

给动作添加条件模式更改的操作步骤如下：

① 开始记录动作。

② 选择【文件】→【自动】→【条件模式更改】命令，打开【条件模式更改】对话框，如图 11-2-34 所示。

③ 在【条件模式更改】对话框中，为源模式选择一个或多个模式。还可以单击【全部】按钮，选择所有可能的模式；或者单击【无】按钮，不选择任何模式。

④ 从【模式】弹出式菜单中选取目标模式。

⑤ 单击【确定】按钮，【条件模式更改】将作为一个新步骤出现在【动作】面板中。

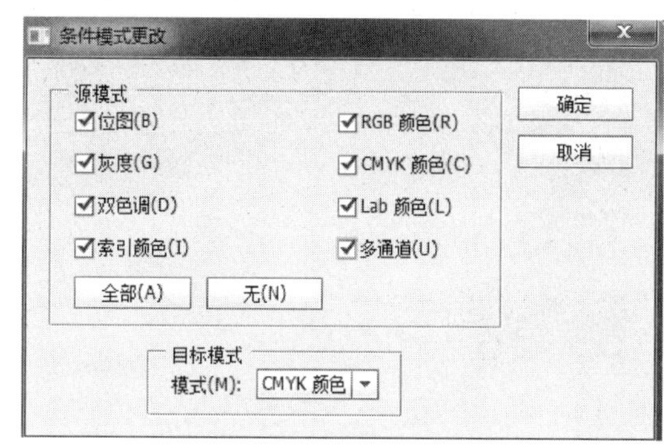

图 11-2-34 【条件模式更改】对话框

知识点 6：限制图像

在 Photoshop CS6 中，执行【文件】→【自动】→【限制图像】命令，可以方便快捷地改变图像的大小。限制图像不是裁剪图像，而是改变图像大小，将图像限制在给定的尺寸中。【限制图像】命令与【条件模式更改】一样，更多的应用在动作当中。

给动作添加限制图像的操作步骤如下：

① 开始记录动作。

② 执行【文件】→【自动】→【限制图像】命令，打开【限制图像】对话框，如图 11-2-35 所示。

③ 在【限制图像】对话框中输入图像被限制的宽度与高度。

④ 选中【不放大】复选框，则当限制的尺寸大于图像实际尺寸时，图像不被放大，还是原来的大小。

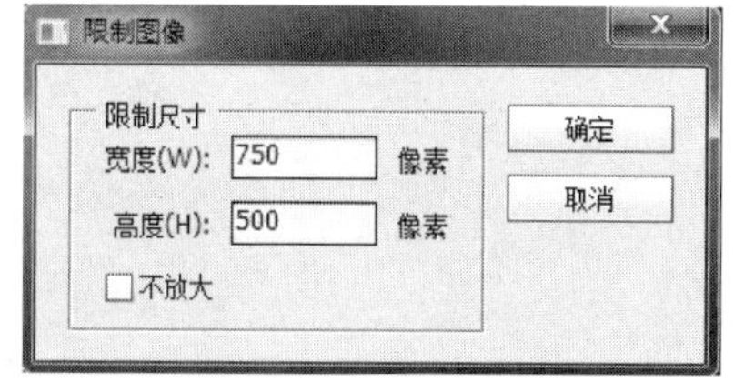

图 11-2-35 【限制图像】对话框

⑤ 单击【确定】按钮，【限制图像】将作为一个新步骤出现在【动作】面板中。

复习与思考

一、填空题

1. 要录制新动作，可以在【动作】面板中单击__________按钮，打开【新建动作】对话框，设置选项后，单击__________按钮，即可进行录制。

2. 要执行录制的动作，只需在【动作】面板中选定该动作，然后单击__________按钮或

者选择【面板】菜单中的__________选项即可。

3. Adobe Photoshop CS6 提供了一个______________命令，可以对所有已打开的图像进行相同的模式转换。

二、操作题

1. 使用默认动作【渐变映射】和【木质画框】为素材文件夹中的“复习与思考 11-1. jpg”照片添加如图 1 所示效果。

（a）原图

（b）效果图

图 1　北极熊照片

2. 打开素材文件夹中的“复习与思考 n-2. jpg”，用 Photoshop CS6 新建动作【素描】，然后转化为批处理，快速把照片转为黑白素描画，如图 2 所示。

（a）原图

（b）效果图

图 2　熊猫照片

项目十二 经典实例

本项目通过多个图像处理案例和商业应用案例，进一步介绍了Photoshop CS6各大功能的特色和使用技巧，让用户能够快速地掌握软件功能和知识要点，制作出变化丰富的作品。

任务一 制作电话卡

【任务分析】

制作一张电话卡，如图12-1-1所示。通过本例的学习，应掌握选区、图层样式、文字的综合应用。

图12-1-1 电话卡效果

【任务实施】

操作步骤如下：

① 分别打开素材文件夹中的两幅素材，如图12-1-2、图12-1-3所示。

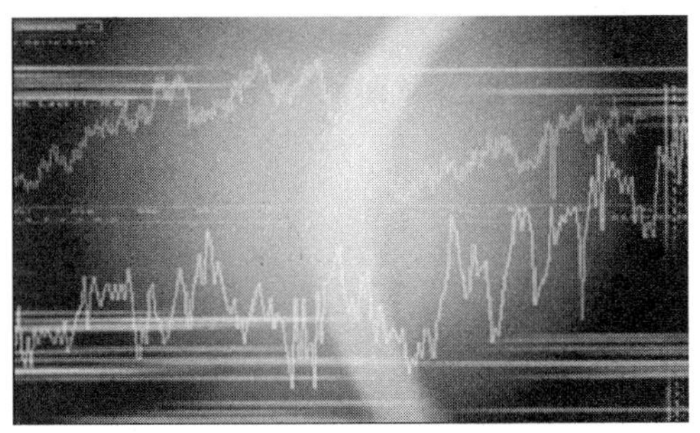

图12-1-2 素材1

图12-1-3 素材2

② 利用【椭圆工具】选中图片中的地球，如图 12-1-4 所示，并拷贝到主图中，如图 12-1-5 所示。

图 12-1-4　地球仪

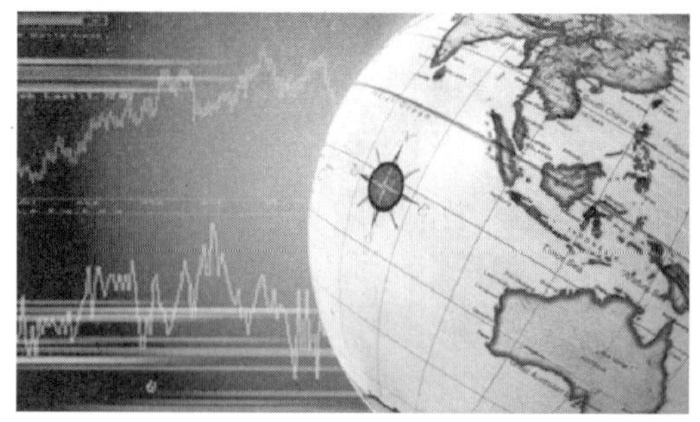
图 12-1-5　拷贝地球至主图中

③ 将图层的混合模式设为叠加，如图 12-1-6 所示，效果如图 12-1-7 所示。

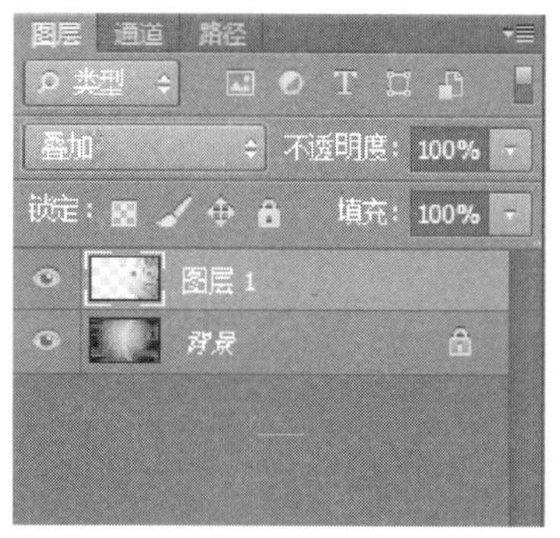

图 12-1-6　设置图层的混合模式为叠加

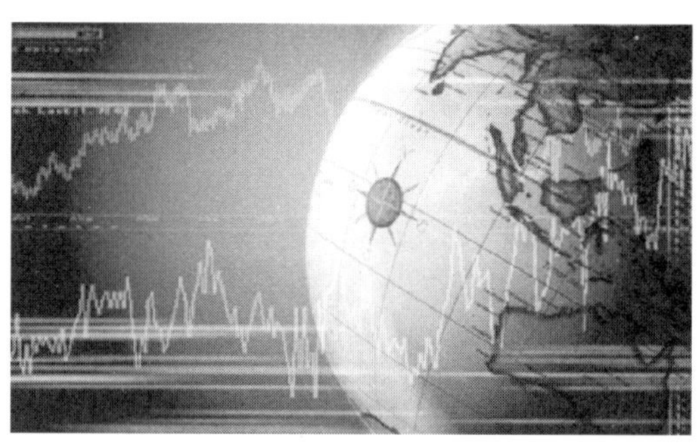
图 12-1-7　效果图

④ 新建一个图层，选择【矩形选框工具】画一个矩形选区，并用从左到右的（蓝、红、黄）渐变填充，效果如图 12-1-8 所示。

图 12-1-8　渐变填充

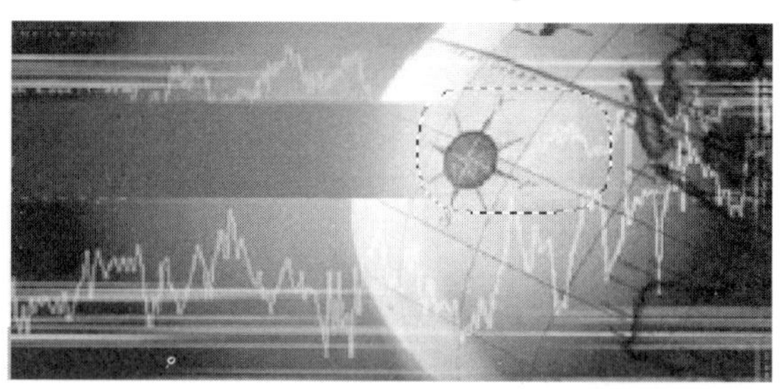
图 12-1-9　删除选区内容

⑤ 选择【矩形选框工具】，设置羽化为 15，建立选区，并删除选区内容，效果如图 12-1-9 所示。

⑥ 设置前景色为黄色，选择【文字工具】，输入文字"电话卡"，设置字体为黑体，字号为 40，效果如图 12-1-10 所示。

图 12-1-10　输入文字

⑦ 选择图层样式为【斜面和浮雕】，设置参数如

图 12-1-11 所示。

⑧ 在右下角输入价格和发行日期,如图 12-1-12 所示。

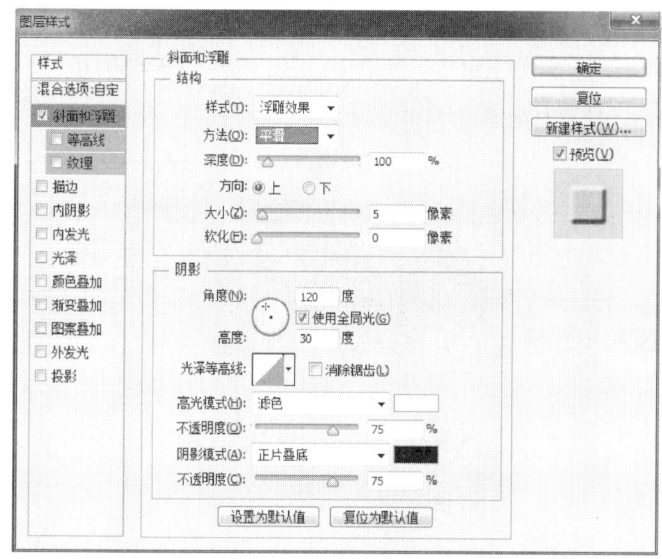

图 12-1-11 【图层样式】对话框

图 12-1-12 输入右下角文字

任务二 制作冰棒广告

【任务分析】

本例将制作冰棒广告,如图 12-2-1 所示。通过本例学习,应掌握图层蒙版、图层样式、文字、图像的变换的综合应用。

图 12-2-1 冰棒广告示例

【任务实施】

操作步骤如下：

① 选择【图像】→【调整】→【色相/饱和度】命令，打开【色相/饱和度】对话框，如图 12-2-2 所示，在其中设置各参数值。再选择【滤镜】→【扭曲】→【水波】命令，打开【水波】对话框，参数设置如图 12-2-3 所示。

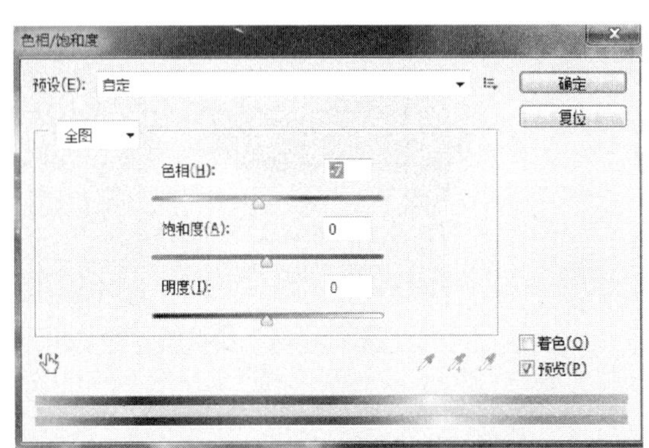

图 12-2-2 【色相/饱和度】对话框

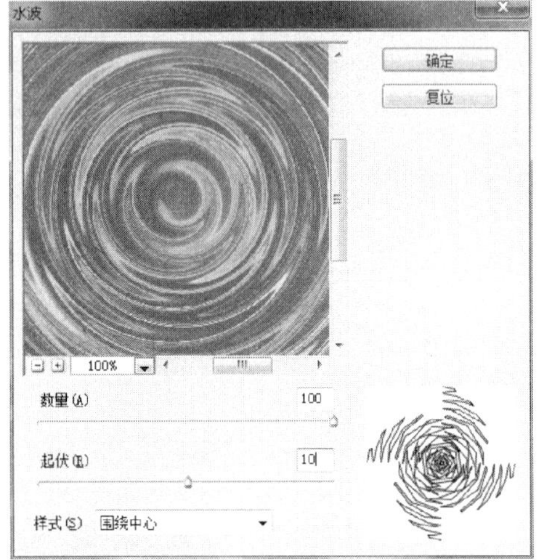

图 12-2-3 【水波】对话框

② 打开素材文件夹中的“气泡. jpg”，将其拷贝至主图中，效果如图 12-2-4 所示。【图层】面板如图 12-2-5 所示。

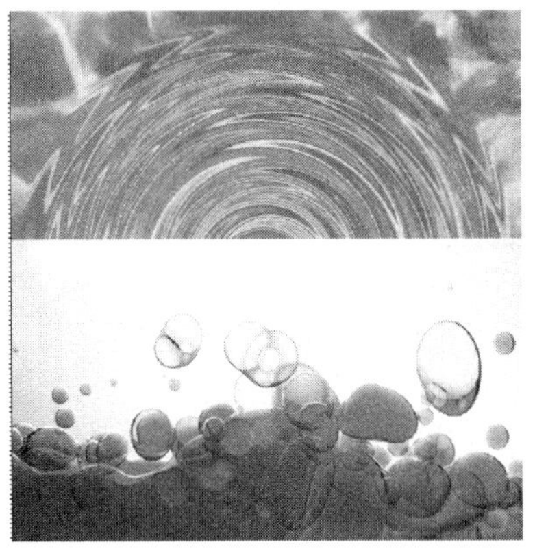

图 12-2-4 气泡

图 12-2-5 【图层】面板

③ 将图层 1 的图层混合模式设为【变暗】，如图 12-2-6 所示，此时图形效果如图 12-2-7 所示。

④ 打开素材文件夹中的“草莓. jpg”，将其拷贝至主图中，调整它的大小，效果如图 12-2-8 所示。

⑤ 设置草莓图层的图层样式，参数如图 12-2-9 所示。

图 12-2-6　设置图层 1 混合模式

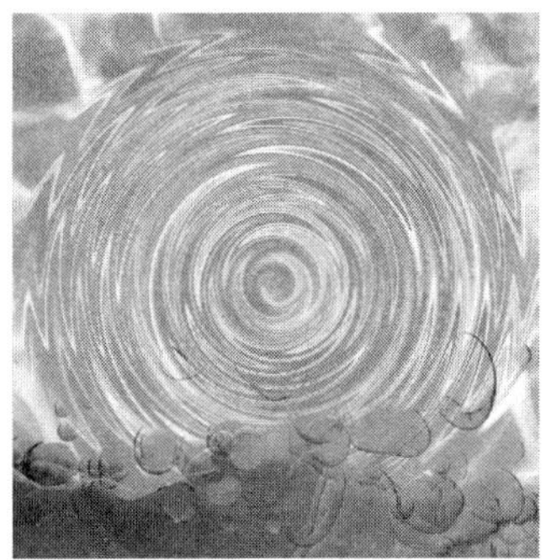

图 12-2-7　变暗后的效果图

图 12-2-8　加入草莓图形后的效果图

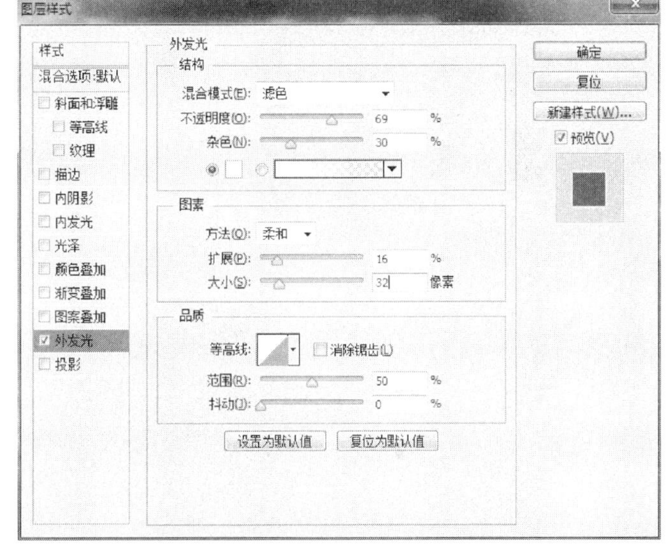

图 12-2-9　设置草莓图层的图层样式

⑥ 在草莓图层上添加图层蒙版，使用【渐变工具】(颜色：白—黑)填充，制作融合效果，如图 12-2-10 所示。【图层】面板如图 12-2-11 所示。

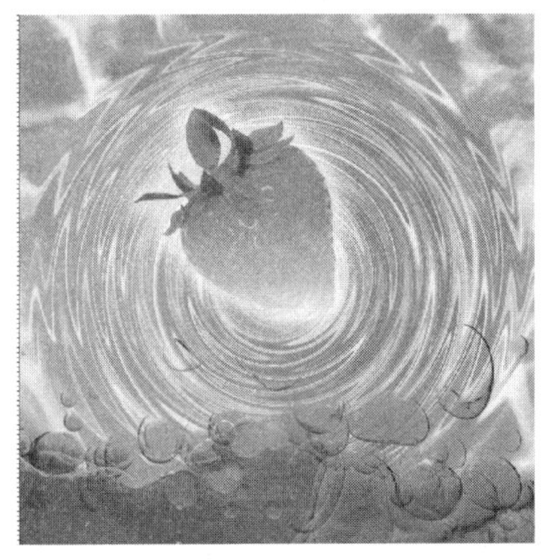

图 12-2-10　制作融合效果

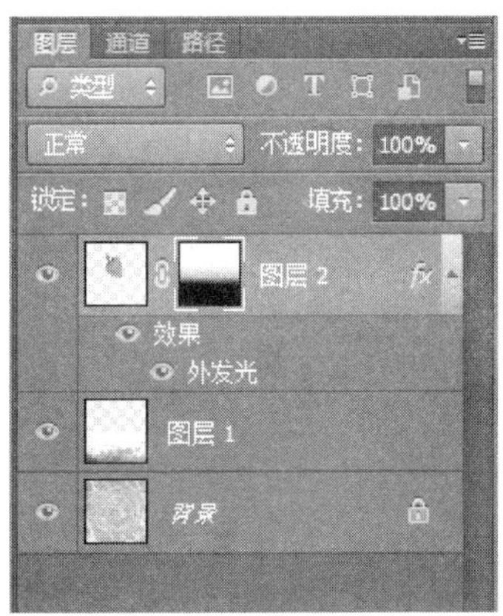

图 12-2-11　【图层】面板

⑦ 打开素材文件夹中的“冰棒. jpg”，将其拷贝至主图中，调整它的大小，效果如图 12-2-12 所示。

⑧ 对冰棒图层添加浮雕样式，参数如图 12-2-13 所示，效果如图 12-2-14 所示。

图 12-2-12　加入冰棒

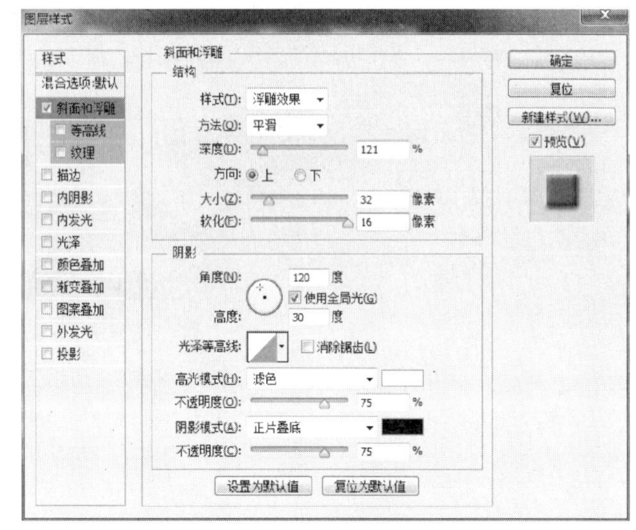

图 12-2-13　添加斜面和浮雕样式增强图形效果

⑨ 打开素材文件夹中的“沙滩椅. jpg”，将其拷贝至主图中，调整它的大小，效果如图 12-2-15 所示。

图 12-2-14　添加浮雕样式的效果图

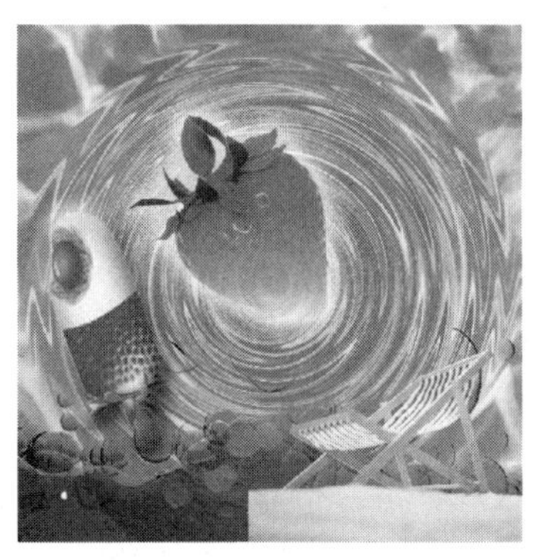

图 12-2-15　添加“沙滩”图片

⑩ 写上文字“味道好冷饮公司”，效果如图 12-2-16 所示。

⑪ 在相应的位置写上文字“香草莓，新口味，好感觉!”，效果如图 12-2-17 所示。设置字体为华文彩云，字号为 8 点，样式的设置如图 12-2-18 所示。

⑫ 将文件保存为“冰棒广告. psd”。

图 12-2-16　在右下角输入公司名称

图 12-2-17　添加广告文字

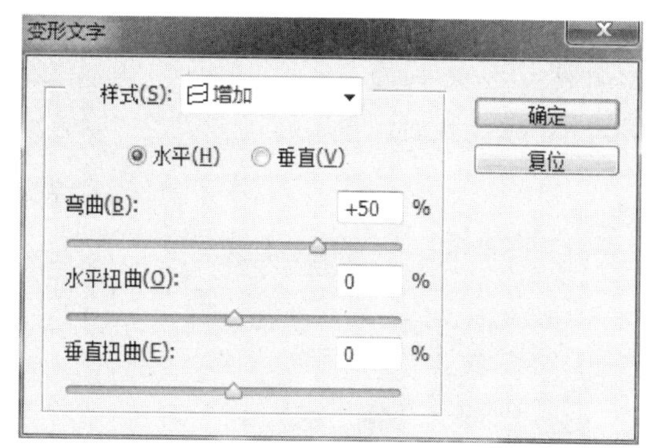

图 12-2-18　【变形文字】对话框

任务三　制作神秘的宇宙的效果图

【任务分析】

本例将制作神秘的宇宙效果图，如图12-3-1所示。通过本例的学习，应掌握选区、图层样式、文字、定义图案的综合应用。

图 12-3-1　神秘的宇宙效果图

【任务实施】

操作步骤如下：

① 选择【文件】→【新建】命令，弹出【新建】对话框，新建一个文件，如图12-3-2所示，设置相关参数，单击【确定】按钮。

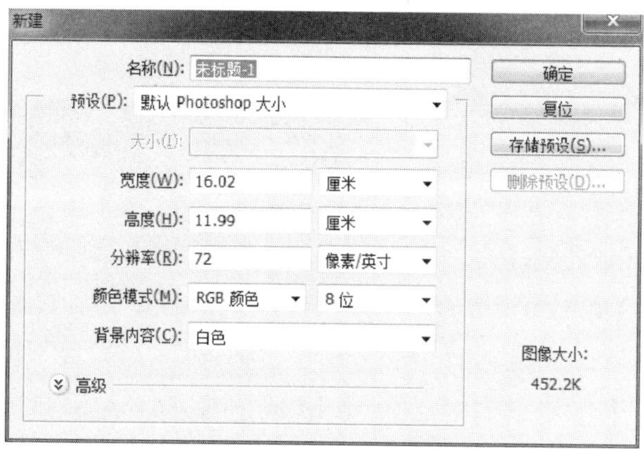

图 12-3-2　【新建】对话框

② 放入基本背景，即图层2，【图层】面板如图12-3-3所示。

③ 新建一个文件，宽度和高度均为100像素，显示标尺，把页面划分为四等份，作出四方格图案，如图12-3-4所示。

图12-3-3 【图层】面板

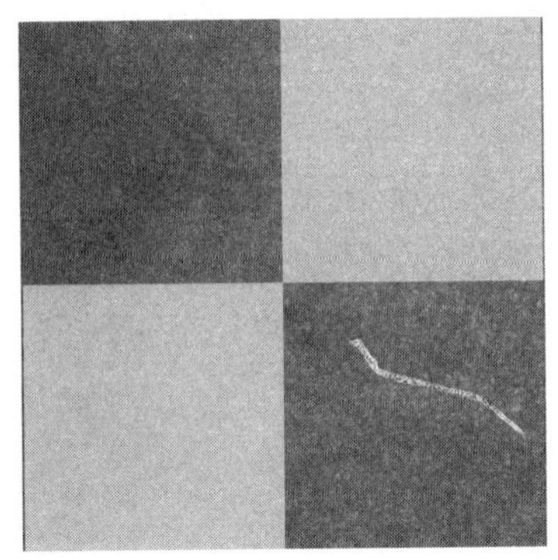
图12-3-4 四方格图案

④ 选择【编辑】→【定义图案】，打开如图12-3-5所示的【图案名称】对话框，单击【确定】按钮。

图12-3-5 【图案名称】对话框

⑤ 新建一个图层，将其命名为【图层3】，选择【编辑】菜单下的【填充】命令，如图12-3-6所示，对图层3进行填充，单击【确定】按钮。对所形成的图层3进行自由变换而拉伸成如图12-3-7所示的延伸效果。【图层】面板如图12-3-8所示。

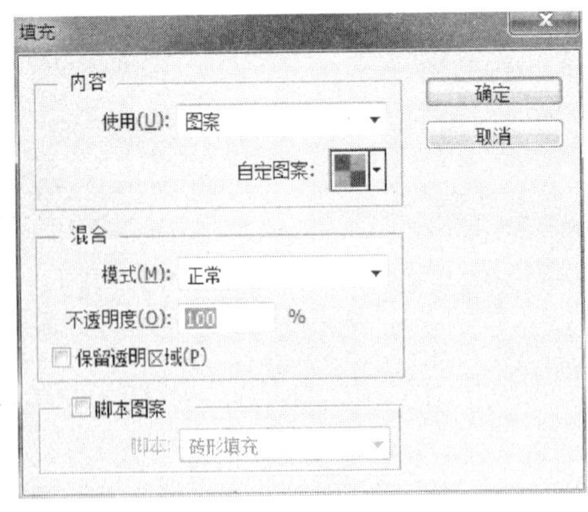

图12-3-6 【填充】对话框

图12-3-7 延伸效果图

⑥ 从所给素材中选取地球，如图12-3-9所示。选择【选择】→【修改】→【羽化】命令，弹出如图12-3-10所示的【羽化选区】对话框，单击【确定】按钮。复制到图层4，如图12-3-11所示。对图层4添加【外发光】的样式，各项参数如图12-3-12所示。

图 12-3-8 【图层】面板

图 12-3-9 地球

羽化选区

羽化半径(R): 10 像素

确定

取消

图 12-3-10 【羽化选区】对话框

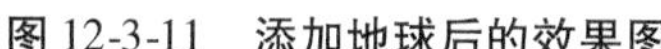

图 12-3-11 添加地球后的效果图

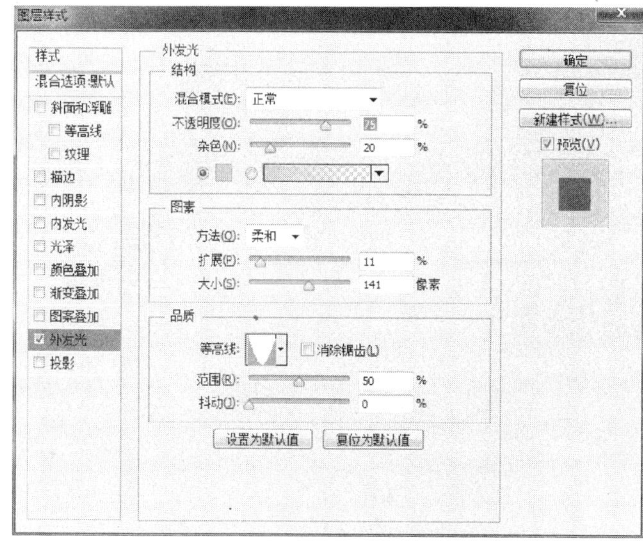

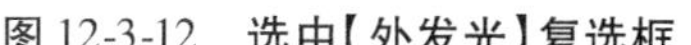

图 12-3-12 选中【外发光】复选框

图 12-3-13 添加“外发光”后的效果图

⑦ 单击【确定】按钮,效果如图 12-3-13 所示。

⑧ 制作文字“神秘的宇宙”,选中文字区,将之设置为“扇形”,参数如图 12-3-14 所示。最后的效果如图 12-3-15 所示。

⑨ 将文件保存为“神秘的宇宙. psd”。

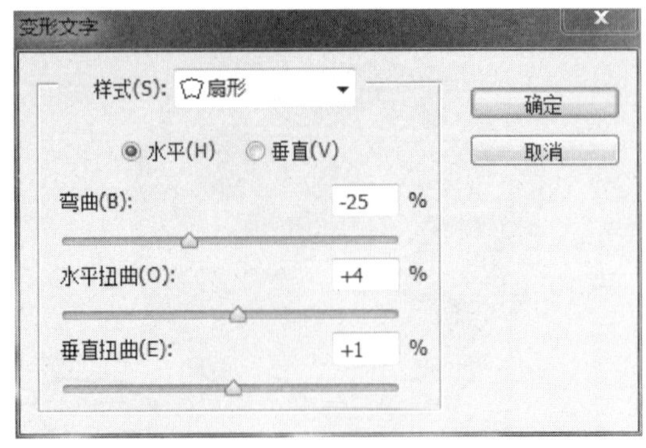

图 12-3-14 【变形文字】对话框

图 12-3-15 最终效果图

复习与思考

1. 打开素材文件夹中的图片，制作拯救地球特效，效果如图 1 所示。

图 1 拯救地球特效

图 2 Curry 卡瑞手表的广告

2. 打开素材文件夹中的图片，制作手表广告，效果如图 2 所示。